普通高等教育"十二五"规划教材

互换性与技术测量基础

于慧　高淑杰　主编

化学工业出版社

·北京·

本书是根据《国家中长期教育改革和发展规划纲要》，基于机械类、机电类、仪器仪表类等专业的课程建设和开展高校教学质量工程建设的需要，围绕"互换性与技术测量"课程教学大纲及近年来对教学改革的探索研究编写而成。本书涵盖了"互换性与技术测量基础"这门课的主要内容，采用了我国公差与配合方面的最新标准。本书分为互换性和技术测量两大部分，共十章。主要内容包括：绪论、极限与配合、几何公差及其检测、表面粗糙度与检测、测量技术基础、典型零件的公差与配合、实验指导书等。

本书内容新颖、实用，运用了大量的图表，便于读者对于内容的理解和掌握。每章后面附有思考与练习题，可用于对所学知识的检查与巩固。另外为方便教学，配套电子教案。

本书可作为高等工科院校机械类及近机类专业本科教材，也可作为培训机构用书，并可供其他行业工程技术人员及测量、检验人员参考。

图书在版编目（CIP）数据

互换性与技术测量基础/于慧，高淑杰主编．
—北京：化学工业出版社，2014.8
普通高等教育"十二五"规划教材
ISBN 978-7-122-21012-8

Ⅰ.①互…　Ⅱ.①于…②高…　Ⅲ.①零部件－互换性－高等学校－教材②零部件－测量技术－高等学校－教材　Ⅳ.①TG801

中国版本图书馆 CIP 数据核字（2014）第 135597 号

责任编辑：韩庆利　　　　　　　　　　文字编辑：余纪军
责任校对：蒋　宇　　　　　　　　　　装帧设计：关　飞

出版发行：化学工业出版社（北京市东城区青年湖南街 13 号　邮政编码 100011）
印　　装：三河市万龙印装有限责任公司
787mm×1092mm　1/16　印张 15¼　字数 377 千字
2014 年 10 月北京第 1 版第 1 次印刷

购书咨询：010-64518888（传真：010-64519686）　售后服务：010-64518899
网　　址：http://www.cip.com.cn
凡购买本书，如有缺损质量问题，本社销售中心负责调换。

定　　价：32.00 元

前　言

　　本书是根据《国家中长期教育改革和发展规划纲要》，基于机械类、机电类、仪器仪表类各专业的课程建设和开展高校教学质量工程建设的需求，围绕《互换性与技术测量基础》课程的教学大纲编写而成。教材在编写过程中，既注重贯彻"基础理论教学以应用为目的，以必须、够用为度，以掌握概念、强化应用为教学重点"的思想，又注重内容的科学性、先进性、实用性。全书采用最新国家标准，内容新颖齐全，突出应用能力和综合素质的培养。

　　本书可作为高等工科院校机械类及近机类专业本科教材，也可供有关工程技术人员参考。使用本书时，可结合各专业的具体情况进行调整，有些内容可供学生自学。

　　本书共十章，划分为公差配合和技术测量两大部分。主要内容包括绪论；极限与配合；几何公差及其检测；表面粗糙度与检测；测量技术基础；键、花键的公差及其检测；螺纹的公差及其检测；滚动轴承的公差与配合；圆柱齿轮的公差与其检测及实验指导书等。

　　参加本书编写的有辽宁科技学院于慧（第一章、第二章、第三章），辽宁科技学院高淑杰（第六章、第七章、第八章、实验指导书），辽宁科技学院侯长来（第五章），辽宁科技学院马艳萍（第四章、第九章）。由于慧、高淑杰主编，于慧负责全书的统稿工作。

　　本书各章均设置了习题，以配合教学需要，巩固学生学习成果。同时有配套电子教案可赠送给使用本书作为教科书的院校和老师，如有需要，可发邮件至 hqlbook@126.com 索取。

　　由于编者水平有限，书中不当之处在所难免，恳请广大读者予以批评指正。

编者

目　录

第一章 绪 论

学习目标

1. 了解互换性生产的特征和意义。
2. 了解加工误差和公差的概念和区别。
3. 了解标准及标准化的含义。
4. 了解优先数系的特点及其应用意义。

第一节 互换性概述

一、互换性的概念

在汽车、飞机、船舶、仪表、日用工业中用到的大量零部件，都是由各不同的专业厂家制造出来，而后汇集到装配厂进行总装。这些零部件在装配前不需挑选，装配时不需修配或调整，就能装配成合格的产品，说明了零件的加工是按规定的精度要求制造的，装配后具有相同的使用性能。我们把零件具有的这种性质称为互换性。例如：同一种型号、规格的自行车，几乎全部零件都可以互换。说明了零件的加工是按规定的精度要求制造的。

在日常生活中，有大量的现象涉及互换性，如规格相同的任何一个灯头和灯泡，无论它们出自哪个企业，只要产品合格，都可以相互装配。同理，自行车、电视机、汽车等产品的零件损坏，也可以快速换一个同样规格的新零件，并且在更换后，自行车、电视、汽车一切恢复正常使用。日常生活中之所以这样方便，是因为这些产品的零件都具有互换性。

互换性按其互换程度可分为完全互换（绝对互换）和不完全互换（有限互换）。

完全互换是指一批同一规格的零、部件装配前不经选择，装配时也不需修配和调整，装配后即可满足预定的使用要求。如螺栓、圆柱销等标准件的装配大都属此类情况。

不完全互换是当装配精度要求很高时，若采用完全互换将使零件的尺寸公差很小，加工困难，成本很高，甚至无法加工。为了便于加工，这时可将其制造公差适当放大，在完工后，再用测量仪将零件按实际尺寸分组，按组进行装配。如此，既保证装配精度与使用要求，又降低成本。此时，仅是组内零件可以互换，组与组之间不可互换（如机床的配件）。

二、互换性的作用

采用互换性的零件对产品设计、零件的加工和装配、机器的使用和维修方面产生重要作用。

（1）设计方面：由于标准零部件是采用互换性原则设计和生产的，因而可以简化绘图、计算等工作，缩短设计周期，加速产品的更新换代，且便于计算机辅助设计（CAD）。

（2）加工和装配方面：易于组织自动化、专业化的高效生产，可以提高装配质量，缩短装配时间。

（3）使用和维修方面：由于零件具有互换性，可以很方便地用备件来替换。在使用过程中，可以缩短维修时间和节约费用，提高修理质量，延长产品的使用寿命，从而提高了机器的使用价值。

综上所述，在机械制造中，遵循互换性原则，不仅能保证又多又快地生产，而且能保证产品质量和降低生产成本。所以，互换性是现代工业生产中的重要生产原则和有效的技术措施，具有巨大的技术和经济意义。

三、公差与测量

零件在机械加工时，由于"机床—工具—辅具"工艺系统的误差、刀具的磨损、机床的振动等因素的影响，使得工件在加工后总会产生一些误差，这样的误差称为加工误差。加工误差就几何量来讲，可分为尺寸误差、几何形状误差、相互位置误差和表面粗糙度。

为使零件具有互换性，必须保证零件的尺寸、表面粗糙度、几何形状及零件上有关要素的相互位置等技术要求的一致性。就尺寸而言，互换性要求尺寸的一致性，并不是要求零件都准确地制成一个指定的尺寸，而只是限定其在一个合理的范围内变动。对于相互配合的零件，这个范围，是要求在使用和制造上是合理、经济的，即零件几何参数允许的变动量称为公差，用以限制零件的误差。它包括尺寸公差、几何形状公差、相互位置公差和表面粗糙度。互换性要用公差来保证，在安装时要求保证相互配合的尺寸之间形成一定的配合关系，以满足不同的使用要求。前者要以"公差"的标准化来解决，后者要以"配合"的标准化来解决，由此产生了"公差与配合"制度。

完工后的零件是否满足公差要求，要通过检测加以判断。检测是机械制造的"眼睛"，产品质量的提高，除设计和加工精度的提高外，往往更有赖于检测精度的提高。技术测量是实现互换性的技术保证，如果仅有与国际接轨的公差标准，而缺乏相应的技术测量措施，实现互换性生产是不可能的。

在机械加工中，由于各种误差的存在，一般认为公差是误差的最大允许值，因此，误差是在加工过程中产生的，而公差则是由设计人员确定的，合理确定公差与正确进行检测，是保证产品质量、实现互换性生产的两个必不可少的条件和手段。

例如图 1-1 中表示了输出轴的尺寸、形位、表面粗糙度的公差要求，即在加工过程中，通过测量各要素是否超出所规定的极限值，来判别该零件是否为合格产品。

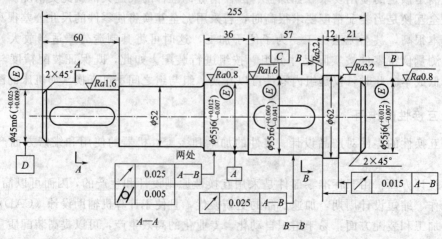

图 1-1

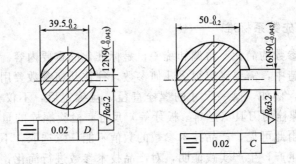

图 1-1　减速器输出轴的尺寸、形位、表面粗糙度的公差要求

第二节　标准化概念

一、标准化

现代化生产的特点是品种多、规模大、分工细、协作多，为使社会生产有序地进行，必须通过标准化使产品规格简化，使分散的、局部的生产环节相互协调和统一，以实现互换性生产，利用标准与标准化的途径和手段来完成。几何量的公差与检测也应纳入标准化的轨道。公差标准在工业革命中起过非常重要的作用，随着机械制造业的不断发展，要求企业内部有统一的技术标准，以扩大互换性生产规模和控制机器备件的供应，标准化是实现互换性的前提。

1. 标准

标准是对重复性事物和概念所作的统一规定。它以科学、技术和实践经验的综合成果为基础，经有关方面协商一致，由主管机构批准，以特定形式发布，作为共同遵守的准则和依据。

标准按不同的级别颁发。我国标准分为国家标准、行业标准、地方标准和企业标准。

标准按照标准化对象的特性，标准可分为基础标准、产品标准、方法标准、安全标准、卫生标准等。

标准中的基础标准是指一定范围内作为其他标准的基础并普遍使用、具有广泛指导意义的标准，如极限与配合标准、形状和位置公差标准、表面粗糙度标准等。

2. 标准化

标准化是指在经济、技术、科学及管理等社会实践中，对重复性事物和概念通过制定、发布和实施标准，达到统一，以获得最佳秩序和社会效益的全部活动过程。也是指制定标准、贯彻标准和修改标准的全过程，是一个系统工程。是实现专业化生产的必要前提，是科学管理的重要组成部分。

根据产品的使用性能要求和制造的可能性，既要加工方便又要经济合理，就必须规定合适的公差作为加工产品的依据，公差值的大小就是根据上述的基本原则进行制定和选取的。为了实现互换性，必须对公差值进行标准化，不能各行其是。标准化是实现互换性生产的重要技术措施。

二、优先数和优先数系标准

工程上各种技术参数的简化、协调和统一，是标准化的重要内容。

产品在设计、制造中，需要确定很多几何参数，往往几何参数要用数值表示，而产品的数值具有扩散传播性，例如，某一尺寸的螺栓直径一旦确定后，不仅会扩散传播到螺母尺寸，还会影响到制造螺栓的刀具（丝锥、板牙等）尺寸，检验螺栓的量具（螺纹千分尺、三针直径）的尺寸等。由此可见，产品技术参数的数值不能任意选取，不然会造成产品规格繁杂，直接影响互换性生产，生产实践证明，对产品技术参数进行简化，协调统一，必须按照科学、统一的数值标准，即优先数与优先数系。

GB/T 321—2005 中规定以十进制等比数列为优先数系，并规定了五个系列，它们分别用系列符号 R5、R10、R20、R40 和 R80 表示，其中 R5、R10、R20、R40 四个系列作为基本系列，R80 为补充系列，仅用于分级很细的特殊场合。

各系列的公比为：

R5 系列的公比：$q5 \approx 1.60$

R10 系列的公比：$q10 \approx 1.25$

R20 系列的公比：$q20 \approx 1.12$

R40 系列的公比：$q40 \approx 1.06$

R80 系列的公比：$q80 \approx 1.03$

国家标准规定：优先数系中各项值均为优先数。根据优先数系的公比计算，经圆整的精确度，可分为计算值和常用值，即：

计算值：取五位有效数字，供精确计算用。

常用值：即经常使用的通常所称的优先数，取三位有效数字。

其具体数值见表 1-1。

表 1-1　优先数系的基本系列

R5	R10	R20	R40	R5	R10	R20	R40	R5	R10	R20	R40
1.00	1.00	1.00	1.00			2.24	2.24		5.00	5.00	5.00
			1.06				2.36				5.30
		1.12	1.12	2.50	2.50	2.50	2.50			5.60	5.60
			1.18				2.65				6.00
	1.25	1.25	1.25			2.80	2.80	6.3	6.3	6.3	6.30
			1.32				3.00				6.70
		1.40	1.40		3.15	3.15	3.15			7.10	7.10
			1.50				3.35				7.50
1.60	1.60	1.60	1.60			3.55	3.55	8.00	8.00	8.00	8.00
			1.70				3.75				8.50
		1.80	1.80	4.00	4.00	4.00	4.00			9.00	9.00
			1.90				4.25				9.50
	2.00	2.00	2.00			4.50	4.50	10.00	10.00	10.00	10.00
			2.12				4.75				

本课程所涉及的有关标准里，诸如尺寸分段、公差分级及表面粗糙度参数系列等，基本上采用优先数。

第三节 本课程的性质与要求

公差配合与技术测量是机械类各专业必须掌握的一门重要的技术基础课，在教学中起着承上启下的作用，是联系基础课和专业课的桥梁，已经成为机械设计过程不可缺少的重要环节之一，是保证产品质量、降低成本的重要因素之一，是机械工程技术人员和管理人员必备的基本技能 。

本课程以研究几何参数的互换性内容为基础，紧紧围绕机械产品零部件的制造误差和公差及其关系，研究零部件的设计、制造精度与测量方法，研究如何通过规定公差合理解决使用要求与制造要求的矛盾。随着机械工业的高速发展，我国制造大国的地位越来越明显，本课程的重要性也越来越突出，通过本课程的学习应达到要求如下：

（1）掌握互换性原理的基础知识；

（2）学会并掌握确定各种公差标准的基本内容，并能查阅有关表格；

（3）学会根据产品的功能要求，选择合理的公差等级、配合种类、形位公差及表面质量参数值等，并能正确地标注和解释；

（4）了解各种典型零件的测量方法，学会使用常用的计量器具；

（5）掌握典型零件公差与配合的选择。

习 题

1-1 完全互换性的含义是什么？有何作用？

1-2 完全互换和不完全互换有何区别？各适用何种场合？

1-3 什么是加工误差和公差？加工误差分为哪几种？

1-4 试述标准化与技术测量之间的关系？

1-5 为什么要选择优先数系作为标准的基础？

第二章　极限与配合

👤 |学|习|目|标|

1. 掌握有关尺寸、偏差及配合的基本概念及定义。
2. 熟练掌握公差带图的绘制，并能进行配合类别的判别。
3. 了解公差与配合国家标准的组成与特点。
4. 掌握公差与配合的选用。

光滑圆柱体结合（即圆柱形孔和轴的结合）的公差与配合，采用国家颁布的 GB/T 1800《产品几何技术规范（GPS）极限与配合》标准，就是为了适应科学技术的高速发展和互换性生产的需要，同时作为国际贸易、技术和经济交流的需要。为使零件或部件在几何尺寸方面具有互换性，应根据机器的传动精度、性能及配合要求，考虑加工制造成本及工艺性，进行尺寸精度的设计。在此过程中，必须按照国家标准确定精度方面的参数。

新修订的尺寸公差与配合的主要国标有以下几个。

GB/T 1800.1—2009《产品几何技术规范（GPS）　极限与配合　第 1 部分：公差、偏差和配合的基础》。

GB/T 1800.2—2009《产品几何技术规范（GPS）　极限与配合　第 2 部分：标准公差等级和孔、轴极限偏差表》。

GB/T 1801—2009《产品几何技术规范（GPS）　极限与配合　公差带和配合的选择》。

GB/T 1803—2003《极限与配合　尺寸至 18mm 孔、轴公差带》。

GB/T 1804—2000《一般公差　未注公差的线性和角度尺寸的公差》。

新标准代替了 GB/T 1800.1—1997《极限与配合　基础　第 1 部分：词汇》；GB/T 1800.2—1998《极限与配合　基础　第 2 部分：公差、偏差和配合的基本规定》；GB/T 1800.3—1998《极限与配合　基础　第 3 部分：标准公差和基本偏差数值表》中的相应部分。这些新国标依据的是国际标准（ISO），以尽可能地使我国的国家标准与国际标准等同或等效。

新国标主要修改内容如下。

（1）标准名称增加引导要素：产品几何技术规范（GPS）。

（2）基本术语的改变："基本尺寸"改为"公称尺寸"；上偏差、下偏差、最大极限尺寸和最小极限尺寸分别修改为上极限偏差、下极限偏差、上极限尺寸和下极限尺寸；用"实际（组成）要素"代替"实际尺寸"，"提取组成要素的局部尺寸"代替"局部实际尺寸"。

（3）基本术语的增加："尺寸要素"、"实际（组成）要素"、"提取组成要素"、"拟合组成要素"、"提取圆柱面的局部尺寸"、"两平行提取表面的局部尺寸"的概念。

第一节　基本术语及定义

一、基本术语和定义

1. 孔和轴的术语定义

孔：通常指圆柱形内尺寸要素，也包括非圆柱形内尺寸要素（由两平行平面或切平面形成的包容面），由单一尺寸确定的部分。

轴：通常指圆柱形外尺寸要素，也包括非圆柱形外尺寸要素（由两平行平面或切平面形成的包容面），由单一尺寸确定的部分。

图 2-1 所示的各尺寸要素，如 D_1、D_2、D_3 和 D_4 各尺寸确定的各组平行平面或切平面所形成的包容面都称为孔；如 d_1、d_2、d_3 和 d_4 各尺寸确定的圆柱形外表面和各组平行平面或切平面所形成的被包容面都称为轴。因而孔、轴分别具有包容和被包容的功能。在加工过程中，孔的尺寸由小变大，轴的尺寸由大变小。

如果二平行平面或切平面既不能形成包容面，也不能形成被包容面，则它们既不是孔也不是轴。如图 2-1 中由 L_1、L_2 和 L_3 各尺寸确定的各组平行平面和切平面。

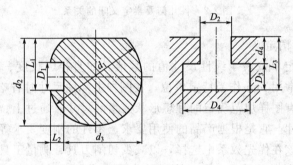

图 2-1　孔和轴

2. 要素的术语定义

（1）几何要素（简称要素）　构成零件几何特征的点、线或面。

（2）组成要素（轮廓要素）　面或面上的线。

（3）导出要素（中心要素）　由一个或几个组成要素得到的中心点、中心线或中心面。如：球心是由球面得到的导出要素，该球面为组成要素。圆柱的中心线是由圆柱面得到的导出要素，该圆柱面为组成要素。

（4）尺寸要素　由一定大小的线性尺寸或角度尺寸确定的几何形状。尺寸要素可以是圆柱形、球形、两平行对应面、圆锥形或楔形。

（5）公称组成要素　由技术制图或其他方法确定的理论正确组成要素。如图 2-2（a）所示。

（6）公称导出要素　由一个或几个公称组成要素导出的中心点、轴线或中心平面。

（7）实际（组成）要素　由接近实际（组成）要素所限定的工件实际表面的组成要素部分。如图 2-2（b）所示。

（8）提取组成要素　按规定方法，由实际（组成）要素提取有限数目的点所形成的实际

（组成）要素的近似替代。如图 2-2（c）所示。

（9）拟合组成要素　按规定的方法由提取组成要素形成的并具有理想形状的组成要素。如图 2-2（d）所示。

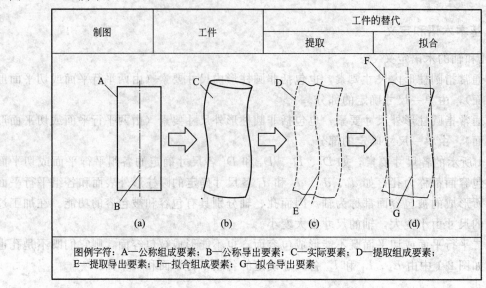

制图	工件	工件的替代	
		提取	拟合

图例字符：A—公称组成要素；B—公称导出要素；C—实际要素；D—提取组成要素；
E—提取导出要素；F—拟合组成要素；G—拟合导出要素

图 2-2　各几何要素定义间的关系

3. 有关尺寸的术语定义

（1）尺寸　用特定单位表示线性尺寸值的数值。如直径、长度、宽度、高度、中心距等。在机械制造中，常用 mm 作为特定单位，在图样上标注尺寸时省略单位不写。

（2）公称尺寸　有图样规范确定的理想形状要素的尺寸。通过上、下极限偏差的可计算出极限尺寸的公称尺寸。它是根据产品的使用要求、零件的刚度要求等，计算或通过实验的方法而确定的。它应该在优先数系中选择，以减少切削刀具、测量工具和型材等规格。孔的公称尺寸用 D 表示，轴的公称尺寸用 d 表示。公称尺寸可以是一个整数或一个小数。

（3）局部尺寸

①提取组成要素的局部尺寸（简称提取要素的局部尺寸）　一切提取组成要素上两对应点之间的距离。

②提取圆柱面的局部尺寸　要素上两对应点之间的距离。其中：两对应点之间的连线通过拟合圆圆心；横截面垂直于由提取表面得到的拟合圆柱面的轴线（如图 2-3 所示提取圆柱面、拟合圆圆心、提取表面、拟合圆柱面的轴线的关系）。

③两平行提取表面的局部尺寸　两平行对应提取表面上两对应点之间的距离。其中：所有对应点的连线均垂直于拟合中心平面；拟合中心平面是由两平行提取表面得到的两拟合平行平面的中心平面（两拟合平行平面之间的距离可能与公称距离不同）。

通过测量获得的某一孔、轴的尺寸。由于存在测量器具、方式、人员和环境等因数造成的测量误差，所以局部尺寸并非尺寸的真值，且同一表面不同部位的局部尺寸往往也不完全相同。但它们都可以称为局部尺寸，孔的局部尺寸用 D_a 表示，轴的局部尺寸用 d_a 表示。

（4）极限尺寸　一个孔或轴允许尺寸的两个极端。其中允许尺寸要素的最大尺寸称为上极限尺寸，允许尺寸要素的最小尺寸称为下极限尺寸。孔的上极限尺寸和下极限尺寸分别用

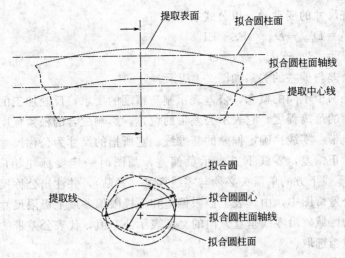

图 2-3 提取表面、提取圆柱面、拟合圆圆心、拟合圆柱面的轴线的关系

D_{max} 和 D_{min} 表示，轴的上极限尺寸和下极限尺寸分别用 d_{max} 和 d_{min} 表示。公称尺寸与极限尺寸见图 2-4。

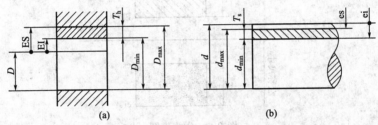

图 2-4 极限尺寸、公差与偏差

在一般情况下，提取组成要素的局部尺寸应位于其中，也可以达到极限尺寸。即：

对于孔 $D_{max} \geqslant D_a \geqslant D_{min}$

对于轴 $d_{max} \geqslant d_a \geqslant d_{min}$

4. 有关偏差和公差的术语定义

(1) 偏差 某一尺寸减其公称尺寸所得的代数差。由于某一尺寸可以大于、等于、小于公称尺寸，偏差可为正值、负值或零。

极限偏差：极限尺寸减其公称尺寸所得的代数差。它包含上极限偏差和下极限偏差。

上极限尺寸减其公称尺寸所得的代数差称为上极限偏差。以公式表示如下：

孔的上极限偏差 $ES = D_{max} - D$

轴的上极限偏差 $es = d_{max} - d$

下极限尺寸减其公称尺寸所得的代数差称为下极限偏差。以公式表示如下：

孔的下极限偏差 $EI = D_{min} - D$

轴的下极限偏差 $ei = d_{min} - d$

极限偏差由设计时确定，标注和计算偏差时极限偏差前面必须加注"＋"或"－"号（零除外）。

如 $\phi 25^{+0.033}_{+0.020}$ 　$\phi 25 \pm 0.065$、$\phi 25^{+0.035}_{0}$

(2) 尺寸公差（简称公差） 指上极限尺寸与下极限尺寸之差，或上极限偏差与下极限

偏差之差,即允许尺寸的变动量,以公式表示如下:

孔的公差 $T_h = D_{max} - D_{min} = ES - EI$

轴的公差 $T_s = d_{max} - d_{min} = es - ei$

极限尺寸、公差与偏差的关系如图2-4所示。

公差与偏差是两个不同的概念。公差表示制造精度的要求,反映加工的难易程度;而偏差表示与公称尺寸的远离程度,它表示公差带的位置,影响配合的松紧程度。

(3)尺寸公差带 零线:确定偏差的基准线。它所指的尺寸为公称尺寸,是偏差的起始线。零线上方表示正偏差,零线下方表示负偏差,画图时一定要标注相应的符号("0"、"+"和"-")。零线下方的单箭头必须与零线靠紧(紧贴),并注出公称尺寸的数值。

公差带:在公差带图中,由代表上极限偏差和下极限偏差或上极限尺寸与下极限尺寸的两条直线所限定的区域。沿零线垂直方向的宽度表示公差值,代表公差带的大小,公差带沿零线长度方向可适当选取。

以公称尺寸为零线,以适当的比例画出两极限偏差,以表示尺寸允许变动的界限即范围,称为公差带图。如图2-5所示。

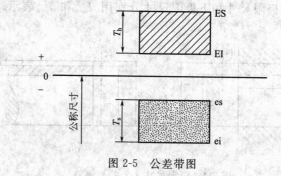

图2-5 公差带图

二、有关配合的术语和定义

1. 配合

公称尺寸相同,相互结合的孔、轴公差带之间的关系称为配合。在孔与轴的配合中,孔的尺寸减去轴的尺寸所得的代数差,其值为正值时称为间隙,以"X"表示,值前加"+"号;其值为负值时称为过盈,以符号"Y"表示,值前加"-"号,这种关系决定结合零件间松紧程度。

2. 配合的种类

(1)间隙配合 具有间隙(包括最小间隙为零)的配合称为间隙配合。此时,孔的公差带在轴的公差带之上(如图2-6所示)。

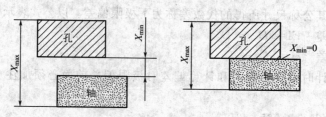

图2-6 间隙配合

表示间隙配合松紧程度的特征值是最大间隙 X_{max} 和最小间隙 X_{min}，其值可用下式计算：

$$X_{max} = D_{max} - d_{min} = ES - ei$$
$$X_{min} = D_{min} - d_{max} = EI - es$$

实际生产中，平均间隙更能体现其配合性质：

$$X_{av} = (X_{max} + X_{min})/2$$

（2）过盈配合　具有过盈（包括最小过盈等于零）的配合称为过盈配合。此时，孔的公差带在轴的公差带之下（如图 2-7 所示）。

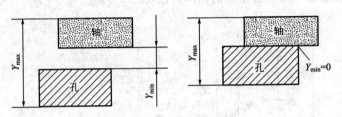

图 2-7　过盈配合

表示过盈配合松紧程度的特征值是最大过盈 Y_{max} 和最小过盈 Y_{min}，其值可用下式计算：

$$Y_{max} = D_{min} - d_{max} = EI - es$$
$$Y_{min} = D_{max} - d_{min} = ES - ei$$

实际生产中，平均过盈更能体现其配合性质：

$$Y_{av} = (Y_{max} + Y_{min})/2$$

（3）过渡配合　可能具有间隙也可能具有过盈的配合称为过渡配合。此时，孔的公差带与轴的公差带相互重叠（如图 2-8 所示）。

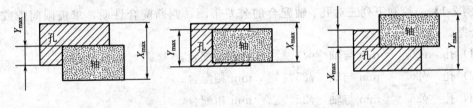

图 2-8　过渡配合

表示过渡配合松紧程度的特征值是最大间隙 X_{max} 和最大过盈 Y_{max}，其值可用下式计算：

$$X_{min} = D_{max} - d_{min} = ES - ei$$
$$Y_{max} = D_{min} - d_{max} = EI - es$$

实际生产中，过渡配合的平均松紧程度可能表示为平均间隙，也可能表示为平均过盈。

$$X_{av}（或 Y_{av}）= (X_{max} + Y_{max})/2$$

3. 配合公差

配合公差是指允许间隙或过盈的变动量。它是评定配合质量的一个重要的综合指标，用代号 T_f 表示。

对于间隙配合　　$T_f = |X_{max} - X_{min}|$
对于过盈配合　　$T_f = |Y_{max} - Y_{min}|$
对于过渡配合　　$T_f = |X_{max} - Y_{max}|$

同时配合公差又可表示为：

$$T_f = T_h + T_s$$

配合公差的大小反映了配合精度的高低，而配合精度取决于相互配合的孔和轴的尺寸精度。设计时，可根据配合公差来确定孔和轴的尺寸公差。若要提高配合精度，则应减小零件的公差，需要提高零件的加工精度，而导致加工成本的提高。

4. 配合公差带图

配合公差的特性也可用配合公差带来表示。

在配合公差带图中横坐标为零线，零线上方的纵坐标为正值，代表间隙，零线下方的纵坐标为负值，代表过盈（配合公差带的图示方法见图 2-9）。

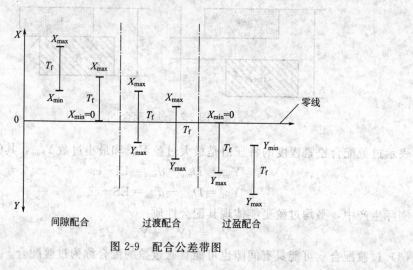

图 2-9 配合公差带图

左边为间隙，中间为过渡配合，右边为过盈配合。

【例 2-1】 绘制下列三对孔、轴配合的公差带图，判断配合性质，求极限间隙或过盈、配合公差。

（1）孔 $\phi 25_{0}^{-0.021}$ mm 与轴 $\phi 25_{-0.033}^{-0.020}$ mm 相配合；

（2）孔 $\phi 25_{0}^{+0.021}$ mm 与轴 $\phi 25_{+0.028}^{+0.041}$ mm 相配合；

（3）孔 $\phi 25_{0}^{+0.021}$ mm 与轴 $\phi 25_{+0.002}^{+0.015}$ mm 相配合。

解：

（1）分别画出孔和轴的公差带图，如图 2-10 所示。

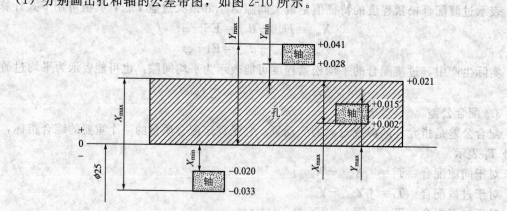

图 2-10 配合公差带图

（2）判断配合的性质：由孔和轴的公差带的关系可知：它们分别形成间隙配合、过盈配合、过渡配合。

（3）做计算表 2-1 如下。

表 2-1　例题计算表　　　　　　　　　　　　　　　　　　　mm

题号 所求项目	(1)		(2)		(3)	
	孔	轴	孔	轴	孔	轴
公称尺寸 D （d）	30	30	30	30	30	30
上极限偏差 ES（es）	+0.021	−0.020	+0.021	+0.041	+0.021	+0.015
下极限偏差 EI（ei）	0	−0.033	0	+0.028	0	+0.002
公差 T_h （T_s）	0.021	0.013	0.021	0.013	0.021	0.013
上极限尺寸 D_{max} （d_{max}）	30.021	29.980	30.021	30.041	30.021	30.015
下极限尺寸 D_{min} （d_{min}）	30.000	29.967	30.000	30.028	30.000	30.002
最小间隙 X_{min}	+0.020					
最大间隙 X_{max}	+0.054				+0.019	
最小过盈 Y_{min}			−0.007			
最大过盈 Y_{max}			−0.041		−0.015	
配合公差 T_f	0.034		0.034		0.034	
配合类别	间隙配合		过盈配合		过渡配合	

第二节　标准公差与基本偏差系列

为了实现零部件的互换性和满足各种使用要求，公差与配合实现标准化，GB/T 1800.2—2009《产品几何技术规范（GPS）极限与配合 第 2 部分：标准公差等级和孔、轴极限偏差表》；规定了两个基本系列，即标准公差和基本偏差系列。

一、标准公差

标准公差是国家标准规定的用以确定公差带大小的任一公差值。标准公差数值由公差等级和公称尺寸决定，见表 2-2。用以确定尺寸精确程度的等级称为公差等级。公差等级愈高，公差值愈小、生产加工愈难。

表 2-2　公称尺寸至 3150 mm 的标准公差数值（GB/T 1800.2—2009 摘录）

公称尺寸 /mm	标准公差等级																	
	/μm												/mm					
	IT1	IT2	IT3	IT4	IT5	IT6	IT7	IT8	IT9	IT10	IT11	IT12	IT13	IT14	IT15	IT16	IT17	IT18
≤3	0.8	1.2	2	3	4	6	10	14	25	40	60	0.1	0.14	0.25	0.40	0.60	1.0	1.4
>3~6	1	1.5	2.5	4	5	8	12	18	30	48	75	0.10	0.18	0.30	0.48	0.75	1.2	1.8
>6~10	1	1.5	2.5	4	6	9	15	22	36	58	90	0.15	0.22	0.36	0.58	0.90	1.5	2.2
>10~18	1.2	2	3	5	8	11	18	27	43	70	110	0.18	0.27	0.43	0.70	1.10	1.8	2.7

公称尺寸 /mm	标准公差等级																	
	/μm												/mm					
	IT1	IT2	IT3	IT4	IT5	IT6	IT7	IT8	IT9	IT10	IT11	IT12	IT13	IT14	IT15	IT16	IT17	IT18
>18~30	1.5	2.5	4	6	9	13	21	33	52	84	130	0.21	0.33	0.5	0.84	1.30	2.1	3.3
>30~50	1.5	2.5	4	7	11	16	25	39	62	100	160	0.25	0.39	0.62	1.00	1.60	2.5	3.9
>50~80	2	3	5	8	13	19	30	46	74	120	190	0.30	0.46	0.74	1.20	1.90	3.0	4.6
>80~120	2.5	4	6	10	15	22	35	54	87	140	220	0.35	0.54	0.87	1.40	2.20	3.5	5.4
>120~180	3.5	5	8	12	18	25	40	63	100	160	250	0.40	0.63	1.00	1.60	2.50	4.0	6.3
>180~250	4.5	7	10	14	20	29	46	72	115	185	290	0.46	0.72	1.15	1.85	2.90	4.6	7.2
>250~315	6	8	12	16	23	32	52	81	130	210	320	0.52	0.81	1.30	2.10	3.20	5.2	8.1
>315~400	7	9	13	18	25	36	57	89	140	230	360	0.57	0.89	1.40	2.30	3.60	5.7	8.9
>400~500	8	10	15	20	27	40	63	97	155	250	400	0.63	0.97	1.55	2.50	4.00	6.3	9.7
>500~630	9	11	16	22	30	44	70	110	175	280	440	0.70	0.110	1.75	2.80	4.40	7.0	11

注：1. 公称尺寸大于 500 mm 的 IT1 至 IT5 的数值为试行的。

2. 公称尺寸小于或等于 1 mm 时，无 IT14 至 IT18。

极限与配合在公称尺寸至 500mm 规定了 IT01，IT0，IT1，IT2…IT18 共 20 个标准公差等级，其中 IT01 精度最高，其余依次降低，IT18 精度最低；基本尺寸大于 500～3150mm 规定了 IT1，IT2…IT18 共 18 个标准公差等级，其中 IT1 精度最高，其余依次降低，IT 表示标准公差，数字表示公差等级代号。如 IT6 表示标准公差 6 级。

表 2-3　标准公差的计算公式（摘自 GB/T1800.2—2009）

公差等级	公式	公差等级	公式	公差等级	公式
IT01	$0.3+0.008D$	IT6	$10\,i$	IT13	$250\,i$
IT0	$0.5+0012D$	IT7	$16\,i$	IT14	$400\,i$
IT1	$0.8+0.020D$	IT8	$25\,i$	IT15	$640\,i$
IT2	$(IT1)(IT5)/(IT1)^{1/4}$	IT9	$40\,i$	IT16	$1000\,i$
IT3	$(IT1)(IT5)/(IT1)^{1/2}$	IT10	$64\,i$	IT17	$1600\,i$
IT4	$(IT1)(IT5)/(IT1)^{3/4}$	IT11	$100\,i$	IT18	$2500\,i$
IT5	$7\,i$	IT12	$160\,i$		

标准公差的计算公式见表 2-3，表中的高精度等级 IT01、IT0、IT1 的公式，主要考虑测量误差；公差等级 IT5～IT18 的标准公差计算公式 $IT=ai$，式中，a 是公差等级系数，i 为公差单位（公差因子），是以公称尺寸为自变量的函数。除了 IT5 的公差等级系数 $a=7$ 以外，从 IT6 开始，公差等级系数采用 R5 系列，每隔 5 级，标准公差数值增加 10 倍。

1. 公差单位

生产实践证明，对于基本尺寸相同的零件，可按公差值的大小评定其尺寸制造精度的高低。相反，对于公称尺寸不同的工件，就不能仅看公差值的大小去评定其制造精度。因此，评定零件精度等级（或公差等级）的高低，合理规定公差数值就需要建立公差单位。公差单位是计算标准公差的基本单位。对小于或等于 500 mm 的尺寸，IT5～IT18 用公差单位 i 的倍数计算公差。公差单位 i 按下式计算：

$$i=0.45\sqrt[3]{D}+0.001D$$

式中，D 为公称尺寸分段的计算尺寸，为几何平均值（mm）。式中第一项反映加工误差的影响，第二项反映测量误差的影响，尤其是温度变化引起的测量误差。

当公称尺寸为 $500\sim3150$mm 时，公差单位 i 按下式计算：

$$i=0.004D+2.1$$

2. 尺寸分段

根据标准公差的计算公式，每一个公称尺寸都对应有一个公差值。但在实际生产中基本尺寸很多，就会形成一个庞大的公差数值表，使用也不方便，同时不利于公差值的标准化、系列化。为了减少标准公差的数目，统一公差值，以利于生产实际的应用，国家标准对公称尺寸进行了分段见表 2-2，以简化公差表格。

尺寸分段后标准公差计算式中的公称尺寸 D 按每一尺寸分段首尾两尺寸的几何平均值代入计算。例如 $30\sim50$mm 尺寸段内 $D=\sqrt{30\times50}=38.73$mm，凡属于这一尺寸段的任一公称尺寸，其标准公差的计算直径均按 38.73mm 进行计算。

【例 2-2】 求公称尺寸为 $\phi25$，IT6、IT7 的公差值。

解：因为 $\phi25$ 处于 $18\sim30$ 尺寸段，所以有

$$D=\sqrt{18\times30}=23.24\text{mm}$$

查表 2-3 得：IT6$=10i$，IT7$=16i$，故

$$i=0.45\sqrt[3]{D}+0.001D=0.45\sqrt[3]{23.24}+0.001\times23.24=1.31\mu\text{m}。$$
$$\text{IT6}=10i=10\times1.31=13.1\approx13\mu\text{m}。$$
$$\text{IT7}=16i=16\times1.31=20.96\approx21\mu\text{m}。$$

由上例可知，计算得出公差数值的尾数要经过科学地圆整，从而编制出标准公差数值表，见表 2-2。

二、基本偏差系列

基本偏差是指确定零件公差带相对零线位置的上极限偏差或下极限偏差，它是公差带位置标准化的唯一指标，一般为靠近零线的那个偏差。当公差带位置在零线以上时，其基本偏差为下极限偏差；当公差带位置在零线以下时，其基本偏差为上极限偏差。不同位置的公差带与基准件将形成不同的配合。基本偏差的数量将决定配合种类的数量。

1. 基本偏差代号及特征

为了满足各种不同松紧程度的配合需要，同时尽量减少配合种类，以利于互换，国家标准对孔和轴分别规定了 28 种基本偏差。分别用拉丁字母表示，其中，孔的基本偏差用大写字母表示，轴的基本偏差用小写字母表示。28 种基本偏差代号，由 26 个拉丁字母中去掉了 5 个易与其他参数相混淆的字母 I（i）、L（l）、O（o）、Q（q）、W（w），剩下的 21 个字母加上 7 个双写字母 CD（cd）、EF（ef）、FG（fg）、ZA（za）、ZB（zb）、ZC（zc）、JS（js）组成。这 28 种基本偏差代号反映了 28 种公差带的位置，构成了基本偏差系列，如图 2-11 所示。

孔的基本偏差中，A～G 的基本偏差是下极限偏差 EI（正值）；H 的基本偏差 EI$=0$；J～ZC 的基本偏差是上极限偏差 ES（除 J 和 K 外，其余皆为负值）；JS 的基本偏差是 ES$=+$IT/2 或 EI$=-$IT/2。

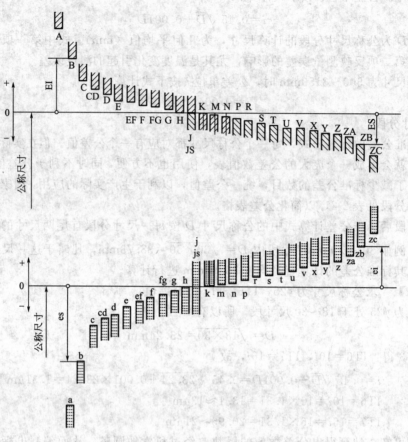

图 2-11　孔、轴基本偏差系列

　　轴的基本偏差中，a～g 的基本偏差是上偏差 es（负值）；h 的基本偏差 es＝0；j～zc 的基本偏差是下偏差 ei（除 j 外，其余皆为正值）；js 的基本偏差为 es＝＋IT/2 或 ei ＝－IT/2。

　　基本偏差系列图中仅绘出了公差带的一端，未绘出公差带的另一端，它取决于公差大小。因此，任何一个公差带代号都由基本偏差代号和公差等级数联合表示，如 H7，h6，G8，r7 等。

　　基本偏差是公差带位置标准化的唯一参数，除去 JS 和 js 以及 J，j，K，k 和 N 以外，原则上基本偏差和公差等级无关。

　　2. 基准制

　　配合制是同一极限制的孔和轴组成配合的一种制度，亦称为基准制。国家标准对配合的组成规定了两种配合制度，即基孔制和基轴制配合。

　　（1）基孔制　基本偏差为一定的孔的公差带与不同基本偏差的轴的公差带形成各种配合的一种制度。如图 2-12（a）所示。基孔制配合中的孔称为基准孔，代号为 H，是基孔制配合中的基准件，轴为非基准件。

　　标准规定，基准孔的下极限尺寸等于公称尺寸，基准孔下极限偏差（EI）为基本偏差，其数值为零。上极限偏差（ES）为正值，即其公差带偏置在零线上侧。

　　（2）基轴制　基本偏差为一定的轴的公差带与不同基本偏差的孔的公差带形成各种配合的一种制度。如图 2-12（b）所示。基轴制配合中的轴称为基准轴，代号为 h，是基轴制配合中的基准件，孔为非基准件。

标准规定，基准轴的上极限尺寸等于公称尺寸，基准轴上极限偏差 es 为基本偏差，其数值为零。下极限偏差 ei 为负值，即其公差带偏置在零线下侧。

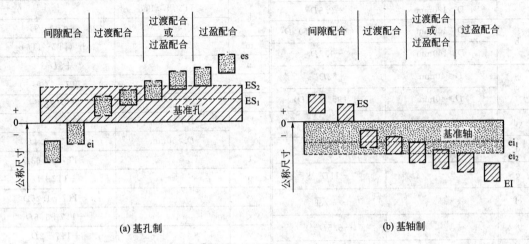

(a) 基孔制　　　　　　　　　　　　　　(b) 基轴制

图 2-12　基准制

从图 2-12 可知：基准孔 H 与轴 a～h 一定形成间隙配合，标注为 H/a～h；与轴 j～n 大致形成过渡配合，配合的标注为 H/j～n；与轴 p～zc 大致形成过盈配合，其标注的形式为 H/p～zc。

基准轴 h 与孔 A～H 一定形成间隙配合，标注为 A～H/h；与孔 J～N 大致形成过渡配合，配合的标注为 J～N/h；与孔 P～ZC 大致形成过盈配合，其标注的形式为 P～ZC/h。

3. 轴的基本偏差

轴的基本偏差计算公式如表 2-4 所示。它是以基孔制配合为基础来考虑的，a～h 用于间隙配合，基本偏差的绝对值等于最小间隙，其中 a、b、c 用于大间隙和热动配合，考虑发热膨胀的影响，采用与直径成正比关系的公式计算（其中 c 适用于直径大于 40mm 时）。d、e、f 主要用于旋转运动，为了保证良好的液体摩擦，最小间隙应与直径成平方根关系，但考虑到表面粗糙度的影响，间隙应适当减小，故 d、e、f 的计算公式是按此要求确定的。g 主要用于滑动和半液体摩擦，或用于定位配合，间隙要小，所以，直径的指数有所减小。基本偏差 cd、ef、fg 的绝对值，分别按 c 与 d、e 与 f、f 与 g 绝对值的几何平均值确定，适用于尺寸较小的旋转运动件。j ～ n 与基准孔形成过渡配合，其基本偏差为下偏差 ei，数值基本上是根据经验与统计的方法确定的。p ～ zc 与基准孔形成过盈配合，其基本偏差为下偏差 ei，数值大小按与一定等级的孔相配合所要求的最小过盈而定。最小过盈系数的系列符合优先数系，规律性较好，便于应用。

在实际工作中，轴的基本偏差数值不必用公式计算，为方便使用，计算结果的数值已列成表，如表 2-5 所示，使用时可直接查表。

当轴的基本偏差确定后，另一个极限偏差可根据轴的基本偏差数值和标准公差值按下列关系计算：

$$ei = es - IT$$
$$es = ei + IT$$

表 2-4　公称尺寸≤500mm 的轴的基本偏差计算公式

代号	适用范围	基本偏差为上偏差 (es)	代号	适用范围	基本偏差为下偏差 (ei)
a	$D\leqslant120$mm	$-(265+1.3D)$	j	IT5~IT8	经验数据
a	$D>120$mm	$-3.5D$	k	≤IT3 级≥IT8	0
b	$D\leqslant160$mm	$-(140+0.85)D$	k	IT4~IT7	$+0.6^{3}\sqrt{D}$
b	$D>160$mm	$-1.8D$	m	$+(IT7~IT6)$
c	$D\leqslant40$mm	$-52D^{0.2}$	n		$+5D^{0.34}$
c	$D>40$mm	$-(95+0.8D)$	p		$+IT7+(0~5)$
cd		$-\sqrt{cd}$	r		$+\sqrt{ps}$
d		$-16D^{0.44}$	s	$D\leqslant50$mm	$+IT8+(1~4)$
d			s	$D>50$mm	$+IT7+0.4D$
e		$-11D^{0.41}$	t		$+IT7+0.63D$
ef		$-\sqrt{ef}$	u		$+IT7+D$
f		$-5.5D^{0.41}$	v		$+IT7+1.25D$
f			x		$+IT7+1.6D$
fg		$-\sqrt{fg}$	y		$+IT7+2D$
g		$-2.5D^{0.34}$	z		$+IT7+2.5D$
g			za		$+IT8+3.15D$
h		0	zb		$+IT9+4D$
h			zc		$+IT10+5D$
				$js=\pm\dfrac{IT}{2}$	

注：1. 表中 D 的单位为 mm。

2. 除 j 和 js 外，表中所列公式与公差等级无关。

4. 孔的基本偏差数值

孔的基本偏差数值是由相同字母轴的基本偏差，在相应的公差等级的基础上通过换算得到。换算的原则是：基本偏差字母代号同名的孔和轴，分别构成的基轴制与基孔制的配合，在相应公差等级的条件下，其配合的性质必须相同，即具有相同的极限间隙或极限过盈，这种配合称为同名配合。如 H9/f9 与 F9/h9，H7/p6 与 P7/h6。由于孔比轴加工困难，因此，国家标准规定，为使孔和轴在加工工艺上等价，在较高精度等级的配合中，孔比轴的公差等级低一级。在较低精度等级的配合中，孔与轴采用相同的公差等级。在孔与轴的基本偏差换算中，有以下两种规则。

（1）通用规则　用同一字母表示的孔、轴基本偏差的绝对值相等，而符号相反。孔的基本偏差是轴的基本偏差相对于零线的倒影（反射关系），如图 2-13 所示。

对于孔A~H：　　EI= $-$es

J~ZC：　　ES= $-$ei

（2）特殊规则　当孔、轴基本偏差代号对应时，孔的基本偏差 ES 和轴的基本偏差 ei 符号相反，而绝对值相差一个 Δ 值。即

$$ES=-ei+\Delta$$

$$\Delta=IT_{n}-IT_{n-1}$$

式中，IT_{n} 为孔的公差等级，IT_{n-1} 为比孔高一级的轴的标准公差。

此式适用于 3mm$<$基本尺寸$\leqslant500$mm，标准公差$\leqslant$IT8 的 J~N 和标准公差$\leqslant$IT7

的 P～ZC。

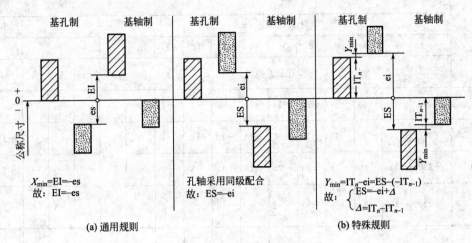

图 2-13　孔的基本偏差换算规则

用上述公式计算出孔的基本偏差按一定规则化整，编制出孔的基本偏差数值表，如表 2-6 所示。实际使用时，可直接查此表，不必计算。

孔的另一个极限偏差可根据下列公式计算

$$ES = EI + T_h$$

$$EI = ES - T_h$$

【例 2-3】　用标准公差数值表和轴的基本偏差数值表，按 $\phi60H7/p6$ 确定 $\phi60P7/h6$ 中的孔的基本偏差数值。

解：

（1）查表确定孔和轴的标准公差

查表 2-2 得：$IT6 = 19\mu m$，　$IT7 = 30\mu m$。

（2）查表确定轴的基本偏差

查表 2-5 得 p 的基本偏差 $ei = +32\mu m$；另一个极限偏差 $es = ei + IT6 = +51\mu m$

（3）计算孔的基本偏差

因 P7 应按特殊规则计算基本偏差：

$$ES = -ei + \Delta$$

而　　　　$\Delta = IT7 - IT6 = 30 - 19 = 11\mu m$；

$$ES = -ei + \Delta = -32 + 11 = -21\mu m$$

另一个极限偏差　$EI = ES - IT7 = -21 - 30 = -51\mu m$

（4）计算极限过盈

对于 $\phi60H7/p6$

$$Y_{max} = EI - es = (0 - 51)\mu m = -51\mu m$$

$$Y_{min} = ES - ei = (+30 - 32)\mu m = -2\mu m$$

对于 $\phi60P7/h6$

$$Y_{max} = EI - es = (-51 - 0)\mu m = -51\mu m$$

$$Y_{min} = ES - ei = [-21 - (-19)]\mu m = -2\mu m$$

可见，$\phi60H7/p6$ 和 $\phi60P7/h6$ 配合性质相同。

表 2-5 公称尺寸≤500mm 的轴的基本

公称尺寸 /mm	上极限偏差 es												下极限偏差				
	a	b	c	cd	d	e	ef	f	fg	g	h	js	j			k	
	所有公差等级												5~6	7	8	4~7	≤3 / >7
≤3	−270	−140	−60	−34	−20	−14	−10	−6	−4	−2	0		−2	−4	−6	0	0
>3~6	−270	−140	−70	−46	−30	−20	−14	−10	−6	−4	0		−2	−4	—	+1	0
>6~10	−280	−150	−80	−56	−40	−25	−18	−13	−8	−5	0		−2	−5	—	+1	0
>10~14 >14~18	−290	−150	−95	—	−50	−32		−16		−6	0	偏差等于 $\pm\dfrac{IT}{2}$	−3	−6	—	+1	0
>18~24 >24~30	−300	−160	−110	—	−65	−40	—	−20	—	−7	0		−4	−8	—	+2	0
>30~40	−310	−170	−120	—	−80	−50	—	−25	—	−9	0		−5	−10	—	+2	0
>40~50	−320	−180	−130	—	−80	−50	—	−25	—	−9	0		−5	−10	—	+2	0
>50~65	−340	−190	−140	—	−100	−60	—	−30	—	−10	0		−7	−12	—	+2	0
>65~80	−360	−200	−150	—	−100	−60	—	−30	—	−10	0		−7	−12	—	+2	0
>80~100	−380	−220	−170	—	−120	−72	—	−36	—	−12	0		−9	−15	—	+3	0
>100~120	−410	−240	−180	—	−120	−72	—	−36	—	−12	0		−9	−15	—	+3	0
>120~140	−460	−260	−200	—	−145	−85	—	−43	—	−14	0		−11	−18	—	+3	0
>140~160	−520	−280	−210	—	−145	−85	—	−43	—	−14	0		−11	−18	—	+3	0
>160~180	−580	−310	−230	—	−145	−85	—	−43	—	−14	0		−11	−18	—	+3	0
>180~200	−660	−340	−240	—	−170	−100	—	−50	—	−15	0		−13	−21	—	+4	0
>200~225	−740	−380	−260	—	−170	−100	—	−50	—	−15	0		−13	−21	—	+4	0
>225~250	−820	−420	−280	—	−170	−100	—	−50	—	−15	0		−13	−21	—	+4	0
>250~280	−920	−480	−300	—	−190	−110	—	−56	—	−17	0		−16	−26	—	+4	0
>280~315	−1050	−540	−330	—	−190	−110	—	−56	—	−17	0		−16	−26	—	+4	0
>315~355	−1200	−600	−360	—	−210	−125	—	−62	—	−18	0		−18	−28	—	+4	0
>355~400	−1350	−680	−400	—	−210	−125	—	−62	—	−18	0		−18	−28	—	+4	0
>400~450	−1500	−760	−440	—	−230	−135	—	−68	—	−20	0		−20	−32	—	+5	0
>450~500	−1650	−840	−480	—	−230	−135	—	−68	—	−20	0		−20	−32	—	+5	0

注：1. 公称尺寸小于 1mm 时，各级的 a 和 b 均不采用。

2. js 的数值：对 IT7 至 IT11，若 IT 的数值（μm）为奇数，则取 js$=\pm\dfrac{IT-1}{2}$。

偏差数值（摘自 GB/T1800.2—2009）

差/μm

差 ei

m	n	p	r	s	t	u	v	x	y	z	za	zb	zc
\multicolumn{14}{所有公差等级}													

m	n	p	r	s	t	u	v	x	y	z	za	zb	zc
+2	+4	+6	+10	+14	—	+18	—	+20	—	+26	+32	+40	+60
+4	+8	+12	+15	+19	—	+23	—	+28	—	+35	+42	+50	+80
+6	+10	+15	+19	+23	—	+28	—	+34	—	+42	+52	+67	+97
+7	+12	+18	+23	+28	—	+33	— +39	+40 +45	— —	+50 +60	+64 +77	+90 +108	+130 +150
+8	+15	+22	+28	+35	— +41	+41 +48	+47 +55	+54 +64	+63 +75	+73 +88	+98 +118	+136 +160	+188 +218
+9	+17	+26	+34	+43	+48 +54	+60 +70	+68 +81	+80 +97	+94 +114	+112 +136	+148 +180	+200 +240	+274 +325
+11	+20	+32	+41 +43	+53 +59	+66 +75	+87 +102	+102 +120	+122 +146	+144 +174	+172 +210	+226 +274	+300 +360	+405 +480
+13	+23	+37	+51 +54	+71 +79	+91 +104	+124 +144	+146 +172	+178 +210	+214 +256	+258 +310	+335 +400	+445 +525	+585 +690
+15	+27	+43	+63 +65 +68	+92 +100 +108	+122 +134 +146	+170 +190 +210	+202 +228 +252	+248 +280 +310	+300 +340 +380	+365 415 +465	+470 +535 +600	+620 +700 +780	+800 +900 +1000
+17	+31	+50	+77 +80 +84	+122 +130 +140	+166 +180 +196	+236 +258 +284	+284 +310 +340	+350 +385 +425	+425 +470 +520	+520 +575 +640	+670 +740 +850	+880 +960 +1050	+1150 +1250 +1350
+20	+34	+56	+94 +98	+158 +170	+218 +240	+315 +350	+385 +425	+475 +525	+580 +650	+710 +790	+920 +1000	+1200 +1300	+1550 +1700
+21	+37	+62	+108 +114	+190 +208	+268 +294	+390 +435	+475 +530	+590 +660	+730 +820	+900 +1000	+1150 +1300	+1500 +1650	+1900 +2100
+23	+40	+68	+126 +132	+232 +252	+330 +360	+490 +540	+595 +660	+740 +820	+920 +1000	+1100 +1250	+1450 +1600	+1850 +2100	+2400 +2600

表 2-6　公称尺寸≤500mm 的孔的基本

公称尺寸/mm	上极限偏差 EI												基本下极限						
	A	B	C	CD	D	E	EF	F	EG	G	H	Js	J			K		M	
	所有的公差等级												6	7	8	≤8	>8	≤8	>8
≤3	+270	+140	+60	+34	+20	+14	+10	+6	+4	+2	0		+2	+4	+6	0	0	−2	−2
>3~6	+270	+140	+70	+36	+30	+20	+14	+10	+6	+4	0		+5	+6	+10	−1+Δ	—	−4+Δ	−4
>6~10	+280	+150	+80	+56	+40	+25	+18	+13	+8	+5	0		+5	+8	+12	−1+Δ	—	−6+Δ	−6
>10~14 >14~18	+290	+150	+95	—	+50	+32	—	+16	—	+6	0		+6	+10	+15	−1+Δ	—	−7+Δ	−7
>18~24 >24~30	+300	+160	+110	—	+65	+40	—	+20	—	+7	0		+8	+12	+20	−2+Δ	—	−8+Δ	−8
>30~40 >40~50	+310 +320	+170 +180	+120 +130	—	+80	+50	—	+25	—	+9	0	偏差等于±$\dfrac{IT}{2}$	+10	+14	+24	−2+Δ	—	−9+Δ	−9
>50~65 >65~80	+340 +360	+190 +200	+140 +150	—	+100	+60	—	+30	—	+10	0		+13	+18	+28	−2+Δ	—	−11+Δ	−11
>80~100 >100~120	+380 +410	+220 +240	+170 +180	—	+120	+72	—	+36	—	+12	0		+16	+22	+34	−3+Δ	—	−13+Δ	−13
>120~140 >140~160 >160~180	+440 +520 +580	+260 +280 +310	+200 +210 +230	—	+145	+85	—	+43	—	+14	0		+18	+26	+41	−3+Δ	—	−15+Δ	−15
>180~200 >200~225 >225~250	+660 +740 +820	+340 +380 +420	+240 +260 +280	—	+170	+100	—	+50	—	+15	0		+22	+30	+47	−4+Δ	—	−17+Δ	−17
>250~280 >280~315	+920 +1050	+480 +540	+300 +330	—	+190	+110	—	+56	—	+17	0		+25	+36	+55	−4+Δ	—	−20+Δ	−20
>315~355 >355~400	+1200 +1350	+600 +680	+360 +400	—	+210	+125	—	+62	—	+18	0		+29	+39	+60	−4+Δ	—	−21+Δ	−21
>400~450 >450~500	+1500 +1650	+760 +840	+440 +480	—	+230	+135	—	+68	—	+20	0		+33	+43	+66	−5+Δ	—	−23+Δ	−23

注：1. 公称尺寸小于 1mm 时，各级的 A 和 B 及大于 8 级的 N 均不采用。

2. Js 的数值：对 IT7 至 IT11，若 IT 的数值（μm）为奇数，则取 Js=±$\dfrac{IT-1}{2}$。

3. 特殊情况：当公称尺寸大于 250mm 至 315mm 时，M6 的 ES 等于−9（不等于−11）。

4. 对小于或等于 IT8 的 K、M、N 和小于或等于 IT7 的 P 至 ZC，所需 Δ 值从表内右侧栏选取。例如：大于 6mm 至

偏差数值（摘自 GB/T1800.2—2009）

偏差/μm															Δ/μm					
偏差 ES		上极限偏差 ES																		
N		P～ZC	P	R	S	T	U	V	X	Y	Z	ZA	ZB	ZC						
≤8	>8	≤7	>7												3	4	5	6	7	8
−4	−4	在>7级的相应数值上增加一个Δ值	−6	−10	−14	—	−18	—	−20	—	−26	−32	−40	−60	0					
$-8+\Delta$	0		−12	−15	−19	—	−23	—	−28	—	−35	−42	−50	−80	1	1.5	1	3	4	6
$-10+\Delta$	0		−15	−19	−23	—	−28	—	−34	—	−42	−52	−67	−97	1	1.5	2	3	6	7
$-12+\Delta$	0		−18	−23	−28	—	−33	— −39	−40 −45	— —	−50 −60	−64 −77	−90 −108	−130 −150	1	2	3	3	7	9
$-15+\Delta$	0		−22	−28	−35	— −41	−41 −48	−47 −55	−54 −64	−65 −75	−73 −88	−98 −118	−136 −160	−188 −218	1.5	2	3	4	8	12
$-17+\Delta$	0		−26	−34	−43	−48 −54	−60 −70	−68 −81	−80 −95	−94 −114	−112 −136	−148 −180	−200 −242	−274 −325	1.5	3	4	5	9	14
$-20+\Delta$	0		−32	−41 −43	−53 −59	−66 −75	−87 −102	−102 −120	−122 −146	−144 −174	−172 −210	−226 −274	−300 −360	−400 −480	2	3	5	6	11	16
$-23+\Delta$	0		−37	−51 −54	−71 −79	−91 −104	−124 −144	−146 −172	−178 −210	−214 −254	−258 −310	−335 −400	−445 −525	−585 −690	2	4	5	7	13	19
$-27+\Delta$	0		−43	−63 −65 −68	−92 −100 −108	−122 −134 −146	−170 −190 −210	−202 −228 −252	−248 −280 −310	−300 −340 −380	−365 −415 −465	−470 −535 −600	−620 −700 −780	−800 −900 −1000	3	4	6	7	15	23
$-31+\Delta$	0		−50	−77 −80 −84	−122 −130 −140	−166 −180 −196	−236 −258 −284	−284 −310 −340	−350 −385 −425	−425 −470 −520	−520 −575 −640	−670 −740 −820	−880 −960 −1050	−1150 −1250 −1350	3	4	6	9	17	26
$-34+\Delta$	0		−56	−94 −98	−158 −170	−218 −240	−315 −350	−385 −425	−475 −525	−580 −650	−710 −790	−920 −1000	−1200 −1300	−1550 −1700	4	4	7	9	20	29
$-37+\Delta$	0		−62	−108 −114	−190 −208	−268 −294	−390 −435	−475 −530	−590 −660	−730 −820	−900 −1000	−1150 −1300	−1500 −1650	−1900 −2100	4	5	7	11	21	32
$-40+\Delta$	0		−68	−126 −132	−232 −252	−330 −360	−490 −540	−595 −660	−740 −820	−920 −1000	−1100 −1250	−1450 −1600	−1850 −2100	−2400 −2600	5	5	7	13	23	34

10mm 的 P6，$\Delta=3$，所以 $ES=-15+3=-12\mu m$。

【例 2-4】 试用查表法确定 $\phi20H7/p6$ 和 $\phi20P7/h6$ 的孔和轴的极限偏差，绘制公差与配合图解，计算两个配合的极限过盈。

解：

（1）查表确定孔和轴的标准公差

查表 2-2 得：IT6＝13μm，IT7＝21μm。

（2）查表确定轴的基本偏差

查表 2-5 得：h 的基本偏差 es＝0，P 的基本偏差 ei＝＋22μm 。

（3）查表确定孔的基本偏差

查表 2-6 得：H 的基本偏差 EI＝0，P 的基本偏差 ES＝－22＋Δ＝（－22＋8）μm＝ －14μm

或者孔的基本偏差由相同字母轴的基本偏差换算求得：

H 的基本偏差 EI＝－es＝0，P 的基本偏差 ES＝－ei＋Δ＝－22＋（IT7－IT6）＝［－22＋（21－13）］μm＝－14μm

（4）计算轴的另一个极限偏差

h6 的下极限偏差 ei＝es－IT6＝（0－13）μm ＝－13μm

p6 的上极限偏差 es＝ei＋IT6＝（＋22＋13）μm＝＋35μm

（5）计算孔的另一个极限偏差

H7 的上极限偏差 ES＝EI＋IT7＝（0＋21）μm＝＋21μm

P7 的下极限偏差 EI ＝ES－IT7＝（－14－21）μm＝－35μm

（6）标出极限偏差

$$\phi20\dfrac{H7\left(\begin{smallmatrix}+0.021\\0\end{smallmatrix}\right)}{p6\left(\begin{smallmatrix}+0.035\\+0.022\end{smallmatrix}\right)},\ \phi20\dfrac{P7\left(\begin{smallmatrix}-0.014\\-0.035\end{smallmatrix}\right)}{h6\left(\begin{smallmatrix}0\\-0.013\end{smallmatrix}\right)}$$

（7）作公差与配合图解，如图 2-14 所示。

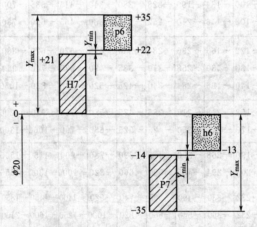

图 2-14　$\phi20H7/p6$ 和 $\phi20P7/h6$ 公差与配合图解

（8）计算极限过盈

对于 $\phi20H7/p6$

$$Y_{max}＝EI－es＝（0－35）\mu m＝ －35\mu m$$

$$Y_{min}＝ES－ei＝（＋21－22）\mu m ＝ －1\mu m$$

对于 $\phi 20P7/h6$

$$Y_{max}=EI-es=(-35-0)\,\mu m=-35\mu m$$

$$Y_{min}=ES-ei=[-14-(-13)]\,\mu m=-1\mu m$$

可见，$\phi 20H7/p6$ 和 $\phi 20P7/h6$ 配合性质相同。

5. 公差与配合的表示方法及图样标注

（1）孔、轴公差带的表示方法　公差带用基本偏差的字母和公差的等级数字表示。

如：D7、f6。

（2）国标规定，孔、轴尺寸公差用公称尺寸后跟所要求的公差带或偏差值。

如：$\phi 60^{+0.130}_{+0.100}$、$\phi 60D7$、$\phi 60D7\left(^{+0.130}_{+0.100}\right)$。

在图样上的公差带与配合标注的方法如图 2-15 所示。

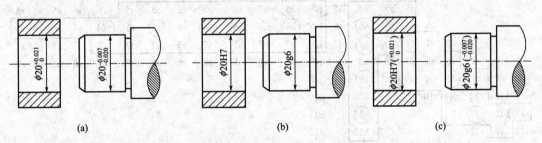

图 2-15　零件图上公差带与配合的标注

（3）配合代号标注　配合用公称尺寸后跟孔、轴公差带表示。孔、轴公差带写成分数形式，分子为孔公差带，分母为轴公差带，如：$\phi 50H7/p6$ 在装配图上公差带与配合的标注如图 2-16 所示。

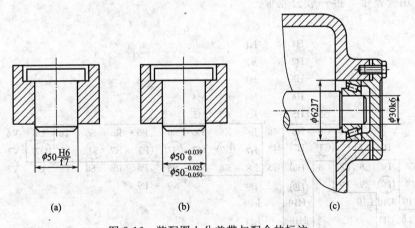

图 2-16　装配图上公差带与配合的标注

第三节　优先和常用配合

一、一般、常用和优先的公差带

按照国家标准中提供的 20 个等级的标准公差和 28 种基本偏差，可以组成很多种公差带

（孔有 543 种，轴有 544 种）。由孔、轴公差带又能组成大量的配合。但是，在生产实践中，公差带的数量很多势必使标准繁杂，不利于生产。国家标准在满足我国实际需要和考虑生产发展需要的前提下，为了尽可能减少零件、定值刀具、量具和工艺装备的品种和规格，对所选用的公差带与配合作了必要的限制。

对于尺寸≤500mm，国家标准规定了一般、常用和优先的轴公差带共 119 种，其中方框内的 59 种为常用公差带，带圆圈的 13 种为优先的公差带。如图 2-17 所示。

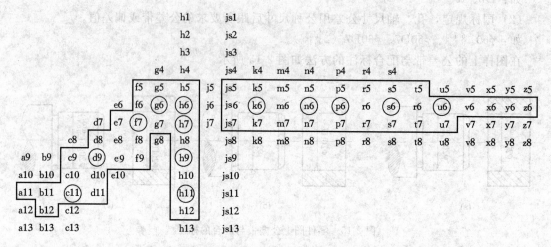

图 2-17 一般、常用和优先轴公差带

国家标准规定了一般、常用和优先的孔公差带 105 种，其中方框内的 44 种为常用公差带，带圆圈的 13 种为优先的公差带。如图 2-18 所示。选用公差带的顺序是：首先优先公差带，其次常用公差带，再一般公差带。

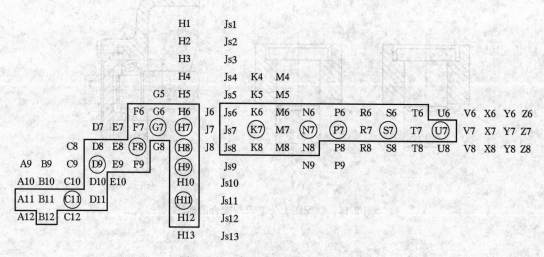

图 2-18 一般、常用和优先孔公差带

二、常用和优先配合

配合系列 GB/T 1801—2009 在公称尺寸 500mm 范围内，规定了基孔制常用配合 59 种，其中优先配合 13 种，见表 2-7。规定了基轴制常用配合 47 种，其中优先配合 13 种，见表 2-8。

表 2-7　基孔制优先、常用配合

基准孔	轴																				
	a	b	c	d	e	f	g	h	js	k	m	n	p	r	s	t	u	v	x	y	z
	间隙配合								过渡配合			过盈配合									
H6						H6/f5	H6/g5	H6/h5	H6/js5	H6/k5	H6/m5	H6/n5	H6/p5	H6/r5	H6/s5	H6/t5					
H7						H7/f6	H7/g6	H7/h6	H7/js6	H7/k6	H7/m6	H7/n6	H7/p6	H7/r6	H7/s6	H7/t6	H7/u6	H7/v6	H7/x6	H7/y6	H7/z6
H8					H8/e7	H8/f7	H8/g7	H8/h7	H8/js7	H8/k7	H8/m7	H8/n7	H8/p7	H8/r7	H8/s7	H8/t7	H8/u7				
				H8/d8	H8/e8	H8/f8		H8/h8													
H9			H9/c9	H9/d9	H9/e9	H9/f9		H9/h9													
H10			H10/c10	H10/d10				H10/h10													
H11	H11/a11	H11/b11	H11/c11	H11/d11				H11/h11													
H12		H12/b12						H12/h12													

注：1. $\frac{H6}{n5}$、$\frac{H7}{p6}$ 在基本尺寸 ≤3mm 和 $\frac{H8}{r7}$ 在 ≤100mm 时，为过渡配合。

2. 标注 ◤ 的配合为优先配合。

表 2-8　基轴制优先、常用配合

基准轴	孔																				
	A	B	C	D	E	F	G	H	Js	K	M	N	P	R	S	T	U	V	X	Y	Z
	间隙配合								过渡配合			过盈配合									
h5						F6/h5	G6/h5	H6/h5	Js6/h5	K6/h5	M6/h5	N6/h5	P6/h5	R6/h5	S6/h5	T6/h5					
h6						F7/h6	G7/h6	H7/h6	Js7/h6	K7/h6	M7/h6	N7/h6	P7/h6	R7/h6	S7/h6	T/h6	U7/h6				
h7					E8/h7	F8/h7		H8/h7	Js8/h7	K8/h7	M8/h7	N8/h7									
h8				D8/h8	E8/h8	F8/h8		H8/h8													
h9				D9/h9	E9/h9	F9/h9		H9/h9													
h10				D10/h10				H10/h10													
h11	A11/h11	B11/h11	C11/h11	D11/h11				H11/h11													
h12		B12/h12						H12/h12													

注：标注 ◤ 的配合为优先配合。

必须注意到，在表 2-7 中，当轴的标准公差小于或等于 IT7 级时，是与低一级的孔相配合；大于或等于 IT8 级时，与同级基准孔相配。在表 2-8 中，当孔的标准公差小于 IT8 级或少数等于 IT8 级时，是与高一级的基准轴相配，其余是孔、轴同级相配。配合的选用顺序为：先优先配合，再常用配合。

第四节　尺寸公差与配合的选用

尺寸公差与配合的选择是机械设计与制造中的一个重要环节，它是在基本尺寸已经确定的情况下进行的尺寸精度设计。合理地选用公差与配合，不但可以更好地促进互换性生产，而且有利于提高产品质量，降低生产成本。在设计中，公差与配合的选用主要包括：基准制、公差等级与配合种类的选用。

一、基准制的选用

选择基准制时，应从结构、工艺、经济几方面来综合考虑，权衡利弊。

（1）一般情况下，应优先选用基孔制。

从工艺上看，加工孔比加工轴要困难些，所用刀具、量具尺寸规格也多些。采用基孔制，可大大缩减定值刀具、量具的规格和数量。

（2）只有在具有明显经济效果的情况下，才采用基轴制。如用冷拔钢作轴，不必对轴加工，或在同一基本尺寸的轴上要装配几个不同配合的零件，如发动机的活塞销轴与连杆铜套孔和活塞孔之间的配合，如图 2-19 所示，根据使用要求，活塞销轴与活塞孔采用过渡配合，而连杆衬套与活塞销轴则采用间隙配合。若采用基孔制，如图 2-19（b）所示，活塞销轴将加工成台阶形状；而采用基轴制配合，如图 2-19（c）所示，活塞销轴可制成光轴。这种选择不仅有利于轴的加工，并且能够保证合理的装配质量。

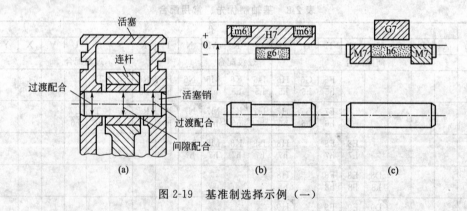

图 2-19　基准制选择示例（一）

（3）与标准件配合时，基准制的选择通常依标准件而定。例如，滚动轴承外圈与箱体孔的配合应采用基轴制，滚动轴承内圈与轴的配合应采用基孔制，如图 2-20 所示。选择箱体孔的公差带为 J7，选择轴颈的公差带为 k6。

（4）为满足配合的特殊要求，允许选用非基准制的配合，即指相配合的两零件既无基准孔 H，又无基准轴 h 的配合。当一个孔与几个轴相配合或一个轴与几个孔相配合，其配合要求各不相同时，则有的配合会出现非基准制的配合。如图 2-20 所示，在箱体孔中装有滚动轴承和轴承端盖，由于滚动轴承是标准件，它与箱体孔的配合是基轴制配合，箱体孔的公差带代号为 J7，这时如果端盖与箱孔的配合也要坚持基轴制，则配合为 J/h，属于过渡配合。但轴承端盖需要经常拆卸，显然这种配合过于紧密，而应选用间隙配合为好。端盖公差

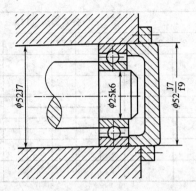

图 2-20　基准制选择示例（二）

带不能用 h，只能选择非基准轴公差带，考虑到端盖的性能要求和加工的经济性，采用公差
等级 9 级，最后选择端盖与箱体孔之间的配合为 J7/f9。

二、公差等级的选用

产品精度愈高加工工艺愈复杂，生产成本愈高。合理地选择公差等级，对解决机器零件
的使用要求与制造工艺及成本之间的矛盾，起着决定性作用，一般选用的原则如下。

（1）在常用尺寸段内，对于较高精度等级的配合，由于孔比同级轴加工困难，考虑加工工艺
的等价性，当标准公差≤IT8 时，国家标准推荐孔比轴低一级相配合，如 H7/h6；但对标准公差
＞IT8 级的配合，由于孔的测量精度比轴容易保证，推荐采用同级孔、轴配合，如 H9/h9。

（2）选择公差等级，既要满足设计要求，又要考虑工艺的可能性和经济性。也就是说，
在满足使用要求的情况下，尽量扩大公差值，即尽量选用较低的公差等级。

（3）与相配件的精度关联。如与滚动轴承相配合的外壳孔和轴颈的公差等级取决于相配
件滚动轴承的公差等级；与齿轮孔配合的轴的公差等级要与齿轮精度相适应。

（4）国家标准规定的公差等级与加工方法的大致关系见表 2-9。

表 2-9　公差等级与加工方法的关系

加工方法	公差等级（IT）																
	01	0	1	2	3	4	5	6	7	8	9	10	11	12	13	14	15	16
研磨																	
珩																	
圆磨、平磨																	
金刚石车、金刚石镗																	
拉削																	
铰孔																	
车、镗																	
铣																	
刨、插																	
钻孔																	
滚压、挤压																	

加工方法	公差等级（IT）																
	01	0	1	2	3	4	5	6	7	8	9	10	11	12	13	14	15	16
冲压												▬	▬	▬	▬	▬		
压铸													▬	▬	▬	▬		
粉末冶金成型								▬	▬	▬								
粉末冶金烧结									▬	▬	▬							
砂型铸造、气割																		▬
锻造																	▬	▬

（5）国家标准推荐的各公差等级的应用范围如下。

IT01、IT0、IT1 级一般用于高精度量块和其他精密尺寸标准块的公差。它们大致相当于量块的 1、2、3 级精度的公差。IT2～IT5 级用于特别精密零件的配合。IT5～IT12 用于常用配合尺寸公差，见表 2-9。12 级以下由于精度低，主要用于非配合尺寸，在配合尺寸中应用较少。

（6）用类比法选择公差等级应用实例见表 2-10。

表 2-10　配合尺寸公差 5 至 12 级的应用

公差等级	应用
5级	主要用在配合公差，形状公差要求甚小的地方，它的配合性质稳定，一般在机床、发动机、仪表等重要部位应用。如：与 D 级滚动轴承配合的箱体孔；与 E 级滚动轴承配合的机床主轴，机床尾架与套筒，精密机械及高速机械中轴径，精密丝杆轴径等
6级	配合性质能达到较高的均匀性，如：与 E 级滚动轴承相配合的孔，轴径；与齿轮、蜗轮、联轴器、带轮、凸轮等连接的轴径，机床丝杠轴径，摇臂钻立柱；机床夹具中导向件外径尺寸；6 级精度齿轮的基准孔，7、8 级精度齿轮基准轴径
7级	7 级精度比 6 级稍低，应用条件与 6 级基本相似，在一般机械制造中应用较为普遍。如，联轴器、带轮、凸轮等孔径；机床夹盘座孔；夹具中固定钻套，可换钻套；7,8 齿轮基准孔，9、10 级齿轮基准轴
8级	在机器制造中属于中等精度。如：轴承座衬套沿宽度方向尺寸，9 至 12 级齿轮基准孔，11 至 12 级齿轮基准轴
9级 10级	主要用于机械制造中轴套外径与孔；操纵件与轴；空轴带轮与轴；单键与花键
11级 12级	配合精度很低，装配后可能产生很大间隙，适用于基本上没有什么配合要求的场合。如：机床上法兰盘与止口；滑块与滑移齿轮，加工中工序间尺寸；冲压加工的配合件；机床制造中的扳手孔与扳手座的连接

三、配合种类的选用

根据使用要求，应尽可能地选用优先和常用配合。如果优先与常用配合不能满足要求时，可选一般用途的孔、轴公差带，按使用要求组成需要的配合。若仍不能满足要求，还可从国家标准所提供的 544 种轴公差带和 543 种孔公差带中选取合适的公差带，组成所需要的配合。

确定了基准制以后，选择配合就是根据使用要求——配合公差（间隙或过盈）的大小，确定与基准件相配的孔、轴的基本偏差代号，同时，确定基准件及配合件的公差等级。对间隙配合，由于基本偏差的绝对值等于最小间隙，故可按最小间隙确定基本偏差代号；对过盈配合，在确定基准件的公差等级后，即可按最小过盈选定配合件的基本偏差代号，并根据配合公差的要求确定孔、轴公差等级。

机器的质量大多取决于对其零部件所规定的配合及其技术条件是否合理，许多零件的尺寸公差，都是由配合的要求决定的，一般选用配合的方法有下列三种。

1. 计算法

计算法是根据一定的理论和公式，计算出所需的间隙或过盈。如：影响配合间隙量和过盈量的因素很多，理论的计算也是近似的，所以，在实际应用时还需经过试验来确定。一般情况下，很少使用计算法。

【例 2-5】 有一孔、轴配合，公称尺寸为 $\phi100\text{mm}$ ，要求配合的过盈或间隙在 -0.048 ～ $+0.041\text{mm}$ 范围内。试确定此配合的孔、轴公差带和配合代号。

解：

（1）选择基准制

由于没有特殊的要求，所以应优先选用基孔制，即孔的基本偏差代号为 H。

（2）确定孔、轴公差等级

由给定条件可知，此孔、轴结合为过渡配合，其允许的配合公差为

$$T_\text{f}=X_\text{max}-Y_\text{max}=0.041\text{mm}-（-0.048\text{mm}）=0.089\text{mm}$$

因为 $T_\text{f}=T_\text{h}+T_\text{s}=0.089\text{mm}$，假设孔与轴为同级配合，则

$$T_\text{h}=T_\text{s}=T_\text{f}/2=0.089\text{mm}/2=0.0445\text{mm}=44.5\mu\text{m}$$

查表 2-2 可知，$44.5\mu\text{m}$ 介于 $\text{IT7}=35\mu\text{m}$ 和 $\text{IT8}=54\mu\text{m}$ 之间，而在这个公差等级范围内，国家标准要求孔比轴低一级的配合，于是取孔公差等级为 IT8，轴的公差等级为 IT7，计算配合公差：

$$\text{IT7}+\text{IT8}=0.035\text{mm}+0.054\text{mm}=0.089\text{mm}=T_\text{f}$$

故满足设计要求。

（3）确定轴的基本偏差代号

由于采用的是基孔制配合，则孔的基本偏差代号为 H8，孔的基本偏差为 $\text{EI}=0$，孔的另一个极限偏差为上极限偏差 $\text{ES}=\text{EI}+T_\text{h}=0+0.054\text{mm}=0.054\text{mm}$。

根据 $\text{ES}-\text{ei}=X_\text{max}=0.041\text{mm}$，所以轴的下极限偏差 $\text{ei}=\text{ES}-X_\text{max}=0.054\text{mm}-0.041\text{mm}=0.013\text{mm}$。查表 2-5 得 $\text{ei}=0.013\text{mm}$，对应的轴的基本偏差代号为 m，即轴为 m7。轴的另一个极限偏差为上极限偏差 $\text{es}=\text{ei}+T_\text{s}=0.013\text{mm}+0.035\text{mm}=0.048\text{mm}$ 。

（4）选择的配合为

$$\phi100\,\frac{\text{H8}\binom{+0.054}{0}}{\text{m7}\binom{+0.048}{+0.013}}$$

（5）验算

$$X_\text{max}=\text{ES}-\text{ei}=0.054\text{mm}-0.013\text{ mm}=0.041\text{ mm}$$

$$Y_\text{max}=\text{EI}-\text{es}=0-0.048\text{ mm}=-0.048\text{ mm}$$

因此，满足要求。

说明：实际应用时，计算出的公差数值和极限偏差数值不一定与表中的数据正好一致。

应按照实际的精度要求，适当选择。

2．试验法

试验法是对产品性能影响很大的一些配合，用试验的方法来确定机器工作性能的最佳间隙或过盈。试验法比较可靠，但周期长、成本高，应用也较少。

3．类比法

类比法是按同类型机器或机构中，经过生产实践验证的已用配合的实用情况，再考虑所设计机器的使用要求，参照确定需要的配合。要掌握这种方法，首先必须分析机器或机构的功用、工作条件及技术要求，进而研究结合零件的工作条件及使用要求，其次要了解各种配合的特性和应用。这种方法应用最广。

采用类比法选择配合时，分析方法如下。

表 2-11　配合类别的选用

无相对运动	要传输扭矩	要精确定位	永久结合	过盈配合
			可拆结合	过渡配合和或 H/h 间隙配合加紧固件
		不要精确定位		间隙配合加紧固件
	不传递扭矩	要精确定位		过渡配合或小过盈的过盈配合
	有相对运动			间隙配合(要精确定位选用 H/h 间隙配合)

注：紧固件指键、销钉和螺钉。

配合的选择方法：当基准制和公差等级确定后，应根据所选部位的松紧程度的要求，确定配合的类型。表 2-11 给出了三种配合选择的大体方向，仅供参考。

用类比法选择配合，要着重掌握各种配合的特征和应用场合，尤其是对国家标准所规定的常用与优先配合的特点要熟悉。表 2-12 所示为尺寸至 500mm，基孔制、基轴制优先配合的特征及应用场合。

表 2-12　优先配合特性及应用举例

基孔制	基轴制	优先配合特性及应用举例
$\dfrac{H11}{c11}$	$\dfrac{C11}{h11}$	间隙非常大,用于很松的、转动很慢的间隙配合,或要求大公差与大间隙的外露组件,或要求装配方便很松的配合
$\dfrac{H9}{d9}$	$\dfrac{D9}{h9}$	间隙很大的自由转动配合,用于精度非主要要求时,或有大的温度变动、高转速或大的轴颈压力时
$\dfrac{H8}{f8}$	$\dfrac{F8}{h7}$	间隙不大的转动配合,用于中等转速与中等轴颈压力的精确转动,也用于装配较易的中等定位配合
$\dfrac{H7}{g6}$	$\dfrac{G7}{h6}$	间隙很小的滑动配合,用于不希望自由转动,但可自由移动和滑动并精密定位时,也可用于要求明确的定位配合
$\dfrac{H7}{h6}\dfrac{H8}{h7}$ $\dfrac{H9}{h9}\dfrac{H11}{h11}$	$\dfrac{H7}{h6}\dfrac{H8}{h7}$ $\dfrac{H9}{h9}\dfrac{H11}{h11}$	均为间隙定位配合,零件可自由装拆,而工作时一般相对静止不动,在最大实体条件下的间隙为零,在最小实体条件下的间隙由公差等级决定
$\dfrac{H7}{k6}$	$\dfrac{C11}{h11}$	过渡配合,用于精密定位
$\dfrac{H7}{n6}$	$\dfrac{D9}{h9}$	过渡配合,允许有较大过盈的更精密定位

续表

基孔制	基轴制	优先配合特性及应用举例
$\dfrac{H7}{p6}$ *	$\dfrac{P7}{h6}$	过盈定位配合,及小过盈配合,用于定位精度特别重要时,能以最好的定位精度达到部件的刚性及对中性要求,而对内孔承受压力无特殊要求,不依靠配合的紧固性传递摩擦负荷
$\dfrac{H7}{s6}$	$\dfrac{S7}{h6}$	中等压入配合,适用于一般钢件,或用于薄壁件的冷缩配合,用于铸铁件可得到最紧的配合
$\dfrac{H7}{u6}$	$\dfrac{U7}{h6}$	压入配合,适用于可以承受大压入力的零件或不宜承受大压入力的冷缩配合

注:带 * 的配合公称尺寸小于或等于 3 mm 为过渡配合。

配合类别确定后,再用类比法选择非基准件的基本偏差代号,表 2-13 列出了轴的基本偏差应用场合,可供设计时参考。

表 2-13 轴的各种基本偏差的应用

配合种类	基本偏差	配合特性及应用
间隙配合	a、b	可得到特别大的间隙,很少应用
	c	可得到很大的间隙,一般适用于缓慢、松弛的动配合。用于工作条件较差(如农业机械),受力变形或为了便于装配,而必须保证有较大的间隙时。推荐配合为 H11/c11,其较高级的配合,如 H8/c7 适用于轴在高温工作的紧密间隙配合,例如内燃机排气阀和导管
	d	一般用于 IT7～IT11 级,适用于松的转动配合,如密封盖、滑轮、空转带轮等与轴的配合,也适用于大直径滑动轴承配合,如透平机、球磨机、轧辊成型和重型弯曲机及其他重型机械中的一些滑动支承
	e	多用于 IT7～IT9 级,通常适用于要求有明显间隙、易于转动的支承配合,如大跨距,多支点支承等。高等级的 e 轴适用于大型、高速、重载支承配合,如涡轮发电机、大型电动机、内燃机、凸轮轴及摇臂支承等
	f	多用于 IT6～IT8 级的一般转动配合。当温度影响不大时,被广泛用于普通润滑油(或润滑脂)润滑的支承,如齿轮箱、小电动机、泵的转轴与滑动支承的配合
	g	配合间隙很小,制造成本高,除很轻负荷的精密装置外,不推荐用于转动配合。多用于 IT5～IT7 级,最适合不回转的精密滑动配合,也用于插销等定位配合,如精密连杆轴承、活塞、滑阀及连杆销等
	h	多用于 IT4～IT11 级。广泛用于无相对转动的零件,作为一般的定位配合。若没有温度、变形影响,也用于精密滑动配合
过渡配合	js	为完全对称偏差($\pm\dfrac{IT}{2}$),平均间隙较小的配合,多用于 IT4～IT7 级,要求间隙比 h 轴小,并允许略有过盈的定位配合,如联轴器,可用手或木锤装配
	k	平均为没有间隙的配合,适用于 IT4～IT7 级。推荐用于稍有过盈的定位配合,例如为了消除振动用的定位配合,一般用木锤装配
	m	平均为具有小过盈的过渡配合,使用 IT4～IT7 级,一般用木锤装配,但在最大过盈时要求相当的压入力
	n	平均过盈比 m 轴稍大,很少得到间隙,使用 IT4～IT7 级,用锤或压力机装配,通常推荐用于紧密的组件配合。H6/n5 配合为过盈配合

配合种类	基本偏差	配合特性及应用
过盈配合	p	与 H6 孔或 H7 孔配合时是过盈配合,与 H8 孔配合时则为过渡配合。对非铁类零件,为较轻的压入配合,易于拆卸。对钢、铸铁或铜、钢组件装配是标准压入配合
	r	对铁类零件为中等打入配合;对非铁类零件为轻打入的配合,可拆卸。与 H8 孔配合,直径在 100mm 以上时为过盈配合,直径小时为过渡配合
	s	用于钢和铁制零件的永久性和半永久性装配,可产生相当大的结合力。当用弹性材料(如轻合金)时,配合性质与铁类零件的 p 轴相当,例如用于套环压装在轴上、阀座与机体等配合。尺寸较大时,为了避免损伤配合表面,需用热胀冷缩法装配
	t、u、v x、y、z	过盈量依次增大,一般不推荐采用

用类比法选择配合时还应考虑以下几方面因素。

(1)载荷的大小:载荷过大,对过盈配合的过盈量要增大。对于间隙配合,要求减小间隙;对于过渡配合,要选用过盈概率大的过渡配合。

(2)配合的装拆:经常需要装拆的配合比不常拆装的配合要松,有时零件虽然不常装拆,但受结构限制、装配困难的配合,也要选择较松配合。

(3)配合件的长度:若部位结合面较长时,由于受形位误差的影响,实际形成的配合比结合面短的配合要紧,因此在选择配合时应适当减小过盈或增大间隙。

(4)配合件的材料:当配合件中有一件是铜或铝等塑性材料时,考虑到它们容易变形,选择配合时可适当增大过盈或减小间隙。

(5)温度的影响:当装配温度与工作温度相差较大时,要考虑热变形对配合的影响。

(6)工作条件:不同的工作情况对过盈或间隙的影响如表 2-14 所示。

表 2-14　工作情况对间隙或过盈的影响

具体情况	过盈增或减	间隙增或减
材料强度低	减	—
经常拆卸	减	—
有冲击载荷	增	减
工作时孔温高于轴温	增	减
工作时轴温高于孔温	减	增
配合长度增大	减	增
配合面形状和位置误差增大	减	增
装配时可能歪斜	减	增
旋转速度增大	增	增
有轴向运动	—	增
润滑油黏性增大	—	增
表面趋向粗糙	增	减
单件生产相当于成批生产	减	增

四、一般公差——线性尺寸的未注公差

一般公差（又称未注公差）是指在车间通常加工条件可保证的公差。是指图样上只标注公称尺寸，而不标其公差带或极限偏差。尽管只标注了公称尺寸，没有标注极限偏差，不能理解为没有公差要求，其极限偏差应按"未注公差"标准规定选取。

对于那些非配合尺寸要求，对机器使用影响不大的尺寸，仅从装配方便，减轻重量，节约材料，外形统一美观等方面考虑，而提出一些限制性的要求。这种要求一般精度较低，公差较大，所以不必标明公差。这样可以：可简化制图，使图面清晰易读，更加突出了重要的或有配合要求的尺寸，以便在加工和检验时引起重视，还可简化零件上某些部位的检验。例如冲压件和铸件尺寸由模具保证标准的有关规定。

GB/T1804—2000 规定了线性尺寸的一般公差的等级，分为四级，即：f（精密级）、m（中等级）、c（粗糙级）和 v（最粗级），极限偏差全部采用对称偏差值，相应的极限偏差见表 2-15。

表 2-15   线性尺寸的未注极限偏差（GB/T 1800.4—2000 摘录）   mm

		公差等级	f（精密级）	m（中级）	c（粗糙级）	v（最粗级）
线性尺寸的极限偏差数值	尺寸分段	0.5～3	±0.05	±0.1	±0.2	—
		>3～6	±0.05	±0.1	±0.3	±0.5
		>6～30	±0.1	±0.2	±0.5	±1
		>30～120	±0.15	±0.3	±0.8	±1.5
		>120～400	±0.2	±0.5	±1.2	±2.5
		>400～1000	±0.3	±0.8	±2	±4
		>1000～2000	±0.5	±1.2	±3	±6
		>3200～4000	—	±2	±4	±8

在图样上，技术文件或标准中的表示方法示例：GB/T 1804—m（表示选用中等级）

线性尺寸的一般公差主要用于非配合尺寸和由工艺方法来保证的尺寸。选择时，应考虑车间的一般加工精度来选取公差等级。在图样上、技术文件或标注中，用标准号和公差等级符号表示。

例如：选用中等级时，表示为 GB/T 1804—m；选用粗糙级时，表示为 GB/T 1804—c。

五、温度条件

国标规定：尺寸的标准温度为 20℃。

习   题

2-1   按表中给出的数值，计算表中空格的数值，并将计算结果填入相应的空格内（表中数值单位为 mm）。

公称尺寸	上极限尺寸	下极限尺寸	上极限偏差	下极限偏差	公差
孔 φ10	10.040	10.025			
轴 φ40			-0.060		0.046

公称尺寸	上极限尺寸	下极限尺寸	上极限偏差	下极限偏差	公差
孔 ϕ30		30.020			0.100
轴 ϕ60			-0.050	-0.112	

2-2 试根据下表中的数值,计算并填写该表空格中的数值(单位为 mm)。

公称尺寸	孔			轴			最大间隙或最小过盈	最小间隙或最大过盈	平均间隙或过盈	配合公差
	上极限偏差	下极限偏差	公差	上极限偏差	下极限偏差	公差				
ϕ35		0				0.021	$+0.074$		$+0.057$	
ϕ24						0.010		-0.012	$+0.0025$	
ϕ15			0.025		0			-0.050	-0.0295	

2-3 什么是尺寸公差?它与极限尺寸、极限偏差有何关系?

2-4 选用公差等级要考虑哪些因素?是否公差等级愈高愈好。

2-5 说明下列配合符号所表示的基准制、公差等级和配合类别(间隙配合、过渡配合或过盈配合),查表计算其极限间隙或极限过盈,并画出其尺寸公差带图。

(1) ϕ35H7/g6;(2) ϕ40K7/h6;(3) ϕ30H8/f7;(4) ϕ50S8/h8

2-6 设有一公称尺寸为 ϕ60 mm 的配合,经计算确定其间隙应为(+30~+110) μm,若已决定采用基孔制,试确定此配合的孔、轴公差带代号,并画出其尺寸公差带图。

2-7 设有一公称尺寸为 ϕ110mm 的配合,经计算确定,为保证连接可靠,其过盈不得小于 -40μm;为保证装配后不发生塑性变形,其过盈不得大于 -110μm。若已决定采用基轴制,试确定此配合的孔、轴公差带代号,并画出其尺寸公差带图。

第三章 几何公差及其检测

1. 掌握各种形位公差的项目符号、公差带含义以及标注方法。

2. 掌握形位公差的评定原则——最小条件的实质。了解最小区域判别法及形位误差检测原则。

3. 掌握公差原则和公差要求的应用。

4. 初步掌握形位公差的选用原则。

第一节 概 述

零件在加工过程中由于受各种因素的影响，加工后的零件不仅有尺寸误差，构成零件几何特征的点、线、面的实际形状或相互位置与理想几何体规定的形状和相互位置还不可避免地存在差异，这种差异统称为几何公差，根据各自特征细分为形状公差、方向公差、跳动公差和位置公差。如图 3-1（a）所示，一对轴和孔组成间隙配合，图 3-1（b）所示为轴加工后的实际尺寸，尺寸是合格的，但由于形状误差的影响，孔与轴无法进行装配。如图 3-2（a）所示，为一对台阶轴和台阶孔，图 3-2（b）所示为台阶轴加工后的实际尺寸和形状，尺寸是合格的，但由于公称尺寸为 φ30 的轴和 φ20 的轴的轴心线不处于同一直线，存在位置误差，因而台阶轴无法装配到合格的台阶孔中。这说明为了提高产品的质量和保证互换性要求，我们不仅要对零件的尺寸误差加以限制，还要对零件的形状误差、方向误差、位置误差和跳动误差加以限制，给出一个经济、合理的误差许可变动范围。

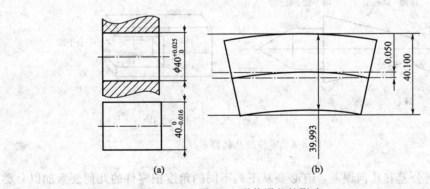

图 3-1 形状误差的影响

以上仅是从装配的角度讨论了形状误差和位置误差的重要性，实际上标准几何误差的意义不止于此。它将直接影响到夹具、测量仪器的工作精度及机床设备的精度、工作平稳性和寿命等。随着现代工业产品发展的要求，尤其对于在高温、高压、高速重载等条件工作的精

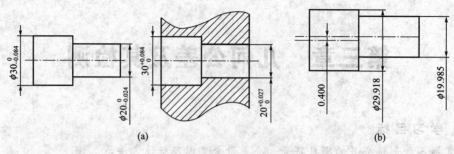

图 3-2　位置误差的影响

密机械和仪器显得更为重要。可以看出几何公差与尺寸公差一样，是影响产品功能、评价产品质量的重要指标之一，在很大程度上影响产品的质量和互换性，所以必须在零件图标注出几何公差。

一、几何公差国家标准

我国几何公差国家标准，近年来随着科学技术和经济发展，按照与国际标准接轨的原则，进行了几次修订，目前主要推荐使用的国家标准为：

①GB/T 1182—2008《产品几何技术规范 几何公差形状　方向、位置和跳动公差标注》；

②GB/T 4249—2009《公差原则》；

③GB/T 16671—2009《几何公差　最大实体要求、最小实体要求和可逆要求》；

④GB/T 1184—1996《形状和位置公差　未注公差值》。

二、几何公差的研究对象

几何公差的研究对象是零件的几何要素（简称为"要素"），就是构成零件几何特征的点、线、面。如图 3-3 所示零件的球心、锥顶、圆柱面和圆锥面的素线、轴线、球面、圆柱面和圆锥面、槽的中心平面等。

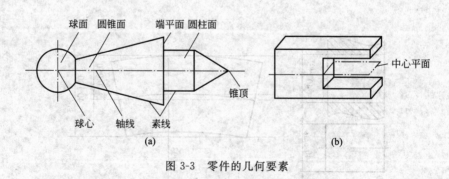

图 3-3　零件的几何要素

为了研究几何公差和几何误差，有必要从下列不同的角度把零件的几何要素加以分类。

1. 按存在的状态分

（1）实际要素　即零件上实际存在的要素。在评定几何误差时，通常都以测得要素来代替实际要素。

（2）理想要素　即具有几何学意义的要素，即几何的点、线、面。它没有任何误差。机械零件图样上表示的要素均为理想要素。

2. 按结构特征分

（1）中心要素　即对称轮廓要素的中心点、中心线、中心面或回转表面的轴线，如图3-3所示圆柱面的轴线、球面的球心和两平行面的中心面。

（2）轮廓要素　即构成零件外形的点、线、面等各要素，如图3-3所示球面、圆锥面、圆柱面和圆锥面、圆柱面的素线以及圆锥定点。

3. 按所处地位分

（1）基准要素　即图样上规定用来确定理想被测要素的方向或（和）位置的要素。基准要素应具有理想状态，理想的基准要素简称基准。

（2）被测要素　即图样上给出了形状或（和）方向、位置、跳动公差要求的要素，是检测的对象。

4. 按功能关系分

（1）单一要素　即按本身功能要求而给出形状公差要求的要素。

（2）关联要素　即对基准要素有功能关系要求而给出方向、位置、跳动公差要求的要素。

第二节　几何公差的代号及其标注方法

一、几何公差的特征项目及符号

表 3-1　几何公差项目及其符号

公差	特征	符号	有无基准	公差	特征	符号	有无基准
形状	直线度	—	无	方向	平行度	//	有
	平面度	▱	无		垂直度	⊥	有
	圆度	○	无		倾斜度	∠	有
	线轮廓度	⌒	无		线轮廓度	⌒	有
	面轮廓度	⌒	无		面轮廓度	⌒	有
	圆柱度	⌀	无	跳动	圆跳动	↗	有
					全跳动	↗↗	有
位置	对称度	＝	有	位置	位置度	⊕	有或无
	线轮廓度	⌒	有		同轴度（用于轴线）	◎	有
	面轮廓度	⌒	有		同心度（用于中心点）	◎	有

国家标准（GB/T 1182—2008）规定的几何公差的特征项目分为形状公差、位置公差、方向公差、跳动公差四大类，共计 19 个，它们的名称和符号见表 3-1。

二、几何公差在图样上的表示方法

几何公差在图样上用框格的形式标注，如图 3-4 所示。

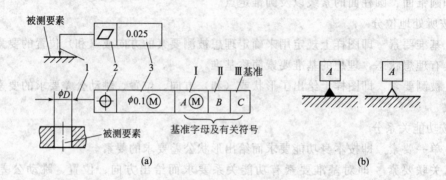

图 3-4　公差框格及基准代号

1—指引箭头；2—项目符号；3—几何公差及有关符号

几何公差框格由二至五格组成。框格中的内容从左到右顺序填写：公差特征符号；几何公差值（以 mm 为单位）和有关符号；基准字母及有关符号。代表基准的字母用大写英文字母（为不引起误解，其中 E、I、J、M、Q、O、P、L、R、F 不用）表示。若几何公差值的数字前加注有 φ 或 Sφ，则表示其公差带为圆形、圆柱形或球形。

对被测要素的数量说明，应标注在几何公差框格的上方，如图 3-5（a）所示；其他说明性要求应标注在几何公差框格的下方，如图 3-5（b）所示；如对同一要素有一个以上的几何公差特征项目的要求，其标注方法又一致时，为方便起见，可将一个框格放在另一个框格的下方，如图 3-5（c）所示；当多个被测要素有相同的几何公差（单项或多项）要求时，可以从框格引出的指引线上绘制多个指示箭头并分别与各被测要素相连，如图 3-5（d）所示。

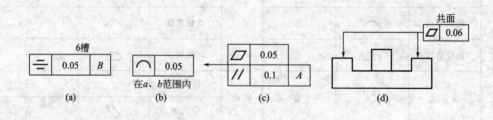

图 3-5　几何公差的标注

1. 被测要素的标注

设计要求给出几何公差的要素，用带指示箭头的指引线与公差框格相连。指引线一般与框格一端的中部相连。也可以与框格任意位置水平或垂直相连。当被测要素为轮廓要素（轮廓线或轮廓面）时，指示箭头应直接指向被测要素或其延长线上，并与尺寸线明显错开，如图 3-6 所示。

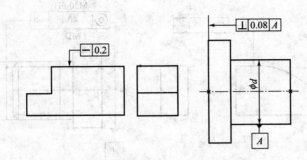

图 3-6 被测要素是轮廓要素时的标注

当被测要素为中心要素（中心点、中心线、中心平面等）时，指示箭头应与被测要素相应的轮廓要素的尺寸线对齐，如图 3-7 所示。指示箭头可代替一个尺寸线的箭头。

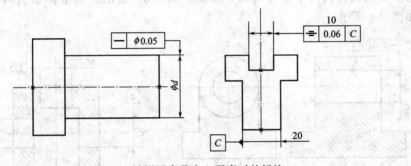

图 3-7 被测要素是中心要素时的标注

对被测要素任意局部范围内的公差要求，应将该局部范围的尺寸标注在几何公差值后面，并用斜线隔开，如图 3-8（a）表示圆柱面素线在任意 120mm 长度范围内的直线度公差为 0.06mm；图 3-8（b）表示箭头所指平面在任意边长为 100mm 的正方形范围内的平面度公差是 0.01mm；图 3-8（c）表示上平面对下平面的平行度公差在任意 120mm 长度范围内为 0.08mm。

当被测要素为视图上的整个轮廓线（面）时，应在指示箭头的指引线的转折处加注全周符号。如图 3-9（a）所示线轮廓度公差 0.1mm 是对该视图上全部轮廓线的要求。以螺纹、齿轮、花键的轴线为被测要素时，应在几何公差框格下方。

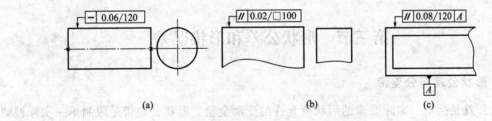

图 3-8 被测要素任意范围内公差要求的标注

下方标明节径 PD、大径 MD 或小径 LD。如图 3-9（b）所示。

2. 基准要素的标注

对关联被测要素的方向、位置、跳动公差要求必须注明基准。基准代号如图 3-4 所示，圆圈内的字母应与公差框格中的基准字母对应，且不论基准代号在图样中的方向如

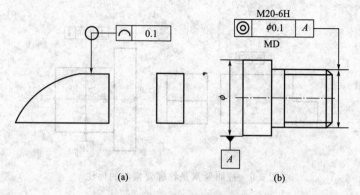

图 3-9　被测要素的其他标注

何，圆圈内的字母均应水平书写。单一基准由一个字母表示，如图 3-10（a）所示；公共基准采用由横线隔开的两个字母表示，如图 3-10（b）所示；基准体系由两个或三个字母表示，如图 3-4 所示。

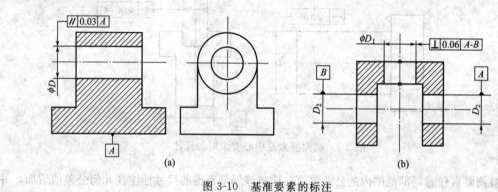

图 3-10　基准要素的标注

当以轮廓要素作为基准时，基准符号应靠近基准要素的轮廓线或其延长线，且与轮廓的尺寸线明显错开，也可放置在轮廓面引出线的水平线上，如图 3-10（a）所示；当以中心要素为基准时，基准连线应与相应的轮廓要素的尺寸线对齐，如图 3-10（b）所示。当单个要素作基准时，用一个大写字母表示；以两个要素建立公共基准时，用中间加连字符的两个大写字母表示。

第三节　形状公差和形状误差

一、形状公差与公差带

形状公差是指单一实际要素的形状所允许的变动全量。形状公差带是限制单一实际被测要素变动的区域，零件实际要素在该区域内为合格。

《形状和位置公差》国家标准中规定了六形状公差项目，分别是直线度、平面度、圆度、圆柱度、线轮廓度和面轮廓度，其中线轮廓度和面轮廓度单独讲述。

（1）直线度——限制被测实际直线形状误差的一项指标。被限制的直线有平面内的直线、回转体的素线、平面与平面的交线和轴线等。

（2）平面度——限制实际平面形状误差的一项指标。

（3）圆度——限制回转体（圆柱体、圆锥体等）的正截面或过球心的任意截面的轮廓圆形状误差的一项指标。

（4）圆柱度——综合限制圆柱体正截面和纵截面的圆柱形状误差的一项指标。

形状公差涉的要素是线和面，不涉及基准，它们的理想被测要素的形状不涉及尺寸，公差带的方位可以浮动（用公差带判定实际被测要素是否位于它的区域内时，它的方位可以随实际要素的方位的变动而变动）。也就是说，形状公差带只有形状和大小的要求，没有方位的要求。如图 3-11 所示圆柱度公差特征项目中，理想被测要素的形状为圆柱面，因此限制实际被测要素在空间变动的区域（公差带）的形状为两同轴圆柱面，公差带可以上下移动或超任意方向倾斜，只控制实际被测要素的形状误差（圆柱度误差）。

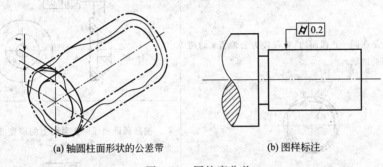

(a) 轴圆柱面形状的公差带　　　　(b) 图样标注

图 3-11　圆柱度公差

典型直线度、平面度、圆度和圆柱度公差带及其定义、标注示例和解释如表 3-2 所示。

表 3-2　直线度、平面度、圆度和圆柱度公差带的定义、标注示例和解释

特征	公差带定义	标注示例和解释
直线度公差	在给定平面内，公差带是距离为公差值为 t 的两平行直线之间的区域。	被测平面的素线必须位于平行于图样所示投影面且距离为公差值 0.1mm 的两平行直线内。
	在给定方向上，公差带是距离为公差值 t 的两平行平面之间的区域。	被测刀口尺的棱线必须位于距离为公差值 0.1mm、垂直于箭头所示方向的两平行平面之内。
	在任意方向上，公差带是直径为公差值 t 的圆柱面内的区域。	被测圆柱体的轴线必须位于直径为公差值 $\phi0.08$mm 的圆柱面内。

特征	公差带定义	标注示例和解释
平面度公差	公差带是距离为公差值 t 的两平行平面之间的区域。 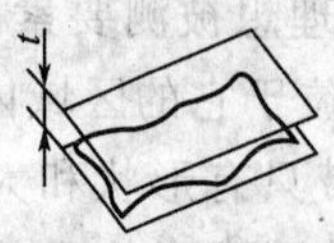	被测平面必须位于距离为公差值 0.08mm 的两平行平面内。 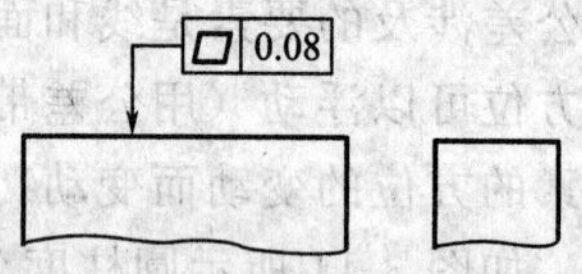 □ 0.08
圆度公差	公差带是在同一正截面内,半径差为公差值 t 的两同心圆之间的区域。 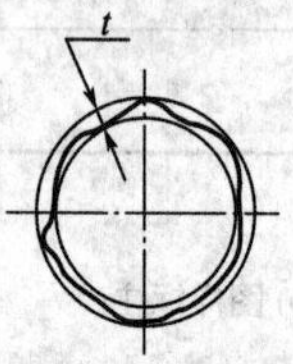	被测圆柱面、圆锥面任一正截面的圆周必须位于半径差为 0.03mm 的两同心圆之间。 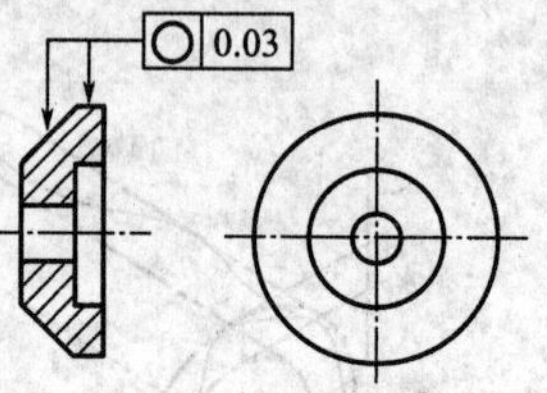 ○ 0.03 被测圆锥面任一正截面上的圆度必须位于半径差为 0.1mm 的两同心圆之间。 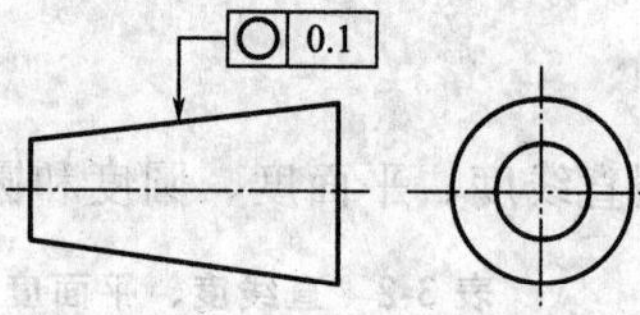 ○ 0.1
圆柱度公差	公差带是半径差为公差值 t 的两同心圆柱面之间的区域。 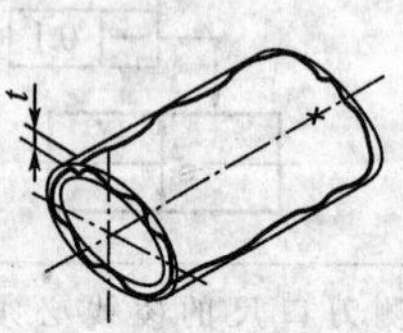	被测圆柱面必须位于半径差为公差值 0.2mm 的两同轴圆柱面之间。 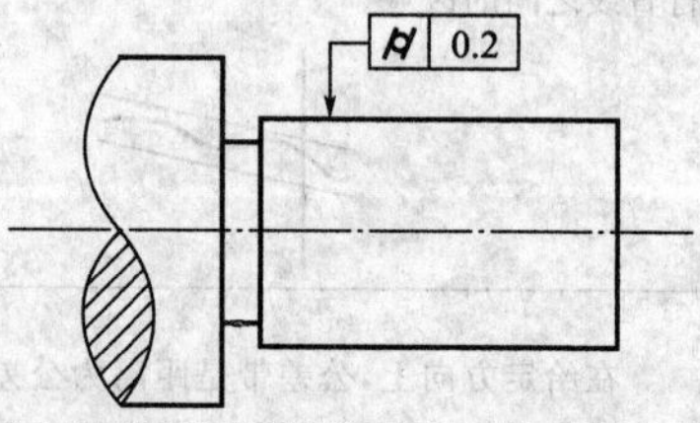 ⌭ 0.2

二、形状误差

形状误差是被测实际要素的形状对其理想要素的变动量。当被测实际要素与理想要素进行比较时,由于理想要素所处的位置不同,得到的最大变动量也会不同。为了正确和统一地评定形状误差,就必须明确理想要素的位置,即规定形状误差的评定准则。

(1)形状误差的评定准则——最小条件

最小条件:是指被测实际要素对其理想要素的最大变动量为最小。如图 3-12 中,理想直线 Ⅰ、Ⅱ、Ⅲ 处于不同的位置,被测要素相对于理想要素的最大变动量分别为 f_1、f_2、f_3 且 $f_1 < f_2 < f_3$,所以理想直线 Ⅰ 的位置符合最小条件。

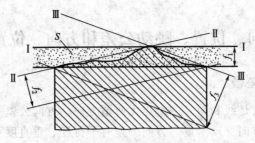

图 3-12　最小条件和最小区域

（2）形状误差的评定方法——最小区域法

形状误差值用理想要素的位置符合最小条件的最小包容区域的宽度或直径表示。最小包容区域是指包容被测实际要素时，具有最小宽度 f 或直径 ϕf 的包容区域。最小包容区域的形状与其公差带相同。

最小区域是根据被测实际要素与包容区域的接触状态判别的。

（a）评定给定平面内的直线度误差，包容区域为二平行直线，实际直线应至少与包容直线有两高夹一低、或两低夹一高三点接触，这个包容区就是最小区域 S，如图 3-12 所示。

（b）评定圆度误差时，包容区域为两同心圆间的区域，实际圆轮廓应至少有内外交替四点与两包容圆接触，如图 3-13（a）所示的最小区域 S。

（c）评定平面度误差时，包容区域为两平行平面间的区域（如图 3-13（b）所示的最小区域 S），被测平面至少有三点或四点按下列三种准则之一分别与此两平行平面接触。

三角形准则：三个极高点与一个极低点（或相反），其中一个极低点（或极高点）位于三个极高点（或极低点）构成的三角形之内。

交叉准则：两个极高点的连线与两个极低点的连线在包容平面上的投影相交。

直线准则：两平行包容平面与实际被测表面接触为高低相间的三点，且它们在包容平面上的投影位于同一直线上。

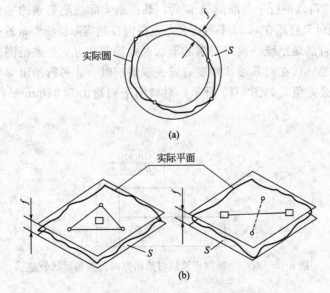

图 3-13　最小包容区域

第四节 方向、位置、跳动公差和方向、位置、跳动误差

一、方向公差与公差带

方向公差涉及的要素是线和面，一个点无所谓方向。方向公差是指关联实际要素相对于基准的实际方向对理想方向变动全量。方向公差有平行度、垂直度和倾斜度、线轮廓度和面轮廓度五个特征项目，其中线轮廓度和面轮廓度单独讲述。

（1）平行度——限制实际要素对基准在平行方向上变动量的一项指标。

（2）垂直度——限制实际要素对基准在垂直方向上变动量的一项指标。

（3）倾斜度——限制实际要素对基准在倾斜方向上变动量的一项指标。

平行度、垂直度和倾斜度公差的被测要素和基准要素各有平面和直线之分，因此它们的公差各有被测平面相对于基准面（面对面）、被测直线相对于基准平面（线对面）、被测平面相对于基准直线（面对线）和被测直线相对于基准直线（线对线）四种形式。

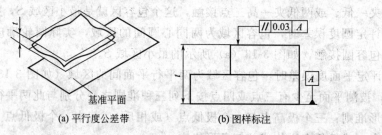

(a) 平行度公差带　　　　(b) 图样标注

图 3-14 平行度公差

方向公差带不仅有形状和大小的要求，还有特定方向的要求。如图 3-14（b）所示的平行度公差特征项目中，理想被测要素的形状为平面，因而公差带形状为如图 3-14（a）所示的两平行平面，该公差带可以平行于基准面 A 移动，既控制实际被测要素的平行度误差（面对面的平行度误差），同时又自然在 0.03 平行度公差范围内控制实际被测要素的平面度误差。

方向公差带能自然地把统一被测要素的形状误差控制在方向公差范围内。因此，对某一被测要素给出定公差后仅在对其形状精度有进一步要求时，才另行给出形状公差，而形状公差值必须小于方向公差值。如图 3-15 所示，对被测平面给出 0.04mm 平行度和 0.02mm 平面度公差。

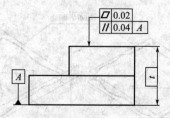

图 3-15 对一个被测要素同时给出方向公差和形状公差

典型平行度、垂直度和倾斜度公差带定义、标注示例和解释如表 3-3 所示。

表 3-3　平行度、垂直度和倾斜度公差带的定义、标注示例和解释

特征		公差带定义	标注示例和解释
平行度	面对面	公差带是距离为公差值 t，且平行于基准平面的两平行平面间的区域。	被测表面必须位于距离为公差值 0.01mm，且平行于底平面 D 的两平行平面之间。
	线对面	公差带是距离为公差值 t，且平行于基准平面的两平行平面间的区域。	被测轴线必须位于距离为公差值 0.01mm，且平行于底平面 B 的两平行平面之间。
	面对线	公差带是距离为公差值 t，且平行于基准轴线的两平行平面间的区域。	被测表面必须位于距离为公差值 0.1mm，且平行于基准轴线 C 的两平行平面之间。
	线对线	公差带是距离为公差值 t，且平行于基准轴线，并位于给定方向上的两平行平面间的区域。	被测轴线必须位于距离为公差值 0.1mm，且在给定方向上平行于基准轴线 A 的两平行平面之间。
		公差带是直径为公差值 ϕt，且平行于基准轴线的圆柱面内的区域。	被测轴线必须位于直径为公差值 $\phi 0.03$mm，且平行于基准轴线 A 的圆柱面内。

特征	公差带定义	标注示例和解释
垂直度	**面对线** 公差带是距离为公差值 t，且垂直于基准轴线的两平行平面间的区域。 基准直线	被测表面必须位于距离为公差值 0.08mm，且垂直于基准轴线 A 的两平行平面之间。 ⊥ | 0.08 | A
	线对面 公差带是直径为公差值 ϕt，且垂直于基准平面的圆柱面内的区域。 基准平面	被测轴线必须位于直径为公差值 $\phi0.01$mm，且垂直于基准平面 A 的圆柱面内。 ⊥ | $\phi0.01$ | A
	面对面 公差带是距离公差值 t 且垂直于基准平面的两平行平面之间的区域。 基准平面	被测平面必须位于距离为公差值 0.08mm 且垂直于基准平面 A 的两平行平面之间。 ⊥ | 0.08 | A
	线对线 公差带是距离为公差值 t 且垂直于基准直线的两平行平面之间的区域。 基准线	被测轴线必须位于距离为公差值 0.06mm 且垂直于基准轴线 A 的两平行平面之间的区域。 ⊥ | 0.06 | A

特征	公差带定义	标注示例和解释
倾斜度 面对面	公差带是距离为公差值 t，且与基准平面（底平面）成理论正确角度的两平行平面间的区域。 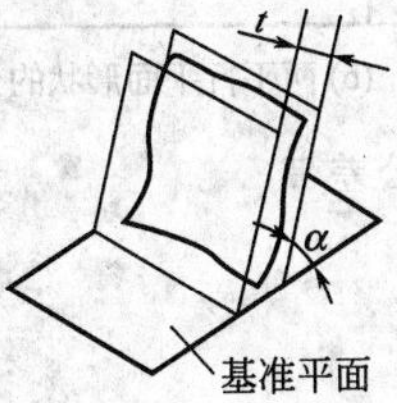	被测表面必须位于距离为公差值 0.08mm，且与基准平面 A 成 40°理论正确角度的两平行平面之间。 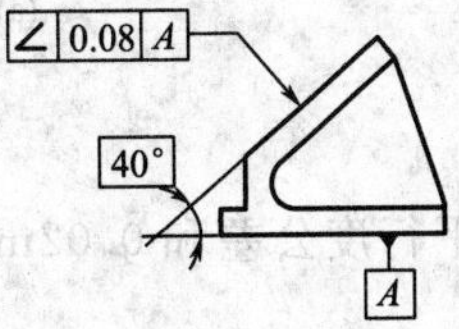
倾斜度 线对面	公差带是直径为公差值 ϕt，且与基准平面（底平面）成理论正确角度的圆柱面内的区域。 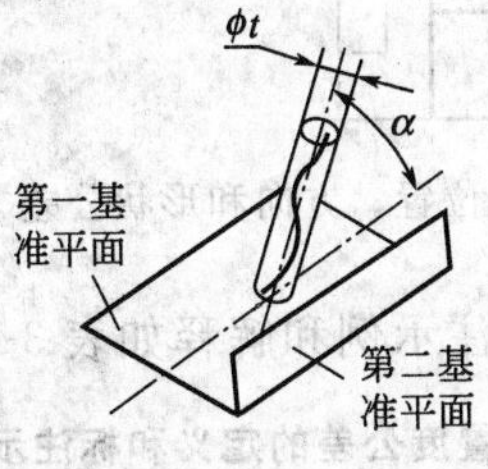	被测轴线必须位于直径为公差值 ϕ0.1mm，且与基准平面 A 成 60°理论正确角度并平行于基准平面 B 的圆柱面内。 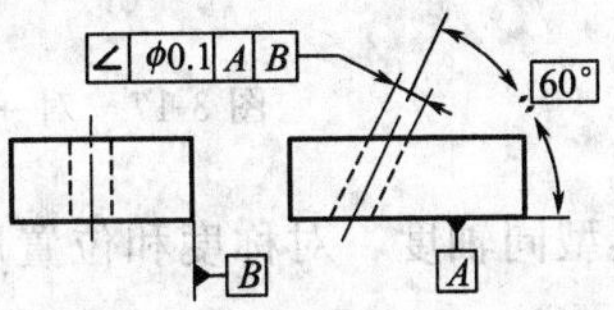

二、位置公差与公差带

位置公差是关联实际要素对基准在位置上所允许的变动全量，所以位置公差具有确定位置的功能。位置公差有同心、同轴度、对称度、位置度线轮廓度和面轮廓度六个特征项目，其中线轮廓度和面轮廓度单独讲述。

（1）同轴度　限制被测轴线偏离基准轴线的一项指标。

（2）同心度　限制被测中心点偏离基准点的一项指标。

（3）对称度　限制被测中心要素（轴线，中心平面）偏离基准中心要素（轴线，中心平面）的一项指标。

（4）位置度　限制被测点、线、面的实际位置对其理想位置变动量的一项指标。

位置公差不仅有形状和大小的要求，而且相对于基准的位置尺寸为理论正确尺寸。因此还有特定方位的要求，即位置公差带的中心具有确定的理想位置，且以该理想位置对称配置公差带。

位置公差带能自然地把同一被测要素的形状误差和方向误差控制在其位置公差范围内，如图 3-16 所示的被测平面位置度公差带，既控制实际被测平面距基准平面 B 的位置误差，同时又自然地在 0.06mm 位置公差带范围内控制该实际被测平面对基准平面 A 的平行度误差和它本身的平面度误差。

因此，对某一被测要素给出位置公差后，仅在对其方向精度或（和）形状精度有进一步要求时，才另行给出方向公差或（和）形状公差，而方向公差必须小于位置公差值，形状公差值必须小于方向公差值。如图 3-17 所示，对被测平面同时给出 0.05mm 位置度公差、

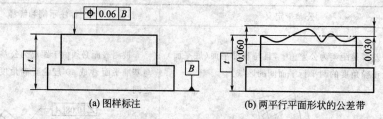

(a) 图样标注   (b) 两平行平面形状的公差带

图 3-16 面的位置度公差带

0.04mm 平行度公差和 0.02mm 平面度公差。

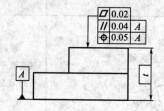

图 3-17 对一个被测要素同时给出位置、方向和形状公差

典型同轴度、对称度和位置度公差的定义、标注示例和解释如表 3-4 所示。

表 3-4 同心度、同轴度、对称度和位置度公差的定义和标注示例

特征	公差带定义	标注示例和解释
同心度（用于中心点）	公差带是直径为公差值 ϕt 且与基准圆心同心的圆内的区域。	外圆的圆心必须位于直径为公差值 $\phi 0.1mm$ 且与基准点 A 圆心同心的圆内。
同轴度（用于轴线）	公差带是直径为公差值 ϕt 的圆柱面内的区域，该圆柱面的轴线与基准轴线同轴线。	被测（大圆柱的）轴线必须位于直径为公差值 $\phi 0.08mm$ 且与基准（两端圆柱的公共轴线）轴线 A—B 同轴的圆柱面内。

特征	公差带定义	标注示例和解释
对称度	公差带是距离为公差值 t，且相对于基准中心平面对称配置的两平行平面间的区域。 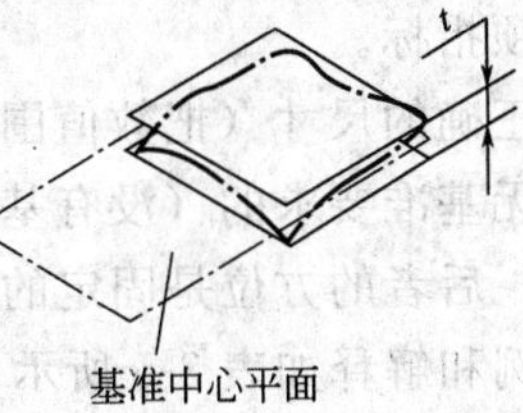 基准中心平面	被测中心平面必须位于距离为公差值 0.08mm 且相对于基准中心平面 A 对称配置的两平行平面之间。 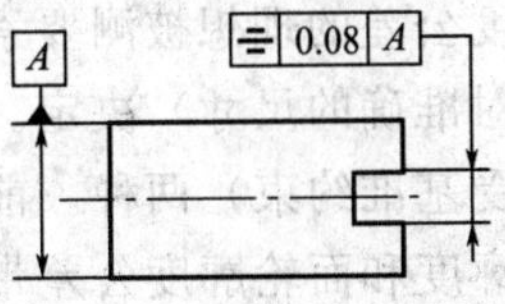
位置度 点的位置度	公差带常见的是直径为公差值 ϕt 或 $S\phi t$，以点的理想位置为中心的圆或球内的区域。如图公差值前加注 $S\phi$，公差带是直径为公差值 t 的球内的区域，球公差带的中心点的位置由相对于基准 A 和 B 的理论正确尺寸确定。 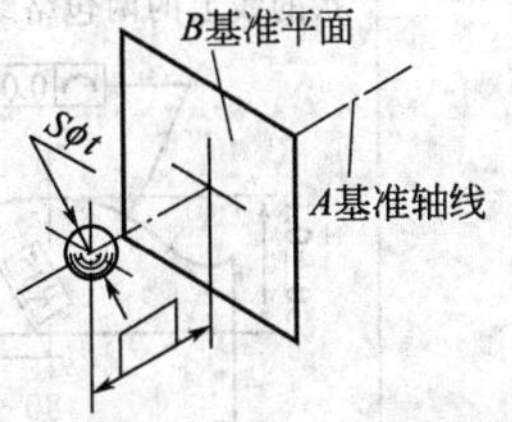 B基准平面　　$S\phi t$　　A基准轴线	被测球的球心必须位于直径为公差值 0.3mm 的球内，该球的球心位于相对于基准 A、B、C 和理论正确 30、25 所确定的理想位置上。 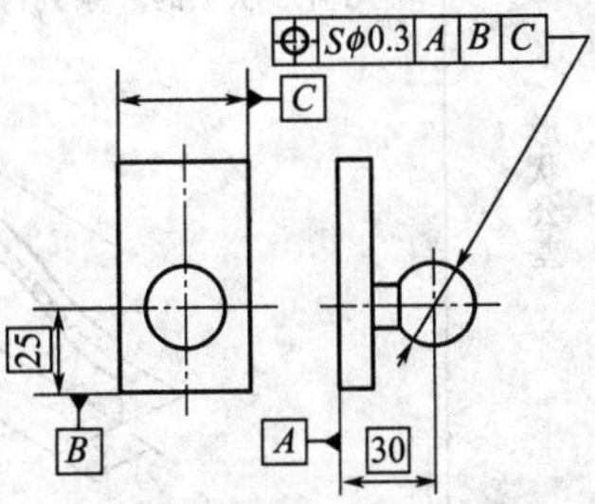 $\boxed{\oplus\ S\phi0.3\ \|A\|B\|C}$ 25　30
位置度 线的位置度	当给定一个方向时，公差带是距离为公差值 t，中心平面通过线的理想位置，且与给定方向垂直的两平行平面之间的区域；任意方向上（如图）公差带是直径为公差值 ϕt，轴线在线的理想位置上的圆柱面内的区域。 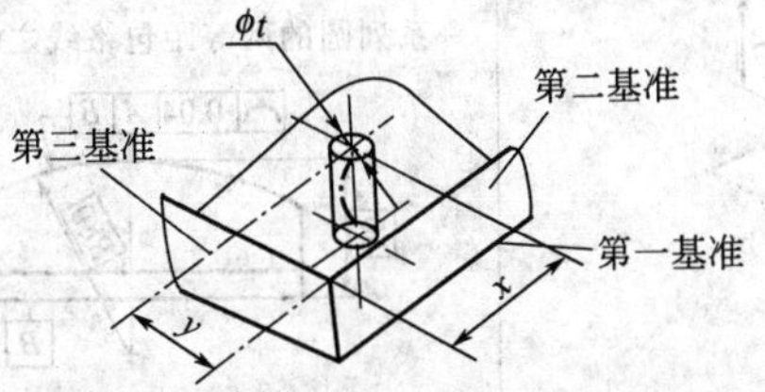 ϕt　第二基准　第三基准　第一基准	被测孔的轴线必须位于直径为公差值 $\phi0.08$mm，轴线位于由基准 A、B、C 和理论正确尺寸 100、68 所确定的理想位置上的圆柱面公差带内。 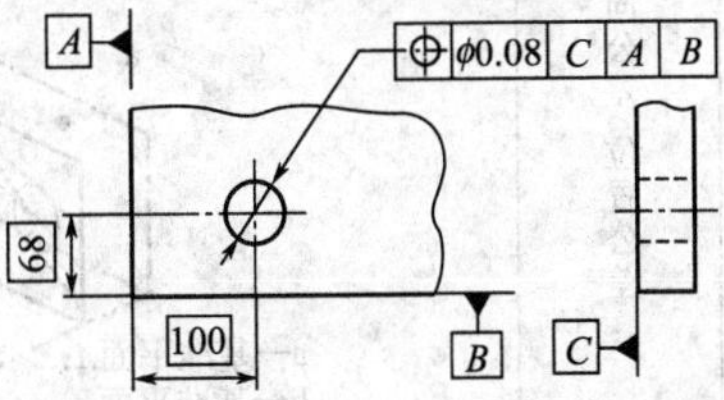 $\boxed{\oplus\ \phi0.08\ \|C\|A\|B}$ 68　100
位置度 面的位置度	公差带是距离为公差值 t，中心平面在面的理想位置上的两平行平面之间的区域。 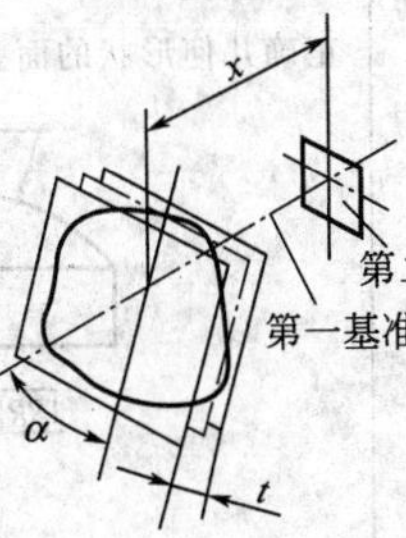 第二基准　第一基准　α　t	被测斜平面的实际轮廓必须位于距离为公差值 0.05mm，中心平面在由基准轴线 B 和基准平面 A 以及理论正确尺寸 105°、15 确定的面的理想位置上的两平行平面公差带内。 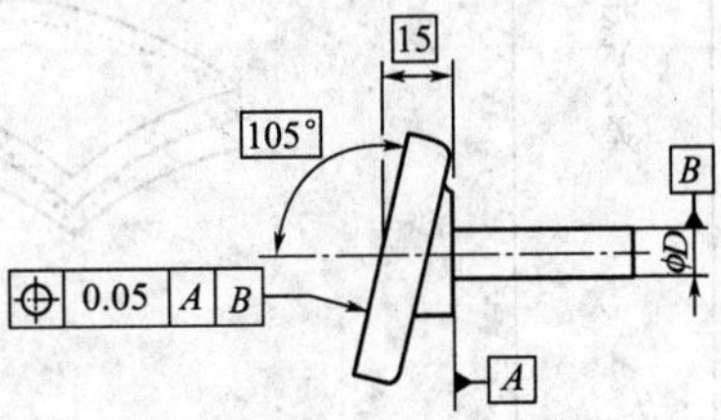 15　105°　B $\boxed{\oplus\ 0.05\ \|A\|B}$　A

三、轮廓度公差与公差带

轮廓度公差涉及的要素是曲线和曲面。轮廓度公差有线轮廓和面轮廓公差 2 个特征项目。

（1）线轮廓　限制平面曲线形状误差的一项指标。

（2）同心度　限制空间曲面轮廓形状误差的一项指标。

轮廓度公差的理想被测要素的形状需要用理论正确的尺寸（把数值围以方框表示的没有公差而绝对准确的尺寸）决定。轮廓度公差带分为无基准要求的（没有基准约束）和有基准要求的（受基准约束）两种。前者的方位可以浮动，后者的方位是固定的。

线轮廓度和面轮廓度公差带及其定义、标注示例和解释如表 3-5 所示。

表 3-5　轮廓度公差带定义、标注示例和解释

特征	公差类型	公差带定义	标注示例和解释
线轮廓度	形状公差	公差带为直径等于公差值 t、圆心位于具有理论正确几何形状上的一系列圆的两包络线所限定的区域。 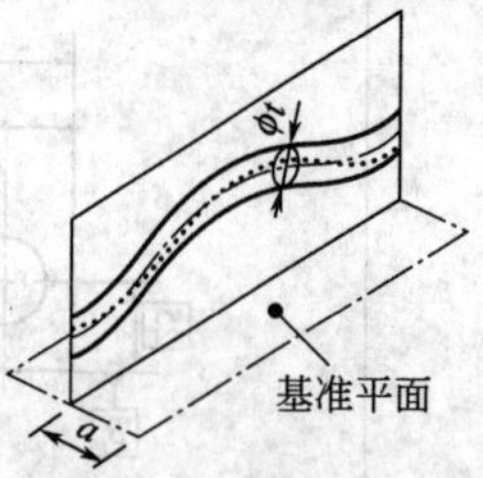	在平行于图样所示投影面的任一截面上，被测轮廓线必须位于包络一系列直径等于 0.04mm，且圆心位于具有正确几何形状的线上的两包络线之间。 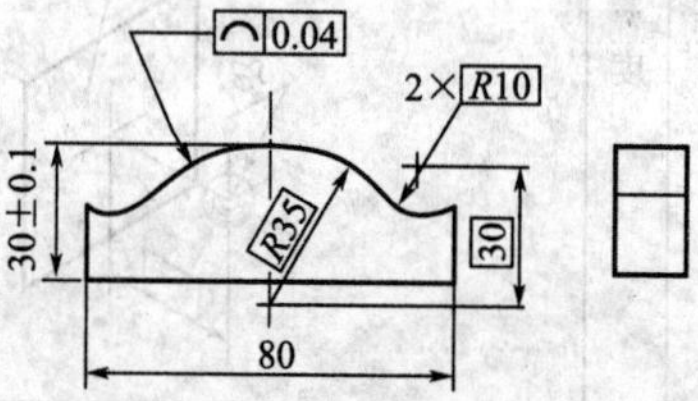
线轮廓度	方向公差·位置公差	公差带为直径等于公差值 t，圆心位于由基准平面 A 和基准平面 B 确定的被测要素理论正确几何形状上的一系列圆的两包络线所限定的区域。 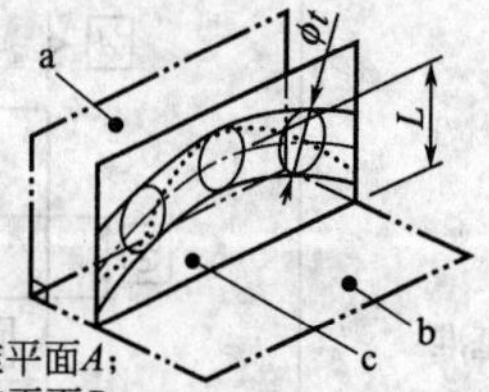 a—基准平面A；b—基准平面B；c—平行于基准A的平面。	在任一平行于图示投影平面的柱面内，提取（实际）轮廓线应限定在直径等于 0.04、圆心位于由基准平面 A 和基准平面 B 确定的被测要素理论正确几何形状上的一系列圆的两等距包络线之间。 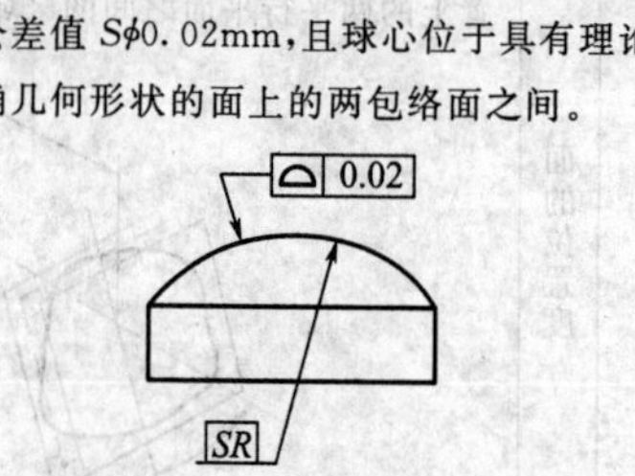
面轮廓度	形状公差	公差带是包络一系列直径为公差值 t 的球的两包络面之间的区域。诸球的球心位于具有理论正确几何形状的面上。 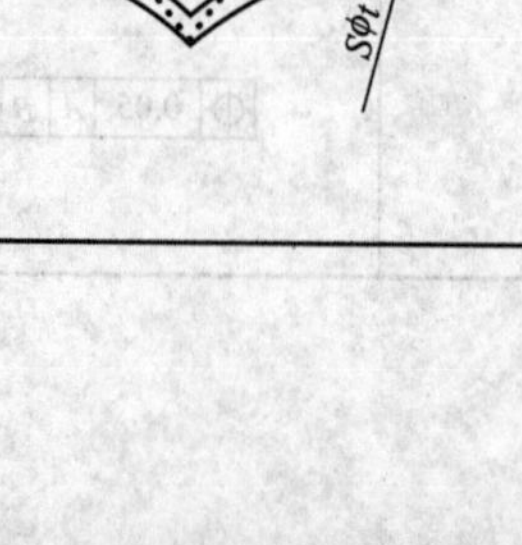	被测轮廓面必须位于包络一系列直径为公差值 $S\phi0.02$mm，且球心位于具有理论正确几何形状的面上的两包络面之间。

续表

特征	公差类型	公差带定义	标注示例和解释
面轮廓度	方向公差、位置公差	公差带为直径等于公差值 t、球心位于由基准平面 A 确定的被测要素理论正确几何形状上的一系列圆球的两包络面所限定的区域。	提取(实际)轮廓面应限定在直径等于 0.1mm、球心位于由基准平面 A 确定的被测要素理论正确几何形状上的一系列圆球的两等距包络面之间。

四、跳动公差与公差带

跳动公差是指导关联实际要素绕基准轴线回转一周或连续回转时所允许的最大跳动量，它是按特定的测量方法定义的位置公差。跳动公差有圆跳动和全跳动两个跳动公差项目。

(1) 圆跳动　限制指定测量面内被测要素轮廓圆的跳动的一项指标。

(2) 全跳动　限制整个被测表面跳动的一项指标。

跳动公差带不仅有形状和大小的要求，还有方位的要求，即公差带相对基准轴线有确定的方位、如某一横截面径向圆跳动公差带的中心点在基准轴线上；径向全跳动公差带的轴线（中心）与基准轴线同轴线；端面全跳动公差带（两平行平面）垂直于基准轴线。此外跳动公差带能综合控制统一被测要素的方位和形状误差。如径向圆跳动公差带综合控制同轴度误差和圆度误差；径向全跳动公差带综合控制同轴度误差和圆柱度误差；端面全跳动公差带综合控制端面对基准轴线的垂直度误差和平面度误差。

采用跳动公差时，若综合控制被测要素不能满足功能要求时，则可以进一步给出相应的形状公差，其数值应小于跳动公差值，如图 3-18 所示。

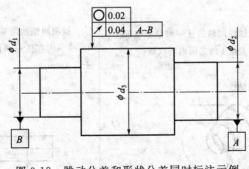

图 3-18　跳动公差和形状公差同时标注示例

测量跳动时的测量方向是指示表测杆轴线相对于基准轴线的方向。根据测量方向，跳动分为径向跳动（测杆轴线与基准轴线垂直且相交）、端面跳动（测杆轴线与基准轴线平行）和斜向跳动（测杆轴线与基准轴线倾斜某一给定角度且相交）。

典型跳动公差带的定义、标注示例和解释如表 3-6 所示。

表 3-6 跳动公差带的定义、标注示例和解释

特征		公差带定义	标注示例和解释
圆跳动	径向圆跳动	公差带是在垂直于基准轴线的任一测量平面内半径差为公差值 t，且圆心在基准轴线上的两同心圆间的区域。 基准轴线 测量平面	被测圆柱面绕基准轴线 A 作无轴向移动的旋转时，一周内在任一测量平面内的径向圆跳动量均不得大于 0.8mm。 ↗ 0.8 A A
	端面圆跳动	公差带是在与基准轴线同轴的任一半径位置的测量圆柱面上距离为公差值 t 的二圆内的区域。 t 基准轴线 测量圆柱面	被测端面绕基准轴线 D 作无轴向移动的旋转时，一周内在任一测量圆柱面内的轴向跳动量均不得大于 0.1mm。 ↗ 0.1 D D
	斜向圆跳动	公差带是在与基准轴线同轴的任一测量圆锥面上，沿其母线方向宽度为公差值 t 的二圆内的区域。 基准轴线 t 测量圆锥面	被测圆锥面绕基准轴线 C 作无轴向移动的旋转时，一周内在任一测量圆锥面上的跳动量均不得大于 0.1mm。 ↗ 0.1 C C

续表

特征		公差带定义	标注示例和解释
全跳动	径向全跳动	公差带是半径差为公差值 t，且与基准轴线同轴的两同轴圆柱面内的区域。 基准轴线	被测圆柱面绕公共基准轴线 $A—B$ 作无轴向移动的连续回转，同时指示表平行于基准轴线方向作直线移动时。在整个被测表面上的跳动量不大于 0.1mm。 ⌰ 0.1 $A–B$
	端面全跳动	公差带是距离为公差值 t，且与基准轴线垂直的两平行平面间的区域。 基准轴线	被测零件绕基准轴线 D 作无轴向移动的连续回转，同时指示表沿垂直基准轴线的方向作直线移动时，在整个端面上的跳动量不大于 0.1mm。 ⌰ 0.1 D

五、方向、位置、跳动误差

方向、位置、跳动误差是关联实际要素对理想要素的变动量，理想要素的方向或位置由基准确定。

方向、位置、跳动的方向或位置最小包容区域的形状完全相同于其对应的位置公差带，用方向或位置最小包容区域包容实际被测要素时，该最小包容区域必须与基准保持图样上给定的几何关系，且使包容区域的宽度和直径为最小。

图 3-19（a）所示面对面的垂直度的方向最小包容区域是包容被测实际平面且与基准保持垂直的两平行平面之间的区域；图 3-19（b）所示阶梯轴的同轴度的位置最小包容区域是包容被测实际轴线且与基准轴线同轴的圆柱面内的区域。

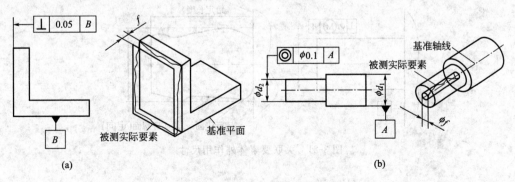

图 3-19 方向和位置最小包容区域

第五节　公差原则

零件几何要素既有尺寸公差的要求，又有几何公差的要求。它们都是对同一要素的几何精度要求。因此有必要研究几何公差与尺寸公差的关系。确定几何公差与尺寸公差之间的相互关系应遵循的原则，即公差原则。公差原则分为独立原则（同一要素的尺寸公差与几何公差彼此无关的公差要求）和相关要求（统一要素的尺寸公差与几何公差相互有关的公差要求），相关要求又分为包容要求、最大实体要求、最小实体要求和可逆要求。设计时，应从功能要求（配合性质、装配互换及其他功能要求）出发，合理地选用独立原则或不同的相关要求。

一、有关公差原则的术语及定义

1. 体外作用尺寸

体外作用尺寸是指在被测要素的给定长度上，与实际内表面（孔）体外相接的最大理想面或与实际外表面（轴）体外相接的最小理想面的直径或宽度。

单一要素实际内、外表面的体外作用尺寸分别用 D_{fe}、d_{fe} 表示，如图 3-20 所示。

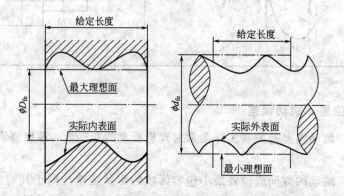

图 3-20　单一要素体外作用尺寸

关联要素实际内、外表面的体外作用尺寸分别用 $D_{fe}{}'$、$d_{fe}{}'$ 表示，其理想面的轴线或中心平面必须与基准保持图样上给定的几何关系。如图 3-21 所示。

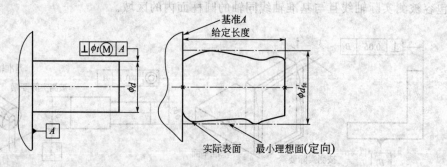

图 3-21　关联要素体外作用尺寸

2. 体内作用尺寸

体内作用尺寸是在被测要素的给定长度上，与实际内表面（孔）体内相接的最小理想面或与实际外表面（轴）体内相接的最大理想面的直径或宽度。

单一要素的实际内、外表面的体内作用尺寸分别用 D_{fi}、d_{fi} 表示，如图 3-22 所示。

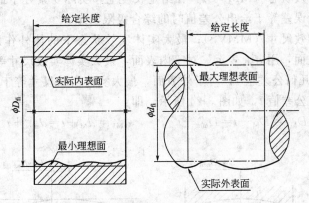

图 3-22　单一要素体内作用尺寸

关联要素实际内、外表面的体内作用尺寸分别用 $D_{fi}{}'$、$d_{fi}{}'$ 表示，其理想面的轴线或中心平面必须与基准保持图样上给定的几何关系，如图 3-23 所示。

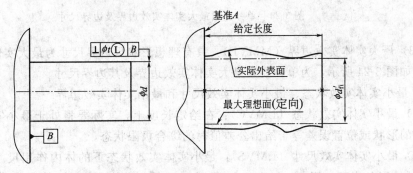

图 3-23　关联要素体内作用尺寸

3. 最大实际状态与最大实体尺寸

实际要素在给定长度上位于极限尺寸之内，并具有材料量最多时的状态，称为最大实体状态（MMC）。

实际要素在最大实体状态下的极限尺寸，称为最大实体尺寸（MMS）。孔和轴的最大实体尺寸分别用 D_M、d_M 表示。对于孔，$D_M = D_{min}$；对于轴，$d_M = d_{max}$。

4. 最小实体状态与实体尺寸

实际要素在给定长度上位于极限尺寸之内，并具有材料量最少时的状态，称为最小实体状态（LMC）。

实际要素在最小实体状态下的极限尺寸，称为最小实体尺寸（LMS）。孔和轴的最小实体尺寸分别用 D_L、d_L 表示。对于孔，$D_L = D_{max}$；对于轴，$d_L = d_{min}$。

5. 边界

由设计给定的具有理想形状的极限包容面称为边界。边界尺寸为极限包容面的直径或距离。

（1）最大实体边界（MMB）：具有理想形状且边界尺寸为最大实体尺寸的包容面。

（2）最小实体边界（LMB）：具有理想形状且边界尺寸为最小实体尺寸的包容面。

6. 最大实体实效状态、最大实体实效尺寸和最大实体实效边界

（1）最大实体实效状态（MMVC）：在给定长度上，实际要素处于最大实体状态，且中心要素的形状或位置误差等于给出公差值时的综合极限状态。

（2）最大实体实效尺寸（MMVS）：最大实体实效状态下的体外作用尺寸。对内表面，用 D_{MV} 表示；对外表面，用 d_{MV} 表示。对于内表面，最大实体实效尺寸等于其最大实体尺寸 D_M 减去中心要素的几何公差值 t；对于外表面，最大实体实效尺寸等于其最大实体尺寸 d_M 加上中心要素的行为公差值 t，如图 3-24 所示，即：

$$D_{MV}=D_M-t=D_{min}-t \qquad d_{MV}=d_M+t=d_{max}+t$$

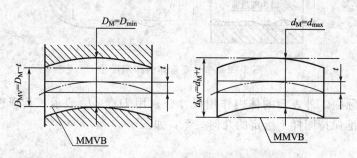

图 3-24　单一要素最大实体实效边界及边界尺寸

（3）最大实体实效边界（MMVB）：具有理想形状且边界尺寸为最大实体实效尺寸的包容面。如图 3-24 所示，为单一要素最大实体实效边界及其边界尺寸。

7. 最小实体实效状态、最小实体实效尺寸和最小实体实效边界

（1）最小实体实效状态（LMVC）：在给定长度上，实际要素处于最小实体状态，且中心要素的形状或位置误差等于给出公差值时的综合极限状态。

（2）最小实体实效尺寸（LMVS）：最小实体实效状态下的体内作用尺寸。对内表面用 D_{LV} 表示；对外表面，用 d_{LV} 表示。对于内表面，最小实体实效尺寸等于其最小实体尺寸 D_L 加上中心要素的几何公差值 t；对于外表面，最小实体实效尺寸等于其最小实体尺寸 d_L 减去中心要素的行为公差值 t，如图 3-25 所示，即：

$$D_{LV}=D_L+t=D_{max}+t \qquad d_{LV}=d_L-t=d_{min}-t$$

（3）最小实体实效边界（LMVB）：尺寸为最小实体实效尺寸的边界，如图 3-25 所示。

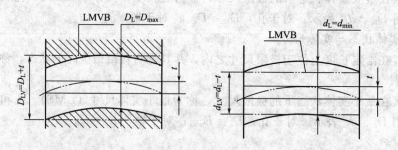

图 3-25　单一要素最小实体实效边界及边界尺寸

二、独立原则

1. 独立原则的含义和标注方法

独立原则是指图样上对某要素注出或未注的尺寸公差与几何公差各自独立，彼此无关，分别满足各自要求的公差原则。采用独立原则时，几何误差不受尺寸公差带限制，实际尺寸也不受几何公差带的控制；几何公差不随实际尺寸改变，尺寸公差也不随几何公差改变。

采用独立原则时，应在图样上标注文字说明："公差原则按 GB/T 4249"。此时图样上凡是要素的尺寸公差和几何公差没有用特定的关系符号或文字说明它们有联系时，就表示遵守独立原则。由于图样所有的公差中的绝大多数遵守独立原则，故独立原则是尺寸公差与几何公差相互关系遵循的基本原则。

图 3-26 为独立原则的应用示例，不需标注任何相关符号。图示轴的局部实际尺寸应在 $\phi19.97 \sim \phi20\text{mm}$ 之间，且轴线的直线度误差不允许大于 $\phi0.02\text{mm}$。

2. 独立原则的主要应用范围

独立原则主要用于以下两种情况。

（1）除配合要求外，还有极高的几何精度要求，其尺寸公差与几何公差的关系应用独立原则。

（2）对于未注尺寸公差的要素，由于它们仅有装配方便、减轻重量等要求，而没有配合性质等特殊要求，如倒角、退刀槽、轴肩等。因此它们的尺寸公差与几何公差的关系应用独立原则，不需要它们的尺寸

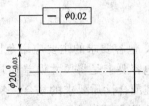

图 3-26 独立原则应用示例

公差与几何公差相互有关。通常这样的几何公差是不标准的。

（3）对于尺寸公差与几何公差需要分别满足要求，两者不发生联系的要素，不论两者数值的大小，均采用独立原则。

三、包容要求

1. 包容要求的含义和标注方法

包容要求是指被测实际要素处处位于具有理想形状的包容面内的一种公差要求。该处理想形状的尺寸应为最大实体尺寸。它只适用于单一尺寸要素（圆柱面、两平行平面）的尺寸公差与形状公差之间的关系。

按包容要求给出公差时，需要在尺寸的上、下偏差后面或尺寸公差带代号后面标注符号 Ⓔ。要求遵循包容要求时，其实际轮廓应遵守最大实体边界，即其体外作用尺寸不超出最大实体尺寸，且其局部实际尺寸不超出最小实体尺寸，即

对于内表面（孔）：$D_{fe} \geqslant D_M = D_{min}$，$D_a \leqslant D_L = D_{max}$

对于外表面（轴）：$d_{fe} \leqslant d_M = d_{max}$，$d_a \geqslant d_L = d_{min}$

2. 按包容要求标准的图样解释

单一要素采用包容要求时，在最大实体边界范围内，该要素的实际尺寸和形状误差相互依赖，所允许的形状误差值完全取决于实际尺寸的大小。因此若轴或孔的实际尺寸处处皆为最大实体尺寸，则其形状误差必须为零，才能合格。

如图 3-27（a）所示，轴的尺寸 $\phi20_{-0.03}^{0}$ Ⓔ表示采用包容要求，则实际轴应满足下列

要求：

$$d_{fe} \leqslant d_M = d_{max} = \phi20\text{mm} \ \text{且} \ d_a \geqslant d_L = d_{min} = \phi19.97\text{mm}$$

如图 3-27（b）所示。轴的动态公差图如图 3-27（c）所示，它表达了实际尺寸和形状公差变化的关系。当实际尺寸为 $\phi19.97$，偏离最大实体尺寸 0.03mm 时，允许的直线度误差为 0.03mm；而当实际尺寸为最大实体尺寸 $\phi20$mm 时，允许的直线度误差为 0。

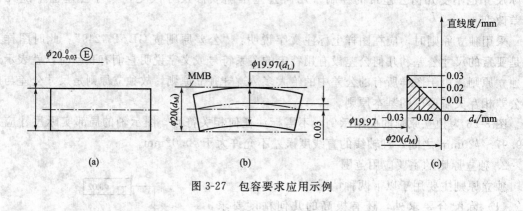

图 3-27 包容要求应用示例

3. 包容要求的主要应用范围

包容要求是将尺寸误差和几何误差同时控制在尺寸公差范围内的一种公差要求，常用必须保证配合性质要求的场合，特别是配合公差较小的精密配合要求，用最大实体边界保证所需要的最小间隙或最大过盈。

按包容要求给出单一要素的尺寸公差后，若对该要素的形状精度有更高的要求，还可以进一步给出形状公差值，这形状公差值必须小于给出的尺寸公差值，如图 3-28 所示的与滚动轴承内圈配合的轴颈的形状精度要求。

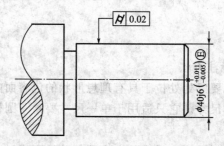

图 3-28 单一要素采用包容要求并对形状精度
提出更高要求的示例

四、最大实体要求

1. 最大实体要求的含义和标注方法

最大实体要求是被测要素的轮廓处处不超越最大实体实效边界的一种公差要求，用符号 Ⓜ 表示。最大实体要求既可应用于被测中心要素，也可用于基准中心要素。

最大实体要求应用于被测要素时，应在被测要素几何公差框格中的公差值后标注符号 Ⓜ；用于基准中心要素时，应在公差框格中相应的基准字母代号后标注符号 Ⓜ，如图 3-29

（a）所示。

2. 最大实体要求应用于被测要素

被测要素的实际轮廓应遵守其最大实体实效边界，即其体外作用尺寸不得超出最大实体实效尺寸；且其局部实际尺寸在最大与最小实体尺寸之间。

对于内表面：$D_{fe} \geqslant D_M = D_{min} - t$，且 D_L（D_{max}）$\geqslant D_a \geqslant D_M$（$D_{min}$）

对于外表面：$d_{fe} \leqslant d_{MV} = d_{max} + t$，且 d_L（d_{min}）$\leqslant d_a \leqslant d_M$（$d_{max}$）

最大实体要求用于被测要素时，其几何公差值是在该要素处于最大实体状态时给出的。当被测要素的实际轮廓偏离其最大实体状态时，几何误差值可以超出在最大实体状态下给出的几何公差值，即此时的几何公差值可以增大。

若被测要素采用最大实体要求时，其给出的几何公差值为零，则称为最大实体要求的零几何公差，并以"$\phi 0 \textcircled{M}$"或"$0 \textcircled{M}$"表示，如图 3-29 所示。

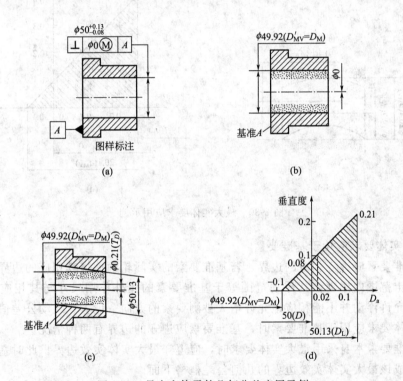

图 3-29　最大实体零件几何公差应用示例

图 3-30（a）表示 $\phi 20_{-0.3}^{0}$ 轴的轴线直线度公差采用最大实体要求。当该轴处于最大实体状态时，其轴线的直线度公差为 $\phi 0.1mm$，如图 3-30（b）所示；若轴的实际尺寸向最小实体尺寸方向偏离最大实体尺寸，则其轴线直线度误差可以超出图样给出的公差值 $\phi 0.1mm$，但必须保证其体外作用尺寸不超出轴的最大实体实效尺寸 $\phi 20.1mm$；当轴的实际尺寸处处为最小实体尺寸 $19.7mm$，其轴线的直线度公差可达最大值，$t = 0.3 + 0.1 = \phi 0.4mm$，如图 3-30（c）所示；其动态公差图如图 3-30（d）所示。

图 3-30 所示轴的尺寸与轴线直线度的合格条件是：

$$d_{min} = 19.7mm \leqslant d_a \leqslant d_{max} = 20mm$$

$$d_{fe} \leqslant d_{MV} = 20.1mm$$

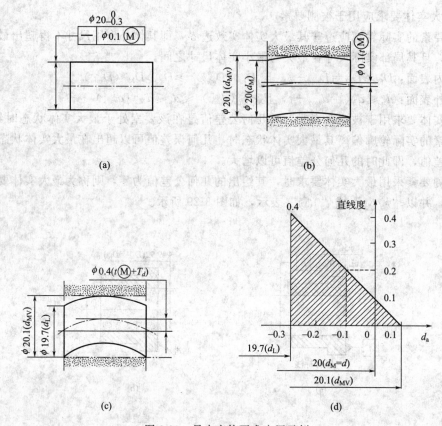

图 3-30　最大实体要求应用示例

3. 最大实体要求应用于基准要素

此时基准要素应遵守相应的边界。若基准要素的实际轮廓偏离其相应的边界，则允许基准要素在一定范围内浮动，其浮动范围等于基准要素的体外作用尺寸与其相应边界尺寸之差。但这种允许浮动并不能相应地允许增大被测要素的方向、位置、跳动公差值。

最大实体要求应用于基准要素时，基准要素应遵守的边界有两种情况。

（1）基准要素本身采用最大实体要求时，应遵守最大实体实效边界。此时基准代号应直接标注在形成该最大实体实效边界的几何公差框格下面。

（2）基准本身不采用最大实体要求时，应遵守最大实体边界。此时基准代号应标注在基准的尺寸线处，其连线与尺寸线对齐。

最大实体要求主要用于只要求装配互换的要素。

五、最小实体要求

1. 最小实体要求的含义和标注方法

最小实体要求是指被测要素的实际轮廓应遵守其最小实体实效边界。当其实际尺寸偏离最小实体尺寸时，允许其几何误差值超出在最小实体状态下给出的公差值的一种要求，用符号 Ⓛ 表示。最小实体要求既可用于被测中心要素，也可用于基准中心要素。

最小实体要求用于被测要素时，应在被测要素几何公差框格中的公差值后标注符号 Ⓛ；应用于基准中心要素时，应在被测要素几何公差框格内相应的基准字母代号后标注符号 Ⓛ，如图 3-31 所示。

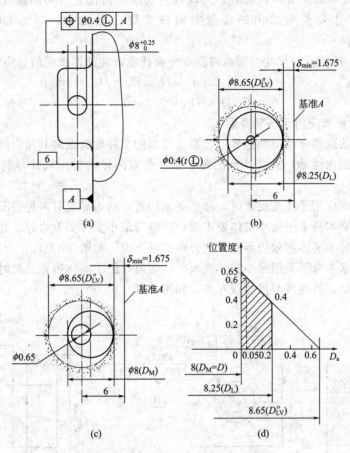

图 3-31　最小实体要求应用于被测要素

2. 最小实体要求应用于被测要素

此时被测要素的几何公差值是在该要素处于最小实体状态时给出的。当被测要素的实际轮廓偏离其最小实体状态，即其实际尺寸偏离最小实体尺寸时，几何误差值可以超出在最小实体状态下给出的几何公差值。

最小实体要求应用于被测要素时，被测要素的实际轮廓在给定长度上处处不得超出最小实体实效边界。即其体内作用尺寸不得超出最小实体实效尺寸，且其局部实际尺寸不得超出最大和最小实体尺寸。

对于内表面 $D_{fi} \leqslant D_{LV} = D_{max} + t$　　　　$D_M = D_{min} \leqslant D_a \leqslant D_L = D_{max}$

对于外表面 $d_{fi} \geqslant d_{LV} = d_{min} - t$　　　　$d_M = d_{max} \geqslant d_a \geqslant d_L = d_{min}$

图 3-31（a）表示孔的轴线对基准平面在任意方向的位置度公差采用最小实体要求。当该孔处于最小实体状态时，其轴线对基准平面任意方向的位置度公差为 $\phi 0.4$mm，如图 3-31（b）所示。若孔的实际尺寸向最大实体尺寸方向偏离最小实体尺寸，即小于最小实体尺寸 $\phi 8.25$mm，则其轴线对基准平面的位置度误差可以超出图样给出的公差值 $\phi 0.4$mm，但必须保证其定位体内作用尺寸 D_{fi} 不超出孔的定位最小实体实效尺寸 $D_{LV} = D_L + t = (8.25 + 0.4)$mm $= 8.65$mm。所以，当孔的实际尺寸处处相等时，它对最小实体尺寸 $\phi 8.25$mm 的偏离

量就等于轴线对基准平面任意方向的位置度公差的增加值。当孔的实际尺寸处处为最大实体尺寸 $\phi8$mm，即处于最大实体状态时，其轴线对基准平面任意方向的位置度公差可达最大值，且等于其尺寸公差与给出的任意方向位置度公差之和，$t = (0.25 + 0.4)$ mm $= \phi0.65$mm。

图 3-31（a）所示孔的尺寸与轴线对基准平面任意方向的位置度的合格条件是：

$$D_L = D_{max} = 8.25\text{mm} \geqslant D_a \geqslant D_M = D_{min} = 8\text{mm}$$

$$D_{fi} \leqslant D_{LV} = 8.65\text{mm}$$

3. 最小实体要求应用于基准要素

此时基准要素应遵守相应的边界。若基准要素的实际轮廓偏离其相应的边界，则允许基准要素在一定范围内浮动，其浮动范围等于基准要素的体内作用尺寸与其相应的边界尺寸之差。

最小实体要求应用于基准要素时，基准要素应遵守的边界也有两种情况。

（1）基准要素本身采用最小实体要求时，应遵守最小实体实效边界。此时基准代号应直接标注在形成该最小实体实效边界的几何公差框格下面，如图 3-32（a）所示。

（2）基准要素本身不采用最小实体要求时，应遵守最小实体边界。此时基准代号应标注在基准的尺寸线处，其连线与尺寸线对齐，如图 3-32（b）所示。

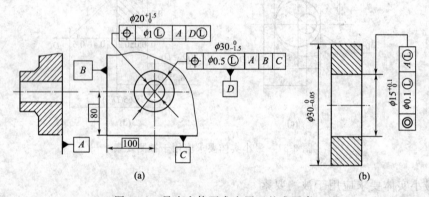

图 3-32 最小实体要求应用于基准要素

最小实体广泛应用于在获取最佳的技术经济效益的前提下，保证最小壁厚和控制表面至中心要素的最大距离等功能要求。

六、可逆要求

可逆要求是指在不影响零件功能要求的前提下，当被测轴线、中心平面等被测中心要素的几何误差值小于图样给出的几何公差值时，允许对应被测轮廓要素的尺寸公差值大于图样上标准的尺寸公差值，用符号 Ⓡ 表示。它通常与最大实体要求或最小实体要求一起应用。

1. 可逆要求用于最大实体要求的含义和标注方法

可逆要求用于最大实体要求时，应在被测要素的几何公差框格中的公差值后标注双重符号"ⓂⓇ"，如图 3-33（a）所示。这表示在被测要素的实际轮廓不超出其最大实体实效边界的条件下，允许被测要素的尺寸公差补偿其几何公差带，同时也允许被测要素的几何公差补偿尺寸公差。当被测要素的几何误差值小于图样上标注的几何公差值或等于零时，允许被测要素的实际尺寸超出其最大实体尺寸，甚至可以等于其最大实体实效尺寸。可用下列公式表示：

对于外表面（轴）$d_{te} \leqslant d_{MV}$ 且 $d_{MV} \geqslant d_a \geqslant d_{min}$

对于内表面（孔）$D_{fe} \geqslant D_{MV}$ 且 $D_{min} \geqslant D_a \geqslant D_{MV}$

图 3-33（a）所示是轴线的直线度公差采用可逆的最大实体要求的示例，当该轴处于最大实体状态时，其轴线直线度公差为 $\phi0.1mm$，若轴的直线度误差小于给出的公差值，则允许轴的实际尺寸超出其最大实体尺寸 $\phi20mm$，但必须保证其体外作用尺寸不超出其最大实体实效尺寸 $\phi20.1mm$，所以当轴的轴线直线度误差为零（即具有理想形状）时，其实际尺寸可达最大值，即等于轴的最大实体实效尺寸 $\phi20.1mm$，如图 3-33（b）所示，其动态公差图如图 3-33（c）所示。

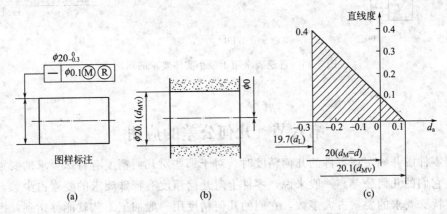

图 3-33 可逆要求用于最大实体要求的示例

图 3-33（a）所示的轴的尺寸与轴线直线度的合格条件是：

$$d_a \geqslant d_L = d_{min} = 19.7mm$$
$$d_{fe} \leqslant d_{mv} = d_M + t = 20 + 0.1 = 20.1mm$$

2. 可逆要求用于最小实体要求的含义和标注方法

可逆要求用于最小实体要求时，应在被测要素的几何公差框格中的公差值后标注双重符号"ⓁⓇ"，如图 3-34（a）所示。这表示在被测要素的实际轮廓不超出其最小实效边界的条件下，允许被测要素的尺寸公差补偿其几何公差，同时也允许被测要素的几何公差补偿其尺寸公差，当被测要素的几何误差值小于图样上标注的几何公差值或等于零时，允许被测要素的实际尺寸超出其最小实际尺寸，甚至可以等于其最小实体实效尺寸。可用下列公式表示：

对于外表面（轴）$\qquad d_{fi} \geqslant d_{LV}$ 且 $d_{max} \geqslant d_a \geqslant d_{LV}$

对于内表面（孔）$\qquad D_{fi} \leqslant D_{LV}$ 且 $D_{LV} \geqslant D_a \geqslant D_{min}$

图 3-34（a）所示为 $\phi8_0^{+0.25}$ 孔的轴线对基准平面的任意的方向的位置度公差采用可逆的最小实体要求。当孔处于最小实体状态时，其轴线对基准平面的位置度公差为 $0.4mm$。若孔的轴线对基准平面的位置度误差小于给出的公差值，则允许孔的实际尺寸超出其最小实体尺寸（即大于 $8.25mm$），但必须保证其定位体内作用尺寸不超出其定位最小实体实效尺寸（即 $D_{fi} \leqslant D_{LV} = D_L + t = 8.25 + 0.4 = 8.65mm$）。所以当孔的轴线对基准平面任意方向的位置度误差为零时，其实际尺寸可达最大值，即等于孔定位最小实体实效尺寸 $8.65mm$，如图 3-

34（b）所示。其动态公差图如图 3-34（c）所示。

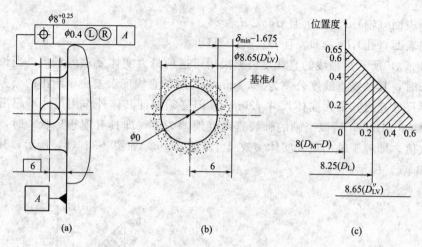

图 3-34　可逆要求用于最小实体要求的示例

第六节　几何公差的应用

绘制零件图并确定该零件的几何精度时，对于那些对几何精度有特殊要求的要素，应在图上注出它们的几何公差。一般来说，零件上对几何精度有特殊要求的要素占少数，对几何精度没有特殊要求的要素占大多数，它们的几何精度用一般加工工艺就能够达到，因此在图样上必须单独注出它们的几何公差，从而简化图样标注。

在机械零件设计中，几何公差的选择主要包括几何公差项目的选择；公差等级与公差值的选择；公差原则的选择和基准要素的选择。

一、几何公差特征项目的选择

几何公差特征项目的选择主要综合考虑被测要素的几何特征、功能要求和测量的方便性三个方面。

1. 几何特征

形状公差项目主要是按要素的几何形状特征制定的，因此要素的几何特征自然是选择单一要素公差项目的基本依据。例如：控制平面的形状误差应选择平面度；控制导轨导向面的形状误差应选择直线度；控制圆柱面的形状误差应选择圆度或圆柱度等。

方向、位置、跳动公差项目是按要素间几何方位关系制定的，所以关联要素的公差项目应以它与基准间的几何方位关系为基本依据。对线（轴线）、面可规定方向和位置公差，对点只能规定位置公差，只有回转零件才规定同轴度公差和跳动公差。

2. 使用要求

零件的功能要求不同，对几何公差应提出不同的要求，所以应分析几何误差对零件使用性能的影响。一般说来，平面的形状误差将影响支承面安置的平稳和定位可靠性，影响贴合面的密封性和滑动面的磨损；导轨面的形状误差将影响导向精度；圆柱面的形状误差将影响定位配合的连接强度和可靠性，影响转动配合的间隙均匀性和运动平稳性；轮廓表面或中心要素的位置误差将直接决定机器的装配精度和运动精度，如齿轮箱体上两孔轴线不平行将影响齿轮副的接触精度，降低承载能力，滚动轴承的定位轴肩与轴线不垂直，将影响轴承旋转时的精度等。

3. 检测的方便性

为了检测方便，有时可将所需的公差项目用控制效果相同或相近的公差项目来代替。例如要素为一圆柱面时，圆柱度是理想的项目，因为它综合控制了圆柱面的各种形状误差，但是由于圆柱度检测不便，故可选用圆度、直线度几个分项，或者选用径向跳动公差等进行控制。又如径向圆跳动可综合控制圆度和同轴度误差，而径向圆跳动误差的检测简单易行，所以在不影响设计要求的前提下，可尽量选用径向圆跳动公差项目。同样可近似地用端面圆跳动代替端面对轴线的垂直度公差要求。端面全跳动的公差带和端面对轴线的垂直度的公差带完全相同，可互相取代。

二、几何公差原则的选择

公差原则主要根据被测要素的功能要求、零件尺寸大小和检查的方便性来选择，并考虑充分利用给出的尺寸公差带，还应考虑用被测要素的几何公差补偿其尺寸公差的可能性。表3-7对独立原则、包容要求、最大实体要求等几种公差原则的主要应用场合进行了归纳，并给出相应的案例，方便公差原则选用时参考。

表 3-7　公差原则和公差要求选择示例

公差原则	应用场合	示例
独立原则	尺寸精度与几何精度需要分别满足要求	齿轮箱体孔的尺寸精度与两孔轴线的平行度；连杆活塞销孔的尺寸精度与圆柱度；滚动轴承内、外圈滚道的尺寸精度与形状精度
	尺寸精度与几何精度要求相差较大	滚筒类零件尺寸精度要求很低，形状精度要求较高；平板的尺寸精度要求不高，形状精度要求很高；通油孔的尺寸有一定精度要求，形状精度无要求
	尺寸精度与几何精度无联系	滚子链条的套筒或滚子内、外圆柱面的轴线同轴度与尺寸精度；发动机连杆上的尺寸精度与孔轴线间的位置精度
	保证运动精度	导轨的形状精度要求严格，尺寸精度一般
	保证密封性	汽缸的形状精度要求严格，尺寸精度一般
	未注公差	凡未注尺寸公差与未注几何公差都采用独立原则，如退刀槽、倒角、圆角等非功能要素
包容要求	保证国标规定的配合性质	如$\phi30H7$ⓔ孔与$\phi30h6$ⓔ轴的配合，可以保证配合的最小间隙等于零
	尺寸公差与几何公差间无严格比例关系要求	一般的孔与轴配合，只要求作用尺寸不超越最大实体尺寸，局部实际尺寸不超越最小实体尺寸
最大实体要求	保证关联作用尺寸不超越最大实体尺寸	关联要素的孔与轴有配合性质要求，在公差框格的第二格标注Ⓜ
	保证可装配性	如轴承盖上用于穿过螺钉的通孔；法兰盘上用于穿过螺栓的通孔
最小实体要求	保证零件强度和最小壁厚	如孔组轴线的任意方向位置度公差，采用最小实体要求可保证孔组间的最小壁厚
可逆要求	与最大（最小）实体要求联用	能充分利用公差带，扩大被测要素实际尺寸的变动范围，在不影响使用性能要求的前提下可以选用

三、公差值的选择

几何公差值主要根据被测要素的功能要求和加工经济性等来选择。在零件图上，被测要素的几何精度要求有两种表示方法：一种是用公差框格的形式单独注出几何公差值；一种是按 GB/T 1184 —1996《形状和位置公差 未注公差值》规定，用文字说明的形式统一给出未注几何公差值。

GB/T 1184 —1996《形状和位置公差 未注公差值》对直线度、平面度、圆度、圆柱度、平行度、垂直度、倾斜度、同轴度等特征项目分别规定了若干公差等级及对应的公差值，如表 3-8～表 3-11 所示。对这 12 特征项目，国标 GB/T 1184 —1996 规定圆度和圆柱度有 13 个等级，即 0 级、1 级、2 级、3 级、……11 级、12 级，其中 0 级最高，等级依次降低，12 级最低。规定直线度、平面度等剩下 9 个特征项目有 12 个等级，即 0 级、1 级、2 级、3 级、……11 级、12 级，其中 1 级最高，等级依次降低，12 级最低。除此之外，还规定了位置度公差值数系，如表 3-12 所示。

表 3-8　直线度和平面度的公差值

主参数 L/mm	公差等级											
	1	2	3	4	5	6	7	8	9	10	11	12
	公差值											
≤10	0.2	0.4	0.8	1.2	2	3	5	8	12	20	30	60
>10～16	0.25	0.5	1	1.5	2.5	4	6	10	15	25	40	80
>16～25	0.3	0.6	1.2	2	3	5	8	12	20	30	50	100
>25～40	0.4	0.8	1.5	2.5	4	6	10	15	25	40	60	120
>40～63	0.5	1	2	3	5	8	12	20	30	50	80	150
>63～100	0.6	1.2	2.5	4	6	10	15	25	40	60	100	200
>100～160	0.8	1.5	3	5	8	12	20	30	50	80	120	250
>160～250	1	2	4	6	10	15	25	40	60	100	150	300
>250～400	1.2	2.5	5	8	12	20	30	50	80	120	200	400
>400～630	1.5	3	6	10	15	25	40	60	100	150	250	500
>630～1000	2	4	8	12	20	30	50	80	120	200	300	600

注：主参数 L 系轴、直线、平面的长度。

表 3-9　圆度和圆柱度的公差值

主参数 d(D)/mm	公差等级												
	0	1	2	3	4	5	6	7	8	9	10	11	12
	公差值												
≤3	0.1	0.2	0.3	0.5	0.8	1.2	2	3	4	6	10	14	25
>3～6	0.1	0.2	0.4	0.6	1	1.5	2.5	4	5	8	12	18	30
>6～10	0.12	0.25	0.4	0.6	1	1.5	2.5	4	6	9	15	22	36
>10～18	0.15	0.25	0.5	0.8	1.2	2	3	5	8	11	18	27	43
>18～30	0.2	0.3	0.6	1	1.5	2.5	4	6	9	13	21	33	52
>30～50	0.25	0.4	0.6	1	1.5	2.5	4	7	11	16	25	39	62
>50～80	0.3	0.5	0.8	1.2	2	3	5	8	13	19	30	46	74
>80～120	0.4	0.6	1	1.5	2.5	4	6	10	15	22	35	54	87

主参数 $d(D)$/mm	公差等级												
	0	1	2	3	4	5	6	7	8	9	10	11	12
	公差值												
>120~180	0.6	1	1.2	2	3.5	5	8	12	18	25	40	63	100
>180~250	0.8	1.2	2	3	4.5	7	10	14	20	29	46	72	115
>250~315	1.0	1.6	2.5	4	6	8	12	16	23	32	52	81	130
>315~400	1.2	2	3	5	7	9	13	18	25	36	57	89	140
>400~500	1.5	2.5	4	6	8	10	15	20	27	40	63	97	155

注:主参数 $d(D)$ 系轴(孔)的直径。

表 3-10 平行度、垂直度和倾斜度公差值

主参数 L、$d(D)$/mm	公差等级											
	1	2	3	4	5	6	7	8	9	10	11	12
	公差值											
≤10	0.4	0.8	1.5	3	5	8	12	20	30	50	80	120
>10~16	0.5	1	2	4	6	10	15	25	40	60	100	150
>16~25	0.6	1.2	2.5	5	8	12	20	30	50	80	120	200
>25~40	0.8	1.5	3	6	10	15	25	40	60	100	150	250
>40~63	1	2	4	8	12	20	30	50	80	120	200	300
>63~100	1.2	2.5	5	10	15	25	40	60	100	150	250	400
>100~160	1.5	3	6	12	20	30	50	80	120	200	300	500
>160~250	2	4	8	15	25	40	60	100	150	250	400	600
>250~400	2.5	5	10	20	30	50	80	120	200	300	500	800
>400~630	3	6	12	25	40	60	100	150	250	400	600	1000
>630~1000	4	8	15	30	50	80	120	200	300	500	800	1200

注:1. 主参数 L 为给定平行度时轴线或平面的长度,或给定垂直度、倾斜度时被测要素的长度;

2. 主参数 $d(D)$ 为给定面对线垂直度时,被测要素的轴(孔)直径。

表 3-11 同心度、同轴度、对称度、圆跳动和全跳动公差值

主参数 $d(D)$、B、L/mm	公差等级											
	1	2	3	4	5	6	7	8	9	10	11	12
	公差值											
≤1	0.4	0.6	1.0	1.5	2.5	4	6	10	15	25	40	60
>1~3	0.4	0.6	1.0	1.5	2.5	4	6	10	20	40	60	120
>3~6	0.5	0.8	1.2	2	3	5	8	12	25	50	80	150
>6~10	0.6	1.0	1.5	2.5	4	6	10	15	30	60	100	200
>10~18	0.8	1.2	2	3	5	8	12	20	40	80	120	250
>18~30	1	1.5	2.5	4	6	10	15	25	50	100	150	300
>30~50	1.2	2	3	5	8	12	20	30	60	120	200	400
>50~120	1.5	2.5	4	6	10	15	25	40	80	150	250	500
>120~250	2	3	5	8	12	20	30	50	100	200	300	600
>250~500	2.5	4	6	10	15	25	40	60	120	250	400	800
>500~800	3	5	8	12	20	30	50	80	150	300	500	1000
>800~1250	4	6	10	15	25	40	60	100	200	400	600	1200

注:1. 主参数 $d(D)$ 为给定同轴度,或给定圆跳动、全跳动时的轴(孔)直径;

2. 圆锥体斜向圆跳动公差的主参数为平均直径;

3. 主参数 B 为给定对称度时槽的宽度;

4. 主参数 L 为给定两孔对称度时的孔心距。

表 3-12　位置度公差值数系

1	1.2	1.5	2	2.5	3	4	5	6	8
1×10^n	1.2×10^n	1.5×10^n	2×10^n	2.5×10^n	3×10^n	4×10^n	5×10^n	6×10^n	8×10^n

注：n 为正整数。

几何公差值主要根据被测要素的功能要求和加工经济性等来选择，即在满足零件功能要求的前提下，兼顾加工经济性等，尽量选取较大的公差值。选择的方法有计算法和类比法，通常采用类比法。按类比法确定几何公差值时，应考虑以下几个方面。

（1）形状公差与方向、位置、跳动公差的关系　同一要素上给定的形状公差值应小于方向、位置、跳动公差值，方向公差值应小于定位公差值。如同一平面上，平面度公差值应小于该平面对基准平面的平行度公差值。

（2）几何公差和尺寸公差的关系　圆柱形零件的形状公差一般情况下应小于其尺寸公差值；线对线或面对面的平行度公差值应小于其相应距离的尺寸公差值。

圆度、圆柱度公差值约为同级的尺寸公差的 50%，因而一般可按同级选取。例如：尺寸公差为 IT6，则圆度、圆柱度公差通常也选 6 级，必要时也可比尺寸公差等级高 1 级到 2 级。

位置度公差通常需要经过计算确定，对用螺栓连接两个或两个以上零件时，若被连接零件均为光孔，则光孔的位置度公差的计算公式为：

$$t \leqslant KX_{min}$$

式中　t——位置度公差；

　　K——间隙利用系数，其推荐值为，不需调整的固定连接 $K=1$，需调整的固定连接 $K=0.6 \sim 0.8$；

　　X_{min}——光孔与螺栓间的最小间隙。

用螺钉连接时，被连接零件中有一个是螺孔，而其余零件均是光孔，则光孔和螺孔的位置度公差计算公式为：

$$t \leqslant 0.6KX_{min}$$

式中　X_{min}——光孔与螺钉间的最小间隙。

按以上公式计算确定的位置度公差，经圆整并按表 3-12 选择标准的位置度公差值。

（3）几何公差与表面粗糙度的关系　通常表面粗糙度的 Ra 值可约占形状公差值的 20%～25%。

（4）考虑零件的结构特点　对于刚性较差的零件（如细长轴）和结构特殊的要素（如跨距较大的轴和孔、宽度较大的零件表面等），在满足零件的功能要求下，可适当降低 1～2 级选用。此外，孔相对于轴、线对线和线对面相对于面对面的平行度、垂直度公差可适当降低 1～2 级。

表 3-13 至表 3-16 列出了各种几何公差等级的应用场合，并给出了应用案例，供选择几何公差等级时参考。

表 3-13 直线度、平面度公差等级应用

公差等级	应用举例
1,2	用于精密量具、测量仪器以及精度要求高的精密机械零件,如量块、零级样板、平尺、零级宽平尺、工具显微镜等精密量仪的导轨面等
3	1级宽平尺工作面,1级样板平尺的工作面,测量仪器圆弧导轨的直线度,量仪的测杆等
4	零级平板,测量仪器的V型导轨,高精度平面磨床的V型导轨和滚动导轨等
5	1级平板,2级宽平尺,平面磨床的导轨、工作台,液压龙门刨床导轨面,柴油机进气、排气阀门导杆等
6	普通机床导轨面,柴油机机体结合面等
7	2级平板,机床主轴箱结合面,液压泵盖、减速器壳体结合面等
8	机床传动箱体、挂轮箱体、溜板箱体,柴油机汽缸体,连杆分离面,缸盖结合面,汽车发动机缸盖,曲轴箱结合面,液压管件和法兰连接面等
9	自动车床床身底面,摩托车曲轴箱体,汽车变速箱壳体,手动机械的支承面等

表 3-14 圆度、圆柱度公差等级应用

公差等级	应用举例
0,1	高精度量仪主轴,高精度机床主轴,滚动轴承的滚珠和滚柱等
2	精密量仪主轴、外套,阀套高压油泵柱塞及套,纺锭轴承,高速柴油机进、排气门,精密机床主轴轴颈,针阀圆柱表面,喷油泵柱塞及柱塞套等
3	高精度外圆磨床轴承,磨床砂轮主轴套筒,喷油嘴针、阀体,高精度轴承内外圈等
4	较精密机床主轴、主轴箱孔,高压阀门,活塞,活塞销,阀体孔,高压油泵柱塞,较高精度滚动轴承配合轴,铣削动力头箱体孔等
5	一般计量仪器主轴、测杆外圆柱面,陀螺仪轴颈,一般机床主轴轴颈及轴承孔,柴油机、汽油机的活塞、活塞销,与P6级滚动轴承配合的轴颈等
6	一般机床主轴及前轴承孔,泵、压缩机的活塞、汽缸,汽油发动机凸轮轴,纺机锭子,减速传动轴轴颈,高速船用发动机曲轴、拖拉机曲轴主轴颈,与P6级滚动轴承配合的外壳孔,与P0级滚动轴承配合的轴颈等
7	大功率低速柴油机曲轴轴颈、活塞、活塞销、连杆、汽缸,高速柴油机箱体轴承孔,千斤顶或压力油缸活塞,机车传动轴,水泵及通用减速器转轴轴颈,与P0级滚动轴承配合的外壳孔等
8	低速发动机、大功率曲柄轴轴颈,压气机连杆盖、体,拖拉机汽缸、活塞,炼胶机冷铸轴辊,印刷机传墨辊,内燃机曲轴轴颈,柴油机凸轮轴承孔,凸轮轴,拖拉机、小型船用柴油机汽缸套等
9	空气压缩机缸体,液压传动筒,通用机械杠杆与拉杆用套筒销子,拖拉机活塞环、套筒孔

表 3-15 平行度、垂直度、倾斜度公差等级应用

公差等级	应用举例
1	高精度机床、测量仪器、量具等主要工作面和基准面等
2,3	精密机床、测量仪器、量具、模具的工作面和基准面,精密机床的导轨,重要箱体主轴孔对基准面的要求,精密机床主轴轴肩端面,滚动轴承座圈端面,普通机床的主要导轨,精密刀具的工作面和基准面等
4,5	普通机床导轨,重要支承面,机床主轴孔对基准的平行度,精密机床重要零件,计量仪器、量具、模具的工作面和基准面,床头箱体重要孔,通用减速器壳体孔,齿轮泵的油孔端面,发动机轴和离合器的凸缘,汽缸支承端面,安装精密滚动轴承壳体孔的凸肩等

公差等级	应用举例
6,7,8	一般机床的工作面和基准面，压力机和锻锤的工作面，中等精度钻模的工作面，机床一般轴承孔对基准的平行度，变速器箱体孔，主轴花键对定心直径部位轴线的平行度，重型机械轴承盖端面，卷扬机、手动传动装置中的传动轴，一般导轨、主轴箱体孔，刀架，砂轮架，汽缸配合面对基准轴线，活塞销孔对活塞中心线的垂直度，滚动轴承内、外圈端面对轴线的垂直度等
9,10	低精度零件，重型机械滚动轴承端盖，柴油机、煤气发动机箱体曲轴孔、曲轴颈、花键轴和轴肩端面，皮带运输机法兰盘等端面对轴线的垂直度，手动卷扬机及传动装置中的轴承端面，减速器壳体平面等

表 3-16　同轴度、对称度、跳动公差等级应用

公差等级	应用举例
1,2	精密测量仪器的主轴和顶尖。柴油机喷油嘴针阀等
3,4	机床主轴轴颈，砂轮轴轴颈，汽轮机主轴，测量仪器的小齿轮轴，安装高精度齿轮的轴颈等
5	机床轴颈，机床主轴箱孔，套筒，测量仪器的测量杆，轴承座孔，汽轮机主轴，柱塞油泵转子，高精度轴承外圈，一般精度轴承内圈等
6,7	内燃机曲轴，凸轮轴轴颈，柴油机机体主轴承孔，水泵轴，油泵柱塞，汽车后桥输出轴，安装一般精度齿轮的轴颈，涡轮盘，测量仪器杠杆轴，电机转子，普通滚动轴承内圈，印刷机传墨辊的轴颈，键槽等
8,9	内燃机凸轮轴孔，连杆小端铜套，齿轮轴，水泵叶轮，离心泵体，汽缸套外径配合面对内径工作面，运输机械滚筒表面，压缩机十字头，安装低精度齿轮用轴颈，棉花精梳机前后滚子，自行车中轴等

四、基准要素的选择

基准是确定关联要素间方向或位置的依据。在考虑选择方向、位置、跳动公差项目时，必然同时考虑要采用的基准，如选用单一基准、组合基准还是选用多基准。

单一基准由一个要素作基准使用，如平面、圆柱面的轴线，可建立基准平面、基准轴线。组合基准是由两个或两个以上要素构成的作为单一基准使用，选择基准时，一般应从下列四个方面考虑。

（1）根据要素的功能及对被测要素间的几何关系来选择基准。如轴类零件，常以两个轴承为支承运转，其运动轴线是安装轴承的两轴颈公共轴线。因此，从功能要求和控制其他要素的位置精度来看，应选这两处轴颈的公共轴线（组合基准）为基准。

（2）根据装配关系应选零件上相互配合、相互接触的定位要素作为各自的基准。如盘、套类零件多以其内孔轴线径向定位装配或以其端面轴向定位，因此根据需要可选其轴线或端面作为基准。

（3）从零件结构考虑，应选较宽大的平面、较长的轴线作为基准，以使定位稳定。对结构复杂的零件，一般应选三个基准面，以确定被测要素在空间的方向和位置。

（4）从加工、检验的角度考虑，应选择在夹具、检具中定位的相应要素为基准，这样能使所选基准与定位基准、检查基准、装配基准重合，从而消除由于基准不重合引起的误差。

五、几何公差的未注公差值

1. 未注公差值的基本概念

（1）标准中给出的未注公差值为各类工厂、企业常用设备能保证的一般精度，前提是设备精度符合精度标准要求。

（2）一般情况下，当要素的公差小于未注公差值时，才需要在图样上用公差框格给出几何公差要求；当要求的公差值大于未注公差值时，一般仍采用未注公差值，不需要用框格表示，未注公差值只有当对工厂带来经济效益时才需注出。

（3）图样中大部分要素的几何公差值是未注公差值。

（4）采用未注公差值一般不需要检查，只有在仲裁时才需要检查。有时为了了解设备精度，也可以对批量生产的零件通过首检或抽检了解其未注几何公差的大小。

（5）如果零件的几何误差超出了未注公差值，在一般情况下不必拒收，只有影响了零件的功能才需要拒收。

2. 未注公差值的规定

（1）直线度、平面度的未注公差值　直线度、平面度的未注公差值共分 H、K、L 三个公差等级，如表 3-17 所示，表中"基本长度"是指被测长度，对平面是指被测面的长边或圆平面的直径。

（2）圆度的未注公差值　圆度的未注公差值规定采用相应的直径公差值，但不能大于表 3-18 中的径向跳动。

（3）圆柱度的未注公差值　圆度误差由圆度、轴直线度、素线直线度和素线平行度组成。所以圆柱度的未注公差值由圆度、直线度和素线的平行度的注出公差值或未注出公差值控制。

（4）线、面轮廓度的未注公差值　国标中对线、面轮廓度的未注公差值未作出具体规定，由其线、面轮廓的线性尺寸或角度公差控制。

（5）平行度的未注公差值　平行度的未注公差值等于相应的尺寸公差值或直线度和平面度未注公差值中的较大者。

（6）垂直度的未注公差值　垂直度的未注公差值共分 H、K、L 三个公差等级，如表 3-19 所示。

（7）对称度的未注公差值　对称度的未注公差值共分 H、K、L 三个公差等级，如表 3-20 所示。

（8）位置度的未注公差值　国标中对位置度的未注公差值未作具体规定，因其是综合项目，由其各要素的公差控制。

（9）同轴度、圆跳动未注公差值　圆跳动未注公差值共分 H、K、L 三个公差等级，如表 3-18 所示。未注同轴度的公差值可以和圆跳动的未注公差值相等。

（10）全跳动的未注公差值　国标中对全跳动未注公差值未作具体规定，因其是综合项目，通过圆跳动公差值、素线直线度公差值或其他注出或未注出的尺寸公差来控制。

表 3-17　直线度和平面度未注公差值　　　　　　　　　　　　　mm

公差等级	基本长度范围					
	≤10	>10~30	>30~100	>100~300	>300~1000	>1000~3000
H	0.02	0.05	0.1	0.2	0.3	0.4
K	0.05	0.1	0.2	0.4	0.6	0.8
L	0.1	0.2	0.4	0.8	1.2	1.6

表 3-18　圆跳动未注公差值　　　　　　　　　　　　　mm

公差等级	公差值
H	0.1
K	0.2
L	0.5

表 3-19　垂直度未注公差值　　　　　　　　　　　　　mm

公差等级	基本长度范围			
	≤100	>100～300	>300～1000	>1000～3000
H	0.2	0.3	0.4	0.5
K	0.4	0.6	0.8	1
L	0.6	1	1.5	2

表 3-20　对称度未注公差值　　　　　　　　　　　　　mm

公差等级	基本长度范围			
	≤100	>100～300	>300～1000	>1000～3000
H	0.5	0.5	0.5	0.5
K	0.6	0.6	0.8	1
L	0.6	1	1.5	2

3. 未注公差的标注

在图样上采用未注公差值时，应在图样的标题附近或在技术要求中标出未注公差的等级及标准编号，如 GB/T 1184—K、GB/T 1184—H 等，也可以在企业标准中统一规定。

在同一张图中，未注公差值应采用同一个等级。

第七节　几何公差的检测及其误差分析

由于零件结构的形式多种多样，几何误差的项目又较多，所以其检测方法也很多。为了能正确地测量几何误差和合理地选择检测方案，国家标准 GB 1958—2004《形状和位置公差检测规定》规定了几何误差检测的五条原则，它是各种检测方案的概括。检测几何误差时，应根据被测对象的特点和检测条件，按照这些原则选择最合理的检测方案。

一、与理想要素比较原则

与理想要素比较原则就是将被测实际要素与理想要素相比较，量值由直接法或间接法获得。测量时，理想要素用模拟法获得。理想要素可以是实物，也可以是一束光线、水平面或运动轨迹。

图 3-35（a）为用刀口尺测量给定平面内的直线度误差，刀口尺体现理想直线，将刀口尺与被测要素直接接触，并使两者之间的最大空隙为最小，则此最大空隙即为被测要素的直线度误差。当空隙较小时，可用标准光隙估读；当空隙较大时，可用厚薄规测量。

图 3-35（b）为用水平仪测量机床床身导轨的直线度误差，将水平仪放在桥板上，先调整被测零件，使被测要素大致处于水平位置，然后沿被测要素按节距移动水平仪进行测量。将测得数据列表作图进行处理，即可求得导轨的直线度误差。

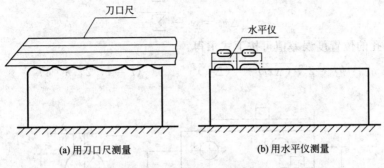

(a) 用刀口尺测量　　　　　　(b) 用水平仪测量

图 3-35　直线度误差的测量

对平面度要求很高的小平面，如量块的测量表面和测量仪器的工作台等，可用平晶测量。如图 3-36（a）所示，用平晶测量是利用光的干涉原理，以平晶的工作平面体现理想平面，测量时，将平晶贴在被测表面上，观测它们之间的干涉条纹，被测表面的平面度误差为封闭的干涉条纹数乘以光波波长之半；对于不封闭的干涉条纹，为条纹的弯曲度与相邻两条纹间距之比再乘以光波波长之半。

对于较大平面的平面度误差，可用自准直仪和反射镜测量，如图 3-36（b）所示，将反射镜放在被测表面上，调整自准直仪大致与被测表面平行，按一定的布点和方向逐点测量。也可用指示表打表测量。所得数据需进行坐标变换，使其数据符合最小包容区域法的评定准则之一，然后取其最大值与最小值之差即得平面度误差值。

圆度误差可用圆度仪或光学分度头等进行测量，将实际测量出的轮廓圆与理想圆进行比较，得到被测轮廓的圆度误差。

线、面轮廓度误差可用轮廓样板进行比较测量。

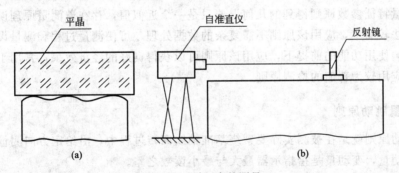

(a)　　　　　　　　　　　　　　　(b)

图 3-36　平面度的测量

二、测量坐标值原则

测量坐标值原则就是用坐标测量装置（如三坐标测量机、工具显微镜）测量被测实际要素的坐标值（如直角坐标值、极坐标值、圆柱坐标值），并经过数据处理获得几何误差值。图 3-37 为用坐标测量机测量位置度误差的示例。由坐标测量机测得各孔实际位置的坐标值 (x_1, y_1)、(x_2, y_2) (x_3, y_3) (x_4, y_4)，计算出相对理论正确尺寸的偏差：

$$\begin{cases} \Delta x_i = x_i - \overline{\sum x_i} \\ \Delta y_i = y_i - \overline{\sum y_i} \end{cases}$$

于是，各孔的位置度误差值可按下式求得：

$$\phi f_i = 2\sqrt{(\Delta x_i)^2 + (\Delta y_i)^2} \qquad (i = 1, 2, 3, 4)$$

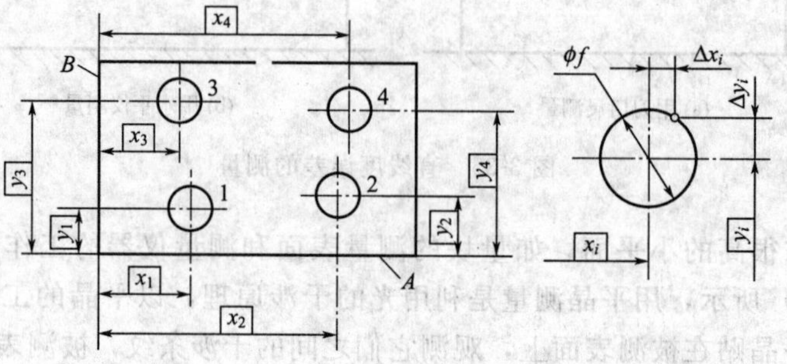

图 3-37　用坐标测量机测量位置度误差示意图

三、测量特征参数的原则

测量特征参数的原则就是测量被测实际要素中具有代表性的参数（即特征参数）来表示几何误差值。特征参数是指能近似反映几何误差的数。因此，应用测量特征参数原则测得的几何误差，与按定义确定的几何误差相比，只是一个近似值。例如以平面内任意方向的最大直线度误差来表示平面度误差；在轴的若干轴向截面内测量其素线的直线度误差，然后取各截面内测得的最大直线度误差作为任意方向的轴线直线度误差；用两点法测量圆度误差，在一个横截面内的几个方向上测量直径，取最大、最小直径差之半作为圆度误差。

虽然测量特征参数原则得到的几何误差只是一个近似值，存在着测量原理误差，但该原则的检测方法较简单，应用该原则不需复杂的数据处理，可使测量过程和测量设备简化。因此，在不影响使用功能的前提下，应用该原则可以获得良好的经济效果，常用于生产车间现场，是一种应用较为普遍的检测原则。

四、测量跳动原则

测量跳动原则就是在被测实际要素绕基准轴线回转过程中，沿给定方向测量其对某参考点或线的变动量，变动量是指指示器最大与最小读数之差。

当图样上标注圆跳动或全跳动公差时，用该原则进行测量。图 3-38（a）为被测工件通过心轴安装在两同轴顶尖之间，此两同轴顶尖的中心线体现基准轴线；图 3-38（b）为用 V型块体现基准轴线。测量时，当被测工件绕基准轴线回转一周中，指示表不作轴向（或径向）移动时，可测得径向圆跳动误差（或端面圆跳动误差）；若指示表在测量中作轴向（或径向）移动时，可测得径向全跳动误差（或端面全跳动误差）。

五、控制实效边界原则

控制实效边界原则就是检验被测实际要素是否超过最大实体实效边界，以判断零件合格与否。该原则只适用于采用最大实体要求的零件。一般采用位置量规检验。

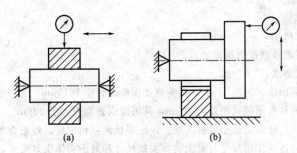

图 3-38 测量跳动误差

位置量规是模拟最大实体实效边界的全形量规。若被测实际要素能被位置量规通过，则被测实际要素在最大实体实效边界内，表示该项几何公差要求合格。若不能通过，则表示被测实际要素超越了最大实体实效边界。

图 3-39（a）所示零件的位置度误差可以用图 3-39（b）所示的位置度量规测量。工件被测孔的最大实体实效边界尺寸为 $\phi7.506\text{mm}$，故量规四个小测量圆柱的基本尺寸也是 $\phi7.506\text{mm}$，基准要素 B 本身也按最大实体要求标注，应遵守最大实体实效边界，其边界尺寸为 $\phi10.015\text{mm}$，故量规定位部分的基本尺寸也为 $\phi10.015\text{mm}$。

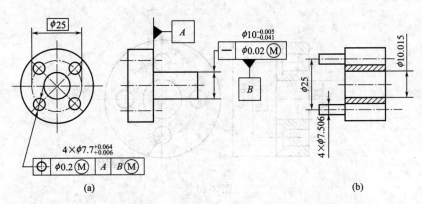

图 3-39 用位置量规检验位置度误差

习 题

3-1 在下列表中填写出几何公差各项目的符号，并注明该项目是属于形状公差还是属于方向、位置、跳动公差。

项目	符号	几何公差类别	项目	符号	几何公差类别
同轴度			圆度		
圆柱度			平行度		
位置度			平面度		
面轮廓度			圆跳动		
全跳动			直线度		

3-2 说明下列几何公差项目公差带之间的区别：

（1）圆度与径向圆跳动；

（2）圆柱度与径向全跳动；

（3）平面度、面对线的垂直度与端面全跳动；

（4）线轮廓度与面轮廓度。

3-3 如果某平面的平面度误差为 $15\mu m$，其垂直度误差能否小于 $15\mu m$？

3-4 如果某圆柱面的径向圆跳动误差为 $20\mu m$，其圆度误差能否大于 $20\mu m$？

3-5 什么是最小条件？什么是最小包容区域？评定形状误差和位置误差是否都必须符合最小条件？

3-6 体外作用尺寸和体内作用尺寸与最大实体实效尺寸和最小实体实效尺寸，有什么区别？

3-7 最大实体边界和最小实体边界与最大实体实效边界和最小实体实效边界，有什么区别？

3-8 独立原则、包容要求、最大实体要求的定义是什么？在图样上如何标准？

3-9 形状和方向、位置、跳动公差的选用包括哪些内容？如何正确选用？

3-10 当被测要素遵循包容要求时，其实际尺寸和体外作用尺寸的合格条件如何？

3-11 将下列几何公差要求标注在图 3-40 中。

（1）左端面的平面度公差值为 0.012mm；

（2）左端面对右端面的平行度公差值为 0.005mm；

（3）70H7 遵循包容要求，其轴线对左端面的垂直度公差值为 $\phi0.02mm$；

（4）$4\times\phi20H8$ 孔的轴线左端面（第一基准）和 $\phi70H7$ 孔的轴线的位置度公差值 $\phi0.15mm$，要求均匀分布在理论正确尺寸 $\phi140$ 的圆周上。

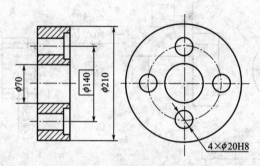

图 3-40

3-12 将下列各项几何公差要求标注在图 3-41 中。

（1）$\phi40_{-0.03}^{0}$ 圆柱面对 $2\times\phi25_{-0.021}^{0}$ 公共轴线的圆跳动公差为 0.015；

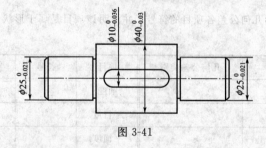

图 3-41

（2）$2\times\phi25_{-0.021}^{0}$ 轴颈的圆度公差为 0.01；

（3）$\phi40_{-0.03}^{0}$ 左、右端面对 $2\times\phi25_{-0.021}^{0}$ 公共轴线的端面圆跳动公差为 0.02；

（4）键槽 $10_{-0.036}^{0}$ 中心平面对 $\phi40_{-0.03}^{0}$ 轴线的对称度公差为 0.015。

3-13　改正图 3-42 中的标准错误，不准改变几何公差项目。

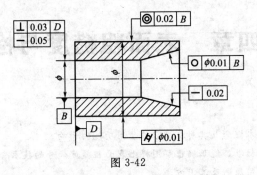

图 3-42

3-14　改正图 3-43 中的标注错误，不准改变几何公差项目。

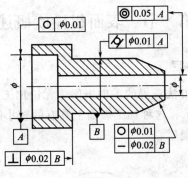

图 3-43

第四章 表面粗糙度与检测

1. 了解表面粗糙度的基本概念及其对机械零件使用功能的影响。
2. 熟悉表面粗糙度国家标准，能正确理解图样上表面粗糙度代号的技术含义。
3. 熟悉表面粗糙度的选用原则及选用方法。
4. 掌握表面粗糙度的常用检测方法。

第一节 表面粗糙度概述

一、表面粗糙度轮廓的界定

用机械加工或者是用其他方法获得的零件表面，无论加工得多么精细，在放大镜下观察总是凸凹不平的，如图 4-1 所示。这种加工表面上具有的较小间距和峰谷所组成的微观几何形状特性，称为零件的表面粗糙度。

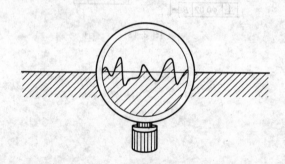

图 4-1　表面粗糙度示意图

表面粗糙度反映零件表面微观几何形状的误差，它与表面形状误差（宏观几何形状误差）和表面波度三者可从波距（相邻两波峰或两波谷之间的距离）上加以区别。通常完工零件表面所具有的波距很小（在 1mm 以下）情况下的微观几何形状特性称为表面粗糙度，波距大于 10mm 的属于形状误差，波距在 1～10mm 的属于表面波纹度。表面粗糙度反映出的轮廓的微观不平度特征可用表面粗糙度参数来表示。

二、表面粗糙度对零件工作性能的影响

表面粗糙度值越小，零件的表面越光滑。表面粗糙度对机械零件的使用性能及其寿命影响较大，对高速、高温和高压环境下工作的零件影响更大，主要表现在以下几个方面。

1. 影响零件的耐磨性

表面越粗糙，摩擦系数就越大，配合表面间的有效接触面积减小，压强增大，两相互运动表面的磨损就越快。提高对零件表面粗糙度的要求，即可减少初期磨损，提高零件耐磨

性，延长其使用寿命。

2. 影响配合性质的可靠性和稳定性

对于间隙配合零件，相对运动的配合表面越粗糙就越易磨损，致使工作过程中实际间隙逐渐增大；对于过盈配合零件，装配时配合表面上微观波峰被挤平，塑性变形减小了实际有效过盈，致使联接强度降低。

3. 影响零件的疲劳强度

零件表面存在刀刃留下的凹痕，尖锐的切口，零件表面越粗糙，凹痕越深，对应力集中越敏感。尤其是在交变应力作用下，较大的波谷由于应力集中的影响，将使零件的疲劳强度降低。

4. 影响零件的抗腐蚀性

粗糙的表面，易使腐蚀性物质附着于表面的微观凹谷内，并通过表面的微观凹谷渗入到金属内层，造成表面锈蚀。

5. 影响零件的密封性

粗糙的表面之间无法严密地贴合，气体或液体通过接触面间的缝隙渗漏。

此外，表面粗糙度还对流体流动的阻力、对外观质量和测量精度等均会产生影响。因此，为保证机械零件的工作性能，促进互换性生产，适应国际间的技术交流和对外贸易，表面粗糙度是机械产品设计中一项重要的表面结构要求。

第二节 表面粗糙度的评定参数和国家标准

GB/T 3505—2009 采用中线制（轮廓法）评定表面粗糙度，并对相关术语和定义做出规定。

一、表面粗糙度一般术语

1. 轮廓滤波器

在测量粗糙度、波纹度和原始轮廓的仪器中使用传输特性相同但截至波长不同的三种滤波器，把轮廓分成长波和短波成分的滤波器称为轮廓滤波器，包括 λ_s 轮廓滤波器、λ_c 轮廓滤波器、λ_f 轮廓滤波器。

2. 轮廓

（1）表面轮廓 一个指定平面与实际表面相交所得的轮廓称为表面轮廓。

（2）原始轮廓 通过 λ_s 轮廓滤波器后的总轮廓。

（3）粗糙度轮廓 对原始轮廓采用 λ_c 轮廓滤波器抑制长波成分以后形成的经过人为修正的轮廓，它是评定粗糙度轮廓参数的基础。

（4）波纹度轮廓 对原始轮廓连续应用 λ_f 轮廓滤波器抑制长波成分和 λ_c 轮廓滤波器抑制短波成分以后形成的人为修正的轮廓。

3. 中线

具有几何轮廓形状并划分轮廓的基准线。

（1）粗糙度轮廓中线 用 λ_c 轮廓滤波器所抑制的长波轮廓成分对应的中线。

（2）波纹度轮廓中线 用 λ_f 轮廓滤波器所抑制的长波轮廓成分对应的中线。

（3）原始轮廓中线 在原始轮廓上按照标称形状用最小二乘法拟合确定的中线。即在取样长度内，使轮廓上各点至一条假想线的距离的平方和为最小，这条假想线就是最小二乘中线，如图 4-2 所示。

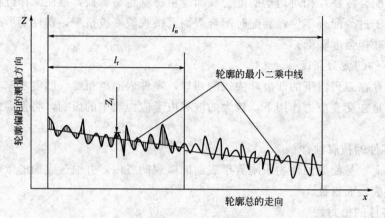

图 4-2 轮廓的最小二乘中线

任何取样长度内的实际表面所确定的最小二乘中线只存在一条，是唯一的。但在轮廓图形上用数学上的最小二乘法确定最小二乘中线位置十分复杂和烦琐，可采用轮廓算术平均中线（在取样长度内划分实际轮廓为上、下两部分，使上下两部分面积之和相等的线，如图 4-3 所示）作为基准线。

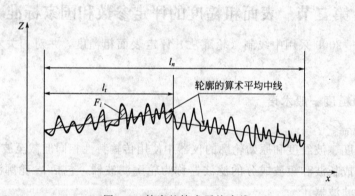

图 4-3 轮廓的算术平均中线

标准中规定，为了用图解法近似地代替最小二乘中线，通常用目测估计得到轮廓算术平均中线，所以它具有较大的实用性。

4. 取样长度与评定长度

（1）取样长度　在定义表面结构参数的直角坐标体系中，X 轴与中线方向一致。取样长度是在 X 轴方向判别被评定轮廓的不规则特征的长度。评定粗糙度的取样长度 l_r 在数值上与 λ_c 轮廓滤波器的截止波长相等。取样长度可以表 4-1 给出的系列中选取。

表 4-1 取样长度（l_r）的数值　　　　　　　　　　　　　　　　　　　mm

l_r	0.08	0.25	0.8	2.5	8	25

表面越粗糙，波距也越长，较大的取样长度才能反映一定数量的微观高低不平的痕迹，因此表面越粗糙，取样长度就应越长。

（2）评定长度 用于评定被评定轮廓的 X 轴方向上的长度称为评定长度 l_n。由于被加工零件表面粗糙度存在不同程度的不均匀性，在一个取样长度内很难完全合理地反映被评定表面的粗糙度特征，在评定表面粗糙度时，评定长度应根据加工方法和取样长度取一个或几个取样长度。一般取 $l_n = 5l_r$，称为标准长度（见图 4-4）；对均匀性好的表面，可选 $l_n < 5l_r$；对均匀性差的表面，可选 $l_n > 5l_r$。在评定长度内，根据取样长度进行测量，可得到一个或几个测量值，取其平均值作为表面粗糙度数值的可靠值。

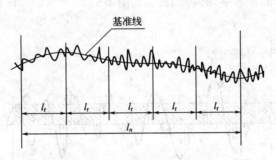

图 4-4 取样长度和评定长度

一般情况下，在测量非周期性轮廓的 Ra、Rz 时，按表 4-2 取对应的取样长度，图样或技术文件中可省略取样长度的标注，否则应给出相应的取样长度值并标注。

表 4-2 Ra、Rz 参数值与取样长度 l_r 值的对应关系

$Ra/\mu m$	$Rz/\mu m$	l_r/mm	l_n/mm
$\geqslant 0.008 \sim 0.02$	$\geqslant 0.025 \sim 0.10$	0.08	0.4
$> 0.02 \sim 0.1$	$> 0.10 \sim 0.50$	0.25	1.25
$> 0.1 \sim 2.0$	$> 0.50 \sim 10.0$	0.8	4.0
$> 2.0 \sim 10.0$	$> 10.0 \sim 50.0$	2.5	12.5
$> 10.0 \sim 80.0$	$> 50 \sim 320$	8	40.0

5. 几何参数

（1）R 参数 在粗糙度轮廓上计算所得的参数。

（2）轮廓峰与轮廓峰高 Z_p 轮廓峰是指被评定轮廓上连接轮廓与 X 轴两相邻交点的向外（从材料到周围介质）的轮廓部分。轮廓峰的最高点距 X 轴的距离称为轮廓峰高 Z_p。

（3）轮廓谷和轮廓谷深 Z_v 轮廓谷是指被评定轮廓上连接轮廓与 X 轴两相邻交点的向内（从周围介质到材料）的轮廓部分。轮廓谷的最低点距 X 轴的距离称为轮廓谷深 Z_v。

（4）轮廓单元、轮廓单元高度 Z_t 和轮廓单元宽度 X_s 轮廓单元是轮廓峰和相邻轮廓谷的组合。一个轮廓单元的轮廓峰高与轮廓谷深之和称为轮廓单元高度 Z_t，一个轮廓单元与 X 轴相交线段的长度称为轮廓单元宽度 X_s。

（5）在水平截面高度 c 上轮廓的实体材料长度 Ml（c） 指在一个给定水平截面高度 c 上用一条平行于 X 轴的线与轮廓单元相截所获得的各段截线长度之和。

二、表面粗糙度的评定参数

为了满足对零件表面不同的功能需要，国家标准 GB/T 1031—2009 规定，采用中线制

（轮廓法）评定表面粗糙度时，表面粗糙度参数从轮廓的算术平均偏差 Ra 和轮廓最大高度 Rz 两项中选取。除此之外，可根据表面功能需要，选取间距特征参数和形状特征参数为附加参数。国家标准 GB/T 3505—2009 从表面微观几何形状的幅度、间距和形状三个方面的特征，相应地规定了表面轮廓的幅度参数、间距特征参数和形状特征参数。

1. 幅度参数

（1）评定轮廓的算术平均偏差 Ra　在一个取样长度内，纵坐标值 $Z(x)$ 绝对值的算术平均值，称为评定轮廓的算术平均偏差 Ra（见图 4-5）。

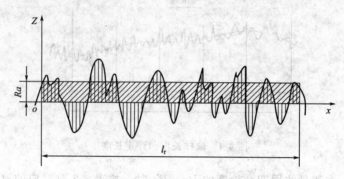

图 4-5　轮廓算术平均偏差 Ra

其表达式为：

$$Ra = \frac{1}{l_r} \int_0^{l_r} |Z(x)|\, dx \qquad (4\text{-}1)$$

近似表达式为

$$Ra = \frac{1}{n} \sum_{i=1}^{n} |Z_i| \qquad (4\text{-}2)$$

式中　$Z(x)$——轮廓偏距；

$\quad\quad\ Z_i$——第 i 点的"轮廓偏距"（$i=1，2，3\cdots\cdots$）；

$\quad\quad\ n$——在取样长度内所测点的数目。

Ra 值越小，零件表面质量要求越高；Ra 值越大，零件表面质量要求越低，表面越粗糙。Ra 参数能较客观地反映表面微观几何形状特征，概念简单明了、直观，易于理解，使用仪器进行数值处理较方便，且在轮廓图上进行计算也较简单，生产中普遍采用 Ra 参数。但受到计量器具功能的限制，不宜用作过于粗糙或太光滑表面的粗糙度评定参数。

Ra 参数值系列见表 4-3。标准中规定的 Ra 数值分为第 1 系列和第 2 系列，应优先选用表中第 1 系列。

表 4-3　轮廓算术平均偏差 Ra 的数值　　　　　　　　　　　　　　　　μm

第 1 系列			0.012		0.025		0.05		0.1		
第 2 系列	0.008	0.010	0.016	0.020	0.032	0.040	0.063	0.080	0.125		
第 1 系列			0.2		0.4		0.8		1.6		3.2
第 2 系列	0.160	0.25	0.32	0.50	0.63	1.00	1.25	2.0	2.5	4.0	5.0

续表

第1系列			6.3		12.5		25		50		100	
第2系列				8.0	10.0	16.0	20	32	40		63	80

（2）轮廓最大高度 Rz　在一个取样长度内，最大轮廓峰高与最大轮廓谷深之和，称为轮廓最大高度 Rz（在 GB/T 3505—1983 中曾用 Ry 表示，见图 4-6）。

轮廓最大高度值越大，表面加工的痕迹越深。由于轮廓最大高度值不如轮廓的算术平均偏差值反映的几何特性全面，故可与其联用，控制微观不平度谷深，从而控制表面微观裂纹的深度，常标注于受交变应力作用的工作表面，例如齿轮表面。此外，当被测表面段很小（不足一个取样长度），不适宜评定轮廓的算术平均偏差时，也常采用轮廓最大高度。

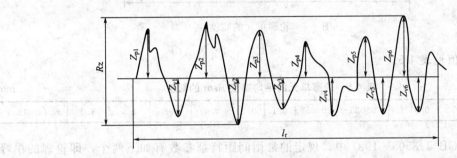

图 4-6　轮廓最大高度 Rz

Rz 参数值系列见表 4-4。标准中规定的 Rz 数值同样为第 1 系列和第 2 系列，使用中应优先选用表中第 1 系列，其次才选用第 2 系列。

表 4-4　轮廓最大高度 Rz 的数值　　μm

第1系列		0.025		0.05			0.1			0.2			0.4	
第2系列			0.032	0.040	0.063	0.080		0.125	0.160		0.25	0.32		0.50
第1系列		0.8		1.6		3.2		6.3		12.5		25		
第2系列	0.63	1.00	1.25		2.0	2.5	4.0	5.0	8.0	10.0	16.0	20	32		
第1系列		50		100		200		400		800		1600		
第2系列	40	63	80	125	160	250	320	500	630	1000	1250				

注意：在 GB/T 3505—1983 中，Rz 符号曾用于表示"不平度的十点高度"，现在使用中的一些表面粗糙度测量仪器大多测量的是旧版本标准中规定的 Rz，使用现行技术文件和图样时需注意这一点。旧版本标准中规定的 Rz 是指在取样长度范围内，被测表面上 5 个最大轮廓峰高的平均值与 5 个最大轮廓谷深的平均值之和，称为微观不平度十点高度，用公式表示为：

$$Rz = (1/5)(\sum Z_{pi} + \sum Z_{vi}) \tag{4-3}$$

式中　Z_{pi}——第 i 个最大轮廓峰高（$i=1，2，3，4，5$）；

　　　Z_{vi}——第 i 个最大轮廓谷深（$i=1，2，3，4，5$）。

2. 间距参数

在一个取样长度内轮廓单元宽度 X_s 的平均值，称为轮廓单元的平均宽度 Rsm（见图 4-7）。计算公式为：

$$Rsm = \frac{1}{m}\sum_{i=1}^{m} X_{Si} \tag{4-4}$$

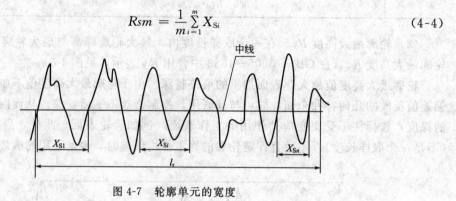

图 4-7 轮廓单元的宽度

Rsm 参数值见表 4-5。

表 4-5 轮廓单元的平均宽度 Rsm 的数值   mm

Rsm	0.006	0.0125	0.025	0.05	0.1	0.2	0.4	0.8	1.6	3.2	6.3	12.5

注意：在 GB/T 3505—1987 中，规定的常用间距特征参数有如下两个，即轮廓的单峰平均间距 S（在一个取样长度内，轮廓单峰间距的平均值）和轮廓微观不平度的平均间距 S_m（在一个取样长度内，轮廓微观不平度间距的平均值）。使用的文件和资料遇到这两个参数时，可查阅相关国家标准。

3. 轮廓支承长度率（形状参数）

在给定水平截面高度上轮廓的实体材料长度 $Ml(c)$ 与评定长度的比率，称为轮廓支承长度率 $Rmr(c)$。见图 4-8。计算公式为：

$$Ml(c) = \sum_{i=1}^{n} b_i \tag{4-5}$$

$$Rmr(c) = \frac{Ml(c)}{ln} \times 100\% \tag{4-6}$$

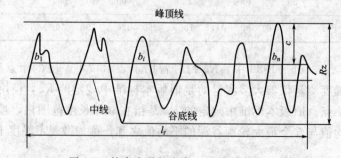

图 4-8 轮廓支承长度率 t_p 和水平截距 c

轮廓支承长度率与零件的实际轮廓形状有关，是常用的形状特征参数，反映零件表面耐磨性能指标。$Rmr(c)$ 越大，表示零件表面凸起的实际部分越大，承载面积就越大，因而接触刚度就越高，表面就越耐磨，因此峰处尖锐程度不同，承载能力和耐磨性也不同。由图 4-8 可见，轮廓实体材料长度与所取平行于中线的直线与中线的距离 c 有关。轮廓支承长度率 Rmr（c）可用微米或用占轮廓最大高度 Rz 的百分数来表示，数值见表 4-6。

表 4-6　轮廓支承长度率 Rmr（c）

Rmr（c）	10	15	20	25	30	40	50	60	70	80	90

第三节　表面粗糙度的选择

表面粗糙度是评定零件表面质量的一项重要技术指标，表面粗糙度评定参数及其数值选得适当与否，不仅影响零件的使用性能，还影响到制造成本，零件表面粗糙度要求越高（即表面粗糙度参数值越小），其加工成本也越高。因此，合理地选取表面粗糙度参数及其数值具有重要意义。应在满足零件表面功能的前提下，考虑材料性能、结构特点、测量条件和经济性等因素，合理选择表面粗糙度的一个或几个评定参数及相应的参数值。

一、表面粗糙度评定参数的选择

表面粗糙度的三类特征评定参数中，国家标准 GB/T 1031—2009 规定了评定参数的选用原则，即幅度特征参数是基本评定参数，当幅度参数不能满足零件的功能要求，附加给出间距参数或（和）混合参数。具体选择时可参考下列情况。

（1）光滑表面和半光滑表面，在常用的参数值范围内（Ra 为 $0.025\sim6.3\mu m$，Rz 为 $0.1\sim25\mu m$）推荐优先选用 Ra。Ra 值反映实际轮廓微观几何形状特性的信息量最大，而且 Ra 值用触针式电动轮廓仪测量比较容易。

（2）极光滑和极粗糙表面（$Ra<0.025\mu m$ 或 $Ra>6.3\mu m$），宜采用 Rz 作为评定参数。Rz 值通常采用非接触式的光切显微镜测量。但 Rz 不如 Ra 对表面微观几何形状特性反映得全面。

（3）对涂漆性能，冲压成形时抗裂纹、抗震、抗腐蚀、减小流体流动摩擦阻力等有要求的重要表面，附加选用间距参数 Rsm。

（4）对耐磨性、接触刚度要求高的表面附加选用混合参数 Rmr（c）。

二、表面粗糙度评定参数值的确定

通常，尺寸公差要求较高的零件，其表面粗糙度要求也较高。但各种机床的手柄、手轮等，为了避免划伤人手、外形美观、防止锈蚀等原因，它们的表面粗糙度要求也都很高，应根据零件的功能需要，合理地选择其表面粗糙度的要求。下面介绍基本评定参数值的确定。

1. 表面粗糙度评定参数值选择的原则

表面粗糙度幅度参数的数值系列见表 4-2 和表 4-3，选用时应综合考虑零件的功能要求和加工成本等因素，优先采用第 I 系列中的数值。一般选用原则如下：

（1）在满足零件的工作性能要求和使用寿命的前提下，应尽可能选择要求较低的表面粗糙度；

（2）同一零件上，工作表面的粗糙度要求高于非工作表面；

（3）尺寸偏差较小的表面，其粗糙度要求应高于尺寸偏差较大表面；

（4）摩擦表面应比非摩擦表面的粗糙度要求高，滚动摩擦表面比滑动摩擦表面的粗糙度要求高；

（5）相对运动速度高，单位面积压力大的摩擦表面比相对运动速度低，单位面积压力小的摩擦表面的粗糙度要求高；

（6）承受交变应力的零件，易产生应力集中处（如沟槽、圆角、轴肩或孔肩等），其表面粗糙度要求高；

（7）配合性质要求稳定、小间隙配合和受重载的过盈配合，其配合表面的表面粗糙度要求高；配合性质及公差等级相同的零件，基本尺寸小的比基本尺寸大的表面粗糙度要求高；其他条件相同时，间隙配合的表面应比过盈配合表面的粗糙度要求高；在相互配合的轴（高硬度）与孔间，轴表面应比孔表面的粗糙度要求高；

（8）有防腐蚀、密封性要求和外表美观的表面，其表面粗糙度要求高；

（9）有专门标准对表面粗糙度要求作出规定的（如与滚动轴承配合的轴颈和外壳孔的表面粗糙度），按相应标准规定确定表面粗糙度数值。

另外，尺寸公差、形状公差和表面粗糙度是在设计图上同时给出的基本要求，三者互相存在密切联系，故取值时应相互协调，一般应符合：尺寸公差＞形状公差＞表面粗糙度。通常尺寸公差、形状公差要求较高的零件，其表面粗糙度要求也较高，但反之则不然。如机器、仪器上的手柄、手轮和仪器上的某些外表部位等，为了避免划伤人手、外形美观、防止锈蚀等原因，它们的表面粗糙度要求都很高，但与其尺寸大小和尺寸公差无关。因此，零件表面粗糙度与其尺寸公差、形状公差之间并不存在确定的函数关系。

2. 表面粗糙度评定参数值的选择方法

（1）类比法　设计机械零件时，对类似典型零件从功能、工作条件、材质及技术要求等方面进行等分析、对比，根据两者异同之处对类比件粗糙度进行适当修正，并根据原有零件经实践检验正确、合理的表面粗糙度，来确定新设计零件的表面粗糙度。表 4-7 列出了有关表面粗糙度参数值选用的实例，表 4-8 列出了常用表面粗糙度参数推荐值。

表 4-7　表面粗糙度幅度参数值选用实例

粗糙度参数值		表面形状特征	应用举例
$Ra/\mu m$	$Rz/\mu m$		
$>10\sim80$	$>40\sim320$	粗糙	毛坯经粗加工后的表面（粗车、粗刨、切断、钻及镗），焊接前的焊缝表面
$>5\sim10$	$>20\sim40$	可见加工痕迹	粗糙的手柄、支架、箱体、离合器、带轮侧面、凸轮侧面等不与其他零件接触的表面；与螺栓头和铆钉头接触的表面；所有轴和孔的退刀槽；一般遮板的结合面等
$>2.5\sim5$	$>10\sim20$	半光 微见加工痕迹	按国标 IT12～IT13 级制造的箱体、支架、套筒、盖子及其他类似零件上与其他零件联接而没有配合要求的表面；齿轮的非工作表面；主轴非接触的全部外表面；需发蓝的表面；需滚花的预加工表面
$>1.25\sim2.5$	$>6.3\sim10$	看不清加工痕迹	按国标 IT9～IT11 级制造的零件配合表面；精度不高的齿轮工作面；中等尺寸带轮的工作表面；衬套、滑动轴承的压入孔；气缸盖的支承面；基面及要求较高的自由表面；低速转动的轴颈

续表

粗糙度参数值		表面形状特征		应用举例
$Ra/\mu m$	$Rz/\mu m$			
>0.63~1.25	>3.2~6.3	光	可辨加工痕迹的方向	按国标 IT6~IT8 级制造的零件配合表面；齿轮、蜗轮、套筒的配合表面；青铜齿轮的非工作表面；中型机床（普通精度）滑动导轨面、导轨压板；圆柱销和圆锥销表面；定位销压入孔；一般精度的分度盘；中速转动的轴颈；需镀铬抛光的外表面
>0.32~0.63	>1.6~3.2		微辨加工痕迹的方向	按国标 IT6 级的轴与 IT7 级的孔配合，且配合性质稳定的零件配合表面；按国标 IT6 级在有色金属零件上镗制安装滚动轴承的内孔表面；高精度齿轮的工作面；偏心轴、精密蜗轮、齿轮轴的表面；曲轴及凸轮轴的工作轴颈；传动螺杆（丝杆）的工作表面；活塞销孔；夹具定位元件和钻套的主要表面
>0.16~0.32	>0.8~1.6		不可辨加工痕迹的方向	小直径精确心轴及转轴的配合表面；精密机床主轴锥孔；顶尖圆锥面；与 E、D、C 级精密滚动轴承相配合的轴表面；传动轴的工作轴颈，精度较高的齿轮工作表面；发动机曲轴及凸轮轴的工作表面；要求气密的表面和支承面
>0.08~0.16	>0.4~0.8	极光	暗光泽面	精密机床主轴箱上与套筒配合的孔；在摩擦条件下决定机构工作精度的工作表面；高精度重要的轴，圆柱形及棱形重要导轮表面；阀的工作表面；气缸内表面；活塞销的外表面；精密滚动轴承的座圈滚道
>0.04~0.08	>0.2~0.4		亮光泽面	特别精密的滚珠轴承套圈滚道、钢球及滚子表面；摩擦离合器的摩擦表面；精密机床的工作轴颈；极限量规的测量面
>0.02~0.04	>0.1~0.2		镜状光泽面	特别精密或特别高速的滚动轴承的滚珠、滚柱表面；测量仪器中，中等精度间隙配合零件的工作表面；高压油泵中柱塞和柱塞套的配合表面；高度气密的配合表面
>0.01~0.02	>0.05~0.1		雾状镜面	仪器的测量面，测量仪器中高精度间隙配合零件的工作表面；量块的工作表面（尺寸超过 100mm）
≯0.01	≯0.05		镜面	量块的工作表面，高精度测量仪器的测量面；光学仪器中金属镜面；高精度仪器测量摩擦机构的支承面

表 4-8　常用表面粗糙度幅度参数推荐值

表面特征			基本尺寸/Ra 值	
			基本尺寸/mm	
	公差等级	表面	≤50	>50~500
			Ra 不大于/μm	
轻度装卸零件的配合表面（如挂轮、滚刀等）	IT5	轴	0.2	0.4
		孔	0.4	0.8
	IT6	轴	0.4	0.8
		孔	0.4~0.8	0.8~1.6
	IT7	轴	0.4~0.8	0.8~1.6
		孔	0.8	1.6
	IT8	轴	0.8	1.6
		孔	0.8~1.6	1.6~3.2

表面特征			基本尺寸/Ra 值		
	公差等级	表面	基本尺寸/mm		
			≤50	>50~120	>120~500
			Ra 不大于/μm		
过盈配合的配合表面 1. 装配按机械压入法 2. 装配按热处理法	IT5	轴	0.1~0.2	0.4	0.4
		孔	0.2~0.4	0.8	0.8
	IT6~IT7	轴	0.4	0.8	1.6
		孔	0.8	1.6	1.6
	IT8	轴	0.8	0.8~1.6	1.6~3.2
		孔	1.6	1.6~3.2	1.6~3.2
	—	轴	1.6		
		孔	1.6~3.2		

		径向圆跳动公差/μm					
定心精度高的配合表面	表面	2.5	4	6	10	16	25
		Ra 不大于/μm					
	轴	0.05	0.1	0.1	0.2	0.4	0.8
	孔	0.1	0.2	0.2	0.4	0.8	1.6

		公差等级		液体湿摩擦条件
滑动轴承的配合表面	表面	IT6~IT9	IT10~IT12	
		Ra 不大于/μm		
	轴	0.4~0.8	0.8~3.2	0.1~0.4
	孔	0.8~1.6	1.6~3.2	0.2~0.8

用类比法确定表面粗糙度的要求比较简便、快速、有效,实际生产中使用较多。

(2) 计算法 虽然表面粗糙度与尺寸公差之间没有明确的关系,但在生产中两者之间相互影响作用,应在选择公差与配合时予以考虑。表 4-9 列出了表面粗糙度与尺寸公差、形状公差的一般关系,新设计零件时,根据零件的尺寸公差、形状公差或配合要求,通过计算求出与之相应的表面粗糙度。

表 4-9 表面粗糙度与尺寸公差 (IT)、形状公差 (T) 的一般关系

$T \approx 0.6IT$	$Ra \leqslant 0.05IT$	$Rz \leqslant 0.2IT$
$T \approx 0.4IT$	$Ra \leqslant 0.025IT$	$Rz \leqslant 0.1IT$
$T \approx 0.25IT$	$Ra \leqslant 0.012IT$	$Rz \leqslant 0.05IT$
$T < 0.25IT$	$Ra \leqslant 0.15T$	$Rz \leqslant 0.6T$

按表 4-9 计算的数值向表面粗糙度的标准数值靠拢,选取最接近的第一系列值。

(3) 试验法 重要的机械零件,或在高温、高压、低温、宇航等特殊情况下工作的零件,以及大批量生产的零件,应用试验法来确定其表面粗糙度。对于某些采用类比法或计算法确定的表面粗糙度,往往也需要通过试验法来进行验证。有关标准中已对表面粗糙度要求作出规定的,按标准中的规定确定。

第四节　表面粗糙度的标注

表面粗糙度的评定参数及其数值确定后，应按 GB/T 1031—2009《产品几何技术规范（GPS）表面结构 轮廓法 表面粗糙度参数及其数值》及 GB/T 131—2006《产品几何技术规范（GPS）技术文件中表面结构的表示法》中的规定，把表面粗糙度的要求用规定符号正确地标注在相关技术文件上。

一、表面粗糙度的符号

有关表面粗糙度的各项规定应按功能要求给定。若仅需要加工（采用去除材料的方法或不去除材料的方法）但对表面粗糙度的其他规定没有要求时，允许只标注表面粗糙度符号。技术文件上表示零件表面粗糙度的符号及含义见表 4-10。

表 4-10　表面粗糙度符号及意义

符号	意义
	基本图形符号，未指定工艺方法的表面，当通过一个注释解释时可单独使用
	扩展图形符号，用去除材料方法获得的表面；仅当其含义是"被加工表面"时可单独使用
	扩展图形符号，不去除材料的表面，也可用于表示保持上道工序形成的表面，不管这种状况是通过去除或不去除材料形成的
	完整图形符号，在上述三个符号的长边上加一横线，用于标注有关参数和说明
	在上述三个符号上均可加一小圈，表示对封闭轮廓的各个表面具有相同的表面粗糙度要求

二、表面粗糙度的代号

在表面结构的完整符号中，对表面结构的单一要求和补充要求应注写在指定位置，见表 4-11（以下称为代号）。表面粗糙度的代号由表面粗糙度符号、表面粗糙度结构参数代号及数值和其他有关规定的注写内容组成。

表 4-11　表面结构补充要求的注写位置

代号	含义
	a—注写表面结构的单一要求
	a、b—a 注写第一表面结构要求，b—注写第二表面结构要求
	c—注写加工方法，如"车"、"磨"、"镀"等
	d—注写表面纹理和方向，如"="、"x"、"M"等
	e—注写加工余量，单位为 mm

确定表面粗糙度的代号时应注意以下几点。

（1）若所标注参数代号后没有"max"，表明采用的是默认的评定长度。若不存在默认的评定长度时，参数代号中应标注取样长度的个数。

（2）加工余量是指保证达到表面质量所要求的量，加工余量的数值仅在需要时标注。

（3）如表面粗糙度的要求由指定的加工方法获得时，镀（涂）覆或其他表面处理的要求可以注写在符号长边的横线上面，也可以在技术要求中说明。

（4）当允许在表面粗糙度参数的所有实测值中超过规定值的个数少于总数的 16％时，应在图样上标注表面粗糙度参数的上限值或下限值；当要求在表面粗糙度参数的所有实测值中不得超过规定值时，应在图样上标注表面粗糙度参数的最大值或最小值。

（5）需要控制表面加工纹理方向时，可在符号的右边加注加工纹理方向符号，常见的加工纹理方向符号及注法见表 4-12。

表 4-12　加工纹理方向符号标注

符号	说明	示意图
=	纹理平行于视图所在的投影面	
⊥	纹理垂直于视图所在的投影面	
×	纹理呈两两斜向交叉且与视图所在投影面相交	
M	纹理呈多方向	
C	纹理呈近似同心圆且圆心与表面中心相关	
R	纹理呈近似放射状且与表面圆心相关	
P	纹理呈微粒、突起，无方向	

在标注表面粗糙度的代号时，要注意加工方法、表面粗糙度参数及其数值的上（下）限值和最（小）大值、加工纹理方向、取样长度等的正确注写。表 4-13 列出了表面粗糙度的代号标注示例。

表 4-13　表面粗糙度的代号标注示例

代号	意义
$\sqrt{}Ra3.2$	表示任意加工方法获得的表面，粗糙度 Ra 的上限值为 $3.2\mu m$
$\sqrt{}Ra3.2$	表示用去除材料方法获得的表面，粗糙度 Ra 的上限值为 $3.2\mu m$
$\sqrt{}Ra3.2$	表示不允许去除材料获得的表面，粗糙度 Ra 的上限值为 $3.2\mu m$
$\sqrt{}\begin{matrix}Ra0.8\\Rz13.2\end{matrix}$	表示用去除材料方法获得的表面，粗糙度 Ra 的上限值为 $0.8\mu m$，Rz 的上限值为 $3.2\mu m$ 且评定长度为一个取样长度
$\sqrt{}\begin{matrix}Ramax0.8\\Rz1max3.2\end{matrix}$	表示用去除材料方法获得的表面，粗糙度 Ra 的最大值为 $0.8\mu m$，Rz 的最大值为 $3.2\mu m$
$\sqrt{}\begin{matrix}Ramax3.2\\Ra0.8\end{matrix}$	表示用去除材料方法获得的表面，粗糙度 Ra 的最大值为 $3.2\mu m$，Ra 的下限值为 $0.8\mu m$
$\sqrt{}\begin{matrix}URz0.8\\LRa0.2\end{matrix}$	表示用去除材料方法获得的表面具有双向极限，粗糙度 Rz 匀的上限值（用 U 表示）为 $0.8\mu m$，Ra 的下限值（用 L 表示）为 $0.2\mu m$
$\sqrt{}\begin{matrix}车\\Rz3.2\end{matrix}$	表示用车削方法获得的表面幅度参数 Rz 的上限值为 $3.2\mu m$
$\sqrt{}\begin{matrix}Fe/Ep.Ni15pCr0.3r\\Rz0.8\end{matrix}$	表示镀覆（Fe/Ep.Ni15pCr0.3r）及表面粗糙度的注法 其中：Fe—基本材料为铁　　Ep—加工工艺为电镀
$\sqrt{}\begin{matrix}铣\\Ra0.8\\\perp Rz13.2\end{matrix}$	表示用铣削材料方法获得的表面，粗糙度 Ra 的上限值为 $0.8\mu m$，Rz 的上限值为 $3.2\mu m$ 且评定长度为一个取样长度，纹理垂直于视图所在投影面

注意：表面粗糙度参数的"上限值"（或"下限值"）和"最大值"（或"最小值"）的含义是有区别的。"上限值"表示所有实测值中，允许 16% 的测得值超过规定值；"最大值"表示不允许任何测得值超过规定值。

三、表面粗糙度代号的标注

根据零件的功能需要，合理确定表面粗糙度代号后，应按国家标准规定正确地标注在图样上，表面粗糙度代号在技术文件中的标注方法及注意事项如下。

（1）表面粗糙度代号对每一表面一般只注一次，并尽可能注在相应尺寸及其公差的同一视图上，除非另有说明，所标注的表面结构要求是对完工零件表面的要求。

（2）表面粗糙度代号在图样上一般标注于可见轮廓线、尺寸界线或其延长线上，其符号从材料外指向并接触表面，注写和读取方向与尺寸的注写和读取方向一致，必要时也可用带箭头或黑点的指引线引出标注，见图 4-9。

（3）当零件的大多数表面具有相同的表面粗糙度要求时，对其中使用最多的一种代号可

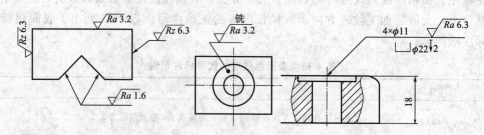

图 4-9　表面粗糙度代号在轮廓线上的标注及指引线标注

统一注在图样的右上角，并加注"其余"两字；当零件所有表面具有相同的表面粗糙度要求时，其代号可在图样的右上角统一标注。

（4）重复要素的表面（齿轮齿面、花键键槽表面）、连续表面和用细实线连接的不连续的同一表面，其表面粗糙度代号只标注一次。

（5）同一表面上有不同的粗糙度要求时，须用细实线画出其分界线，并注出相应的表面粗糙度代号和尺寸。

（6）齿轮、渐开线花键、螺纹等工作表面，在图样上没有画出齿（牙）形时。齿轮和渐开线花键的表面粗糙度应标注在分度圆线处，螺纹的表面粗糙度则标注在尺寸线或其延长线上。

（7）在不致引起误解时，表面粗糙度代号可标注在给定的尺寸线上，见图 4-10。

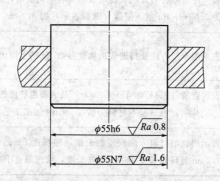

图 4-10　表面粗糙度代号在尺寸线上标注

（8）表面粗糙度代号可标注在形位公差框格的上方，见图 4-11。

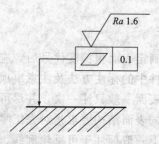

图 4-11　表面粗糙度代号在形位公差框格的上方标注

（9）圆柱和棱柱表面粗糙度只标注一次，可标注在圆柱特征的延长线上，如图 4-12 所示。如果棱柱表面有不同的表面结构要求，应分别单独标注。

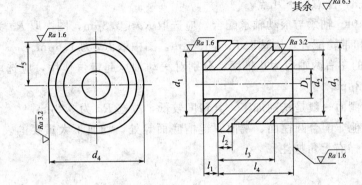

图 4-12　表面粗糙度代号在形位公差框格的上方标注

（10）表面粗糙度代号可简化标注，见图 4-13。

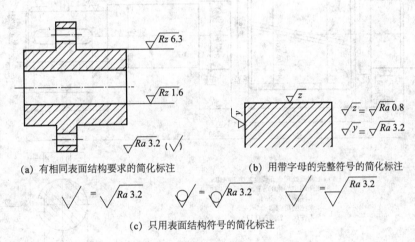

(a) 有相同表面结构要求的简化标注　　　(b) 用带字母的完整符号的简化标注

(c) 只用表面结构符号的简化标注

图 4-13　表面粗糙度代号的简化标注

【例 4-1】　在图 4-14 适当位置标注轮廓算数平均偏差，参数值自定（除凹槽底部轮廓外，其他轮廓均有表面结构要求）。

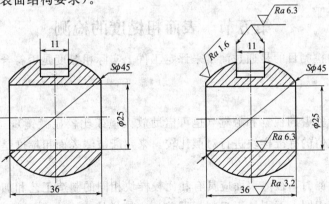

图 4-14　表面结构要求标注

【例 4-2】表面粗糙度代号在变速器输入轴的图样上的标注（见图 4-15）。

图 4-15 所示为一减速箱的输入轴，表面粗糙度的要求均已标注齐全。读图时参照表 4-2、表 4-7、表 4-8，注意以下几点。

（1）两个 $\phi40k6$ 轴颈与滚动轴承配合，应选取 $Ra\leqslant0.8\mu m$，图中取 Ra 为 $0.8\mu m$。

（2）$\phi30r6$ 和带轮配合，应选取 $Ra\leqslant1.6\mu m$，图中取 Ra 为 $1.6\mu m$。

（3）$\phi40k6$ 的左右两轴肩为止推面，分别对滚动轴承起定位作用，应选取 $Ra\leqslant3.2\mu m$，图中取 Ra 为 $3.2\mu m$。

（4）键槽两侧面一般是铣削加工，其精度较低，故选 Ra 为 $3.2\mu m$。

（5）轴上其他非配合圆柱面、端面、键槽底面等处，均属不太重要的表面，可选取 Ra 为 $6.3\mu m$，在图样右上角加注。

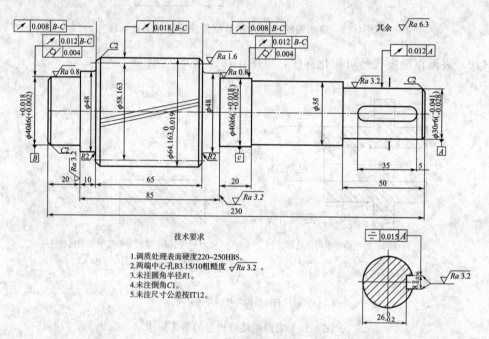

图 4-15 变速器输出轴

第五节 表面粗糙度的检测

表面粗糙度的检测目的是通过测量来评定工件上实际粗糙度是否符合规定。常用检测方法如下。

1. 比较法

比较法是凭检验者的视觉和触觉（也可借助放大镜或比较显微镜），将零件被测表面和已知表面粗糙度数值的标准样块进行对照比较，来判断被测表面粗糙度是否达到要求的一种方法。

采用比较法检测时，被测表面应具有和比较样块相同的制造工艺和加工纹理，材料、色泽及形状也尽可能相同，否则易引起判断误差。比较样块应由专业厂制造，无比较样块时，可先加工出一个合格零件，并精确测出其表面粗糙度的参数数值，以它作为比较样块。

比较法不能获得粗糙度具体数值，精度较差，但由于它简便、迅速，能当场判断一般工件的粗糙度是否符合图样的规定，是生产现场检验工件表面粗糙度的最常用方法。

2. 光切法

光切法是利用光切原理（用细窄的光带切割被测表面，获得实际轮廓的放大影像，再对影像进行测量，经计算得到参数数值）测量表面粗糙度的方法，按光切法测量表面粗糙度的仪器称为光切显微镜（也叫双管显微镜）。其测量范围 Rz 为 $0.8 \sim 80\mu m$，适用于测量车、铣、刨或其他类似加工方法所加工的金属零件的平面或外圆表面。

3. 干涉法

干涉法是光波干涉原理将被测表面微观不平度以干涉条纹的弯曲程度表现出来，再对放大了的干涉条纹进行测量，经计算得到参数数值的方法。用干涉法测量表面粗糙度的仪器称为干涉显微镜。干涉法通常适用于测量极光滑（Rz 值为 $0.025 \sim 0.8\mu m$）表面的粗糙度。

4. 触针法

触针法是根据表面测定的轮廓参数评定表面粗糙度的方法。按触针法设计、制造的表面粗糙度测量仪器通称为触针式轮廓仪，分接触式和非接触式两类。

接触式轮廓仪是应用金刚石触针针尖（半径约 $2 \sim 3\mu m$）与被测表面相接触，并使触针作垂直于轮廓方向的运动，当触针以一定速度沿被测表面机械移动过程中，由于被测表面存在微观不平的痕迹，触针的位移量通过传感器转换成电量，经信号放大后送入计算机，在显示器上示出被测表面粗糙度的评定参数值，也可将放大的轮廓图像由记录器记录下来。根据信号转换原理不同，有电感式轮廓仪、电容式轮廓仪、压电式轮廓仪，可测 Ra、Rz、Rsm 及 Rmr（c）等多个参数，适宜于测量 Ra 值为 $0.025 \sim 6.3\mu m$ 的表面。该方法测量快速可靠、操作简便，并易于实现自动测量和微机数据处理，但被测表面易被触针划伤。为防止划伤被测表面，有非接触式测量的光学触针轮廓仪。

5. 印模法

印模法是用能把被测表面轮廓复制下来的材料，取得被测表面的复印模型，放在显微镜上间接地测量被检验表面的粗糙度。主要用于大型零件及其他不方便用粗糙度仪器测量的表面，一般可测量 $Ra > 0.05\mu m$ 的表面。该法印模上的微观不平度高度总小于被测表面的实际值，因此需对印模的测量结果乘以修正系数。

习　题

4-1 表面粗糙度属于什么误差，对零件的使用性能有哪些影响？

4-2 取样长度和评定长度有什么区别？

4-3 表面粗糙度评定参数 Ra、Rz 的含义是什么？

4-4 国家标准规定了哪些表面粗糙度评定参数，如何选择？

4-5 标注表面粗糙度代号应注意哪些问题？什么情况注出评定参数的上、下限值？什么情况下注出最大值、最小值？上限值和下限值与最大值和最小值如何标注？

4-6 说明下图中标注的各表面粗糙度要求的含义。

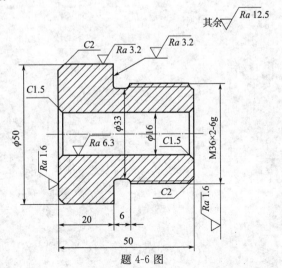

题 4-6 图

4-7 将下列表面粗糙度的要求标注在题 4-7 图上：

(1) D_1 孔的表面粗糙度参数 Ra 的最大值为 3.2μm；

(2) D_2 孔的表面粗糙度参数 Ra 的上、下限值应在 3.2～6.3μm 范围内；

(3) 凸缘右端面采用铣削加工，表面粗糙度参数 Rz 的上限值为 12.5μm，加工纹理呈近似放射形；

(4) d_1 和 d_2 的圆柱面表面粗糙度参数 Rz 的最大值为 25μm；

(5) 其余表面的表面粗糙度参数 Ra 的最大值为 12.5μm。

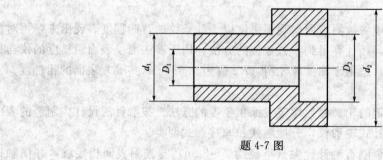

题 4-7 图

第五章　测量技术基础

📖 学习目标

1. 掌握测量的基本概念与测量要素、量块及其使用方法、测量精度的基本概念。

2. 掌握计量器具与测量方法的分类及有关常用术语、测量器具与测量方法的主要度量指标、测量误差的分类及其处理方法和工件尺寸验收极限的确定方法。

第一节　测量技术基础知识

一、测量技术的基本概念

在机械加工生产中，经常要对零部件的精度等进行测量，以确定零部件加工后是否符合设计上的技术要求。这些测量的对象主要包括零件的长度、角度、表面粗糙度、几何形状和相互位置误差等。

所谓测量是指为确定被测对象的量值而进行的实验过程。即测量是将被测量与测量单位或标准量在数值上进行比较，从而确定两者比值的过程。

一个完整的几何量测量过程应包括以下四个要素。

被测对象：零件的几何量，包括长度、角度、形状和位置误差、表面粗糙度以及单键和花键、螺纹和齿轮等典型零件的各个几何参数的测量。

计量单位：几何量中的长度、角度单位。在我国规定的法定计量单位中，长度的基本单位为米（m），其他常用的长度单位有毫米（mm），微米（μm）。平面角的角度单位为弧度（rad）、微弧度（μrad）及度（°）、分（′）秒（″）。

测量方法：指测量时所采用的测量原理、计量器具和测量条件的综合，一般情况下，多指获得测量结果的方式方法。

测量精度：指测量结果与真值的一致程度，即测量结果的可靠程度。

在测量技术领域，还经常用到检验这种方法。检验是确定被检几何量是否在规定的极限范围内，从而判断其是否合格的过程。检验通常用量规、样板等专用定值无刻度量具来判断被检对象的合格性，所以它不能得到被测量的具体数值。

二、计量器具和测量方法

1. 计量器具

（1）计量器具的分类　测量仪器和测量工具统称为计量器具，按其原理、结构特点及用途可分为：

① 标准量具　用来校对或调整计量器具，或作为标准尺寸进行相对测量的量具称为基准量具。如量块等。

② 通用计量器具　能将被测量转换成可直接观测的指示值或等效信息的测量工具，按

其工作原理可分类如下：

游标类量具，如游标卡尺、游标高度尺等。

螺旋类量具，如千分尺、公法线千分尺等。

机械式量仪，如百分表、千分表、齿轮杠杆比较仪、扭簧比较仪等。

光学量仪，如光学计、光学测角仪、光栅测长仪、激光干涉仪等。

电动量仪，如电感比较仪、电动轮廓仪、容栅测位仪等。

气动量仪，如水柱式气动量仪、浮标式气动量仪等。

微机化量仪，如微机控制的数显万能测长仪和三坐标测量机等。

③ 专用计量器具　一种没有刻度的专用检验工具。如塞规、卡规、螺纹量规、功能量规等。

（2）计量器具的度量指标　是表征计量器具的性能和功用的指标，也是选择和使用计量器具的依据。

① 分度值（i）计量器具刻度尺或度盘上相邻两刻线所代表的量值之差。例如：千分尺的分度值 $i=0.01$mm。分度值是量仪能指示出被测件量值的最小单位。对于数字显示仪器的分度值称为分辨率，它表示最末一位数字间隔所代表的量值之差。

② 刻度间距（a）量仪刻度尺或度盘上两相邻刻线的中心距离，通常 a 值取 $1\sim1.25$mm。

③ 示值范围（b）计量器具所指示或显示的最低值到最高值的范围。

④ 测量范围（B）在允许误差限内，计量器具所能测量零件的最低值到最高值的范围。

⑤ 灵敏度（K）计量器具对被测量变化的反应能力。若用 ΔL 表示被观测变量的增量，用 ΔX 表示被测量的增量，则 $K=\Delta L/\Delta X$。

⑥ 灵敏限（灵敏阈）能引起计量器具示值可觉察变化的被测量的最小变化值。

⑦ 测量力　测量过程中，计量器具与被测表面之间的接触力。在接触测量中，希望测量力是一定量的恒定值。测量力太大会使零件产生变形，测量力不恒定会使示值不稳定。

⑧ 示值误差　计量器具示值与被测量真值之间的差值。

⑨ 示值变动性　在测量条件不变的情况下，对同一被测量进行多次重复测量时，其读数的最大变动量。

⑩ 回程误差　在相同测量条件下，对同一被测量进行往返两个方向测量时，量仪的示值变化。

2. 测量方法及其分类

（1）按测得示值方式不同可分为绝对测量和相对测量

① 绝对测量　在计量器具的读数装置上可表示出被测量的全值。例如，用千分尺或测长仪测量零件直径或长度，其实际尺寸由刻度尺直接读出。

② 相对测量　在计量器具的读数装置上只表示出被测量相对已知标准量的偏差值。例如用量块（或标准件）调整比较仪的零位，然后再换上被测件，则比较仪所指示的是被测件相对于标准件的偏差值。

（2）按测量结果获得方法不同分为直接测量和间接测量

① 直接测量　用计量器具直接测量被测量的整个数值或相对于标准量的偏差。例如，用千分尺测轴径，用比较仪和标准件测轴径等。

② 间接测量　测量与被测量有函数关系的其他量，再通过函数关系式求出被测量。例

如，为求某圆弧样板的劣弧（通常把小于半圆的圆弧称为劣弧）半径 R，可通过测量其弦高 h 和弦长 S，按下式求出 R，即

$$R=\frac{S^2}{8h}+\frac{h}{2}$$

（3）按同时测量被测参数的多少可分为单项测量和综合测量

① 单项测量　对被测件的个别参数分别进行测量。例如，分别测量螺纹的中径、螺距和牙型半角。

② 综合测量　同时检测工件上的几个有关参数，综合地判断工件是否合格。例如，用螺纹量规检验螺纹作用中径的合格性（综合检验其中径、螺距和牙型半角误差对合格性的影响）。

此外，按被测量在测量过程中所处的状态可分为静态测量和动态测量；按被测表面与量仪间是否有机械作用的测量力可分为接触测量与不接触测量；按测量过程中决定测量精度的因素或条件是否相对稳定可分为等精度测量和不等精度测量等。

第二节　测量误差及数据处理

一、测量误差及其产生的原因

1. 测量误差 δ

测量误差是测得值与被测量真值之差。若以 X 表示测量结果，L 表示真值，则有

$$\delta=X-L \tag{5-1}$$

一般说来，被测量的真值是不知道的。在实际测量时，常用相对真值或不存在系统误差情况下的多次测量的算术平均值来代替真值使用。

由式（5-1）所定义的测量误差又称为绝对误差，由于 X 可能大于或小于 L 故上式可表示为：

$$L=X\pm\delta \tag{5-2}$$

显然式（5-2）反映测得值偏离真值大小的程度。δ 愈小，X 愈接近 Q，测量的准确度愈高。而对不同尺寸的测量准确度，则需用相对误差来评定。

相对误差 ε 为测量的绝对误差的绝对值与被测量真值之比。常用百分数表示。即：

$$\varepsilon=\frac{\delta}{L}\times100\% \tag{5-3}$$

2. 测量误差产生的原因

（1）测量器具误差　由测量器具的设计、制造、装配和使用调整的不准确而引起的误差。如测量器具的设计偏离阿贝原则（将标准长度量安放在被测长度量的延长线上的原则）、分度盘安装偏心等。

（2）测量方法误差　由于测量方法不完善（包括计算公式不精确，测量方法选择不当，测量时定位装夹不合理）所产生的误差。

（3）环境条件引起的误差　测量时的环境条件不符合标准条件所引起的误差。如温度、湿度、气压、照明等不符合标准以及计量器具或工件上有灰尘，测量时有振动等引起的误差。

（4）人为误差　人为原因所引起的误差。如测量人员技术不熟练、视力分辨能力差，估

读判断不准等引起的误差。

总之，产生测量误差的原因很多，在分析误差时，应找出产生测量误差的主要原因，采取相应的措施消除或减少其对测量结果的影响，以保证测量结果的精度。

二、测量误差分类及数据处理

测量误差按其性质可分为随机误差、系统误差和粗大误差三类。

1. 随机误差

随机误差是指在相同测量条件下，多次测量同一量值时，误差的绝对值和符号以不可预定的方式变化的误差。

随机误差的产生是由于测量过程中各种随机因素而引起的，例如，测量过程中，温度的波动、震动、测力不稳以及观察者的视觉等。随机误差的数值通常不大，虽然某一次测量的随机误差大小、符号不能预料，但是进行多次重复测量，对测量结果进行统计、预算，就可以看出随机误差符合一定的统计规律。

随机误差的分布规律和特性如下。大量测量实践的统计分析表明，随机误差的分布曲线多呈正态分布。正态分布曲线如图 5-1 所示。由此可归纳出随机误差具有以下几个分布特性。

（1）单峰性　绝对值小的误差比绝对值大的误差出现的概率大。

（2）对称性　绝对值相等的正、负误差出现的概率相等。

（3）有界性　在一定的测量条件下，随机误差的绝对值不会超过一定界限。

（4）抵偿性　随着测量次数的增加，随机误差的算术平均值趋于零。

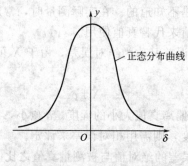

图 5-1　正态分布曲线

2. 系统误差及其消除

系统误差是指在相同测量条件下，多次重复测量同一量值，测量误差的大小和符号保持不变或按一定规律变化的误差。

系统误差可分为定值的系统误差和变值的系统误差，前者如千分尺的零位不正确引起的误差，后者如在万能工具显微镜上测量长丝杠的螺距误差时，由于温度有规律地升高而引起丝杠长度变化的误差。对这两种数值大小和变化规律已被确切掌握了的系统误差，也叫做已定系统误差。对于不易确切掌握误差大小和符号，但是可以估计其数值范围的误差，叫做未定系统误差。在实际测量中，应设法避免产生系统误差。如果难以避免，则应设法加以消除或减小系统误差。消除和减小系统误差的方法有以下几种。

（1）从产生系统误差的根源消除　这是消除系统误差的最根本方法。例如调整好仪器的零位，正确选择测量基准，保证被测零件和仪器都处于标准温度条件等。

（2）用加修正值的方法消除　对于标准量具或标准件以及计量器具的刻度，都可事先用更精密的标准件检定其实际值与标准值的偏差，然后将此偏差作为修正值在测量结果中予以消除。

（3）用两次读数法消除　若用两种测量法测量，产生的系统误差的符号相反，大小相等或相近，则可以用这两种测量方法测得值的算术平均值作为结果，从而消除系统误差。

3. 粗大误差及其消除

粗大误差（也称过失误差）是超出在规定条件下预期的误差。

粗大误差的产生是由于某些不正常的原因所造成的。例如，测量者的粗心大意，测量仪器和被测件的突然振动，以及读数或记录错误等。由于粗大误差一般数值较大，它会显著地歪曲测量结果，因此它是不允许存在的。若发现有粗大误差，则应按一定准则加以剔除。

发现和剔除粗大误差的方法，通常是用重复测量或者改用另一种测量方法加以核对。对于等精度多次测量值，判断和剔除粗大误差较简便的方法是按 3σ 准则。所谓 3σ 准则，即在测量列中，凡是测量值与算术平均值之差（也叫剩余误差）绝对值大于标准偏差 σ 的 3 倍，即认为该测量值具有粗大误差，即应从测量列中将其剔除。

4. 测量精度的分类

系统误差与随机误差的区别及其对测量结果的影响，可以进一步以打靶为例加以说明。如图 5-2 所示，圆心为靶心，图 5-2（a）表现为弹着点密集但偏离靶心，说明随机误差小而系统误差大；图 5-2（b）表示弹着点围绕靶心分布，但很分散，说明系统误差小而随机误差大；图 5-2（c）表示弹着点即分散又偏离靶心，说明随机误差与系统误差都大；图 5-2（d）表示弹着点既围绕靶心分布而且弹着点又密集，说明系统误差与随机误差都小。

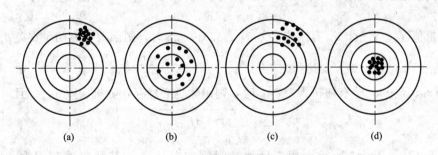

(a)　　　(b)　　　(c)　　　(d)

图 5-2　测量精度分类示意图

根据上述概念，在测量领域中可把精度进一步分类如下。

（1）精密度　表示测量结果中随机误差的影响程度。若随机误差小，则精密度高。

（2）正确度　表示测量结果中系统误差的影响程度。若系统误差小，则正确度高。

（3）准确度（也称精确度）表示测量结果中随机误差和系统误差综合的影响程度。若随机误差和系统误差都小，则准确度高。

由上述分析可知，图 5-2（a）为精密度高而正确度低；图 5-2（b）为正确度高而精密度低；图 5-2（c）为精密度与正确度都低；图 5-2（d）为精密度与正确度都高，因而准确度也高。

三、测量误差合成

对于较重要的测量，不但要给出正确的测量结果，而且还应给出该测量结果的准确程度，亦即给出测量方法的极限误差（δ_{lim}）。对于一般的简单的测量，可从仪器的使用说明书或检定规程中查得仪器的测量不确定度，以此作为测量极限误差。而对于一些较复杂的测量，或对于专门设计的测量装置，没有现成的资料可查，只好分析测量误差的组成项并计算其数值，然后按一定方法综合成测量方法极限误差，这个过程就叫做测量误差的合成。测量误差的合成包括两类：直接测量法测量误差的合成和间接测量法测量误差的合成。

1. 直接测量法

直接测量法测量误差的主要来源有仪器误差、测量方法误差、基准件误差等，这些误差都称为测量总误差的误差分量。这些误差按其性质区分，既有已定系统误差，又有随机误差和未定系统误差，通常它们可以按下列方法合成。

（1）已定系统误差按代数和法合成，即

$$\delta_x = \delta_{x1} + \delta_{x2} + \cdots \delta_{xn} = \sum_{i=1}^{n} \delta_{xi} \tag{5-4}$$

式中　δ_{xi}——各误差分量的系统误差。

（2）对于符合正态分布、彼此独立的随机误差和未定系统误差，按方根法合成，即

$$\delta_{lim} = \pm \sqrt{\delta_{lim1}{}^2 + \delta_{lim2}{}^2 + \cdots + \delta_{limn}{}^2} = \pm \sqrt{\sum_{i=1}^{n} \delta_{limi}} \tag{5-5}$$

式中　δ_{limi}——各误差分量的随机误差或未定系统误差。

2. 间接测量法

间接测量是被测的量 y 与直接测量的量 x_1、$x_2 \cdots$、x_n 有一定的函数关系：

$$y = f(x_1、x_2、\cdots x_n)$$

当测量值 x_1、$x_2 \cdots$、x_n 有系统误差 δ_{x1}、$\delta_{x2} \cdots$、δ_{xn} 时，则函数 y 有测量误差 δ_y。且

$$\delta_y = \frac{\partial f}{\partial x_1}\delta_{x1} + \frac{\partial f}{\partial x_2}\delta_{x2} + \cdots \frac{\partial f}{\partial x_n}\delta_{xn} \tag{5-6}$$

当测量值 x_1、$x_2 \cdots$、x_n 有随机误差 δ_{limxi} 时，则函数也必然存在随机误差 δ_{limy}。且

$$\delta_{limy} = \pm \sqrt{\sum_{i=1}^{n} (\frac{\partial f}{\partial x_i})^2 \delta_{limxi}{}^2} \tag{5-7}$$

【例 5-1】　图 5-3 所示为用三针测量螺纹的中径 d_2，其函数关系式为：$d_2 = M - 1.5d_0$，已知测得值 $M = 16.31$ mm，$\delta_M = +30 \mu m$，$\delta_{limM} = \pm 8 \mu m$，$d_0 = 0.866$ mm，$\delta_{d_0} = -0.2 \mu m$，$\delta_{limd_0} = \pm 0.1 \mu m$，试求单一中径 d_2 的值及其测量极限误差。

解：　$d_2 = M - 1.5d_0 = 16.31 - 1.5 \times 0.866 = 15.011$（mm）

① 求函数的系统误差　　$\delta_{d_2} = \frac{\partial f}{\partial M}\delta_M + \frac{\partial f}{\partial d_0}\delta_{d_0}$

$$= 1 \times 0.03 - 1.5 \times (-0.0002) \approx 0.03 \text{（mm）}$$

② 求函数的测量极限误差　　$\delta_{limd_2} = \pm \sqrt{(\frac{\partial f}{\partial M})^2 \delta_{limM}{}^2 + (\frac{\partial f}{\partial d_0})^2 \delta_{limd_0}{}^2}$

$$= \pm \sqrt{1 \times 8^2 + (-1.5)^2 \times 0.1^2} \approx \pm 8 \mu m$$

③ 测量结果：

$(d_2 - \delta d_2) \pm \delta_{limd_2} = (15.011 - 0.03) \pm 0.008$

$$=14.981\pm0.008\ (mm)$$

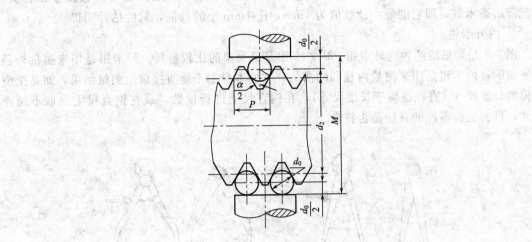

图 5-3　三针法测中径

第三节　常用计量器具的工作原理及使用

一、钢直尺、内外卡钳及塞尺

1. 钢直尺

钢直尺是最简单的长度量具，它的长度有 150、300、500 和 1000 mm 四种规格。图 5-4 是常用的 150 mm 钢直尺。

图 5-4　150 mm 钢直尺

钢直尺用于测量零件的长度尺寸（图 5-5），它的测量结果不太精确。这是由于钢直尺

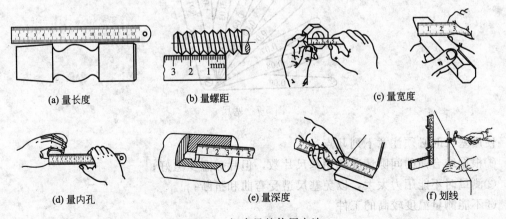

(a) 量长度　　　　　(b) 量螺距　　　　　(c) 量宽度

(d) 量内孔　　　　　(e) 量深度　　　　　(f) 划线

图 5-5　钢直尺的使用方法

的刻线间距为 1mm，而刻线本身的宽度就有 0.1～0.2mm，所以测量时读数误差比较大，只能读出毫米数，即它的最小读数值为 1mm，比 1mm 小的数值，只能估计而得。

2. 内外卡钳

图 5-6 是常见的两种内外卡钳。内外卡钳是最简单的比较量具。外卡钳是用来测量外径和平面的，内卡钳是用来测量内径和凹槽的。它们本身都不能直接读出测量结果，而是把测量得的长度尺寸（直径也属于长度尺寸），在钢直尺上进行读数，或在钢直尺上先取下所需尺寸，再去检验零件的直径是否符合。

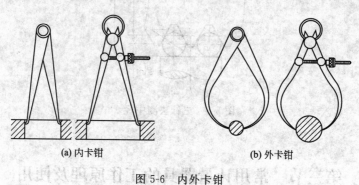

(a) 内卡钳　　　　　　　　(b) 外卡钳

图 5-6　内外卡钳

3. 塞尺

塞尺又称厚薄规或间隙片。主要用来检验机床特别紧固面和紧固面、活塞与气缸、活塞环槽和活塞环、十字头滑板和导板、进排气阀顶端和摇臂、齿轮啮合间隙等两个结合面之间的间隙大小。塞尺是由许多层厚薄不一的薄钢片组成（图 5-7）按照塞尺的组别制成一把一把的塞尺，每把塞尺中的每片具有两个平行的测量平面，且都有厚度标记，以供组合使用。测量时，根据结合面间隙的大小，用一片或数片重叠在一起塞进间隙内。例如用 0.03mm 的一片能插入间隙，而 0.04mm 的一片不能插入间隙，这说明间隙在 0.03～0.04mm 之间，所以塞尺也是一种界限量规。塞尺的规格见表 5-1。

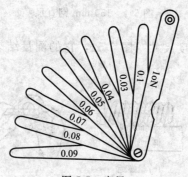

图 5-7　塞尺

使用塞尺时必须注意下列几点：

①根据结合面的间隙情况选用塞尺片数，但片数愈少愈好；

②测量时不能用力太大，以免塞尺遭受弯曲和折断；

③不能测量温度较高的工件。

表 5-1　塞尺的规格

A 型	B 型	塞尺片长度/mm	片数	塞尺的厚度及组装顺序
组别标记				
75A13	75B13	75		
100A13	100B13	100		0.02；0.02；0.03；0.03；0.04；
150A13	150B13	150	13	0.04；0.05；0.05；0.06；0.07；
200A13	200B13	200		0.08；0.09；0.10
300A13	300B13	300		
75A14	75B14	75		
100A14	100B14	100		1.00；0.05；0.06；0.07；0.08；
150A14	150B14	150	14	0.09；0.19；0.15；0.20；0.25；
200A14	200B14	200		0.30；0.40；0.50；0.75
300A14	300B14	300		
75A17	75B17	75		
100A17	100B17	100		0.50；0.02；0.03；0.04；0.05；
150A17	150B17	150	17	0.06；0.07；0.08；0.09；0.10；
200A17	200B17	200		0.15；0.20；0.25；0.30；0.35；
300A17	300B17	300		0.40；0.45

二、游标读数量具

应用游标读数原理制成的量具有：游标卡尺，高度游标卡尺、深度游标卡尺、游标量角尺（如万能量角尺）和齿厚游标卡尺等，用以测量零件的外径、内径、长度、宽度、厚度、高度、深度、角度以及齿轮的齿厚等，应用范围非常广泛。

1. 游标卡尺的结构型式

游标卡尺是一种常用的量具，具有结构简单、使用方便、精度中等和测量的尺寸范围大等特点，可以用它来测量零件的外径、内径、长度、宽度、厚度、深度和孔距等，应用范围很广。

（1）游标卡尺有三种结构型式

① 测量范围为 0～125mm 的游标卡尺，制成带有刀口形的上下量爪和带有深度尺的型式，见图 5-8。

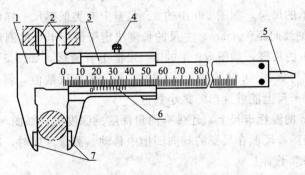

图 5-8　游标卡尺的结构型式之一

1—尺身；2—上量爪；3—尺框；4—紧固螺钉；5—深度尺；6—游标；7—下量爪

② 测量范围为 0～200mm 和 0～300mm 的游标卡尺，可制成带有内外测量面的下量爪和带有刀口形的上量爪的型式，见图 5-9。

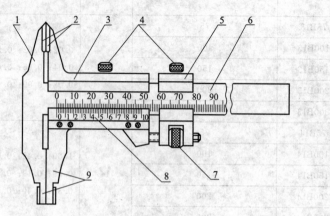

图 5-9 游标卡尺的结构型式之二
1—尺身；2—上量爪、3—尺框；4—紧固螺钉；5—微动装置；
6—主尺；7—微动螺母；8—游标；9—下量爪

③ 测量范围为 0～200mm 和 0～300mm 的游标卡尺，也可制成只带有内外测量面的下量爪的型式，见图 5-10。而测量范围大于 300mm 的游标卡尺，只制成这种仅带有下量爪的型式。

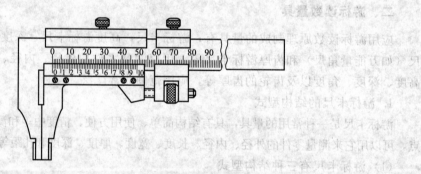

图 5-10 游标卡尺的结构型式之三

（2）游标卡尺的组成 游标卡尺主要由下列几部分组成。

① 具有固定量爪的尺身，如图 5-9 中的 1。尺身上有类似钢尺一样的主尺刻度，如图 5-9 中的 6。主尺上的刻线间距为 1mm。主尺的长度决定于游标卡尺的测量范围。

② 具有活动量爪的尺框，如图 5-9 中的 3。尺框上有游标，如图 5-9 中的 8，游标卡尺的游标读数值可制成为 0.1、0.05 和 0.02mm 的三种。游标读数值，就是指使用这种游标卡尺测量零件尺寸时，卡尺上能够读出的最小数值。

③ 在 0～125mm 的游标卡尺上，还带有测量深度的深度尺，如图 5-8 中的 5。深度尺固定在尺框的背面，能随着尺框在尺身的导向凹槽中移动。测量深度时，应把尺身尾部的端面靠紧在零件的测量基准平面上。

④ 测量范围等于和大于 200mm 的游标卡尺，带有随尺框作微动调整的微动装置，如图 5-9 中的 5。使用时，先用紧固螺钉 4 把微动装置 5 固定在尺身上，再转动微动螺母 7，活动

量爪就能随同尺框 3 作微量的前进或后退。微动装置的作用，是使游标卡尺在测量时用力均匀，便于调整测量压力，减少测量误差。

目前我国生产的游标卡尺的测量范围及其游标读数值见表 5-2。

表 5-2　游标卡尺的测量范围和游标卡尺读数值　　　　　　　mm

测量范围	游标读数值	测量范围	游标读数值
0～25	0.02；0.05；0.10	300～800	0.05；0.10
0～200	0.02；0.05；0.10	400～1000	0.05；0.10
0～300	0.02；0.05；0.10	600～1500	0.05；0.10
0～500	0.05；0.10	800～2000	0.10

2. 游标卡尺的读数原理和读数方法

游标卡尺的读数机构，是由主尺和游标（如图 5-9 中的 6 和 8）两部分组成。当活动量爪与固定量爪贴合时，游标上的"0"刻线（简称游标零线）对准主尺上的"0"刻线，

此时量爪间的距离为"0"，见图 5-9。当尺框向右移动到某一位置时，固定量爪与活动量爪之间的距离，就是零件的测量尺寸，见图 5-8。此时零件尺寸的整数部分，可在游标零线左边的主尺刻线上读出来，而比 1mm 小的小数部分，可借助游标读数机构来读出，现把三种游标卡尺的读数原理和读数方法介绍如下。

（1）游标读数值为 0.1mm 的游标卡尺　如图 5-11（a）所示，主尺刻线间距（每格）为 1mm，当游标零线与主尺零线对准（两爪合并）时，游标上的第 10 刻线正好指向等于主尺上的 9mm，而游标上的其他刻线都不会与主尺上任何一条刻线对准。

游标每格间距＝9mm÷10＝0.9mm

主尺每格间距与游标每格间距相差＝1mm－0.9mm＝0.1mm

0.1mm 即为此游标卡尺上游标所读出的最小数值，再也不能读出比 0.1mm 小的数值。

当游标向右移动 0.1mm 时，则游标零线后的第 1 根线与主尺刻线对准。当游标向右移动 0.2mm 时，则游标零线后的第 2 根刻线与主尺刻线对准，依次类推。若游标向右移动 0.5mm，如图 5-11（b），则游标上的第 5 根刻线与主尺刻线对准。由此可知，游标向右移动不足 1mm 的距离，虽不能直接从主尺读出，但可以由游标的某一根刻线与主尺刻线对准时，该游标刻线的次序数乘其读数值而读出其小数值。例如，图 5-11（b）的尺寸即为：5×0.1＝0.5（mm）。

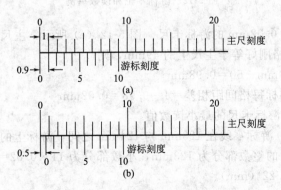

图 5-11　游标读数原理

另有 1 种读数值为 0.1mm 的游标卡尺，图 5-12 (a) 所示，是将游标上的 10 格对准主尺的 19mm，则游标每格＝19mm÷10＝1.9mm，使主尺 2 格与游标 1 格相差＝2—1.9＝0.1mm。这种增大游标间距的方法，其读数原理并未改变，但使游标线条清晰，更容易看准读数。

在游标卡尺上读数时，首先要看游标零线的左边，读出主尺上尺寸的整数是多少毫米，其次是找出游标上第几根刻线与主尺刻线对准，该游标刻线的次序数乘其游标读数值，读出尺寸的小数，整数和小数相加的总值，就是被测零件尺寸的数值。

在图 5-12 (b) 中，游标零线在 2mm 与 3mm 之间，其左边的主尺刻线是 2mm，所以被测尺寸的整数部分是 2mm，再观察游标刻线，这时游标上的第 3 根刻线与主尺刻线对准。所以，被测尺寸的小数部分为 3×0.1＝0.3 (mm)，被测尺寸即为 2＋0.3＝2.3 (mm)。

（2）游标读数值为 0.05mm 的游标卡尺　图 5-12 (c) 所示，主尺每小格 1mm，当两爪合并时，游标上的 20 格刚好等于主尺的 39mm，则

游标每格间距＝39mm÷20＝1.95 (mm)

主尺 2 格间距与游标 1 格间距相差＝2—1.95＝0.05 (mm)

0.05mm 即为此种游标卡尺的最小读数值。同理，也有用游标上的 20 格刚好等于主尺上的 19mm，其读数原理不变。

在图 5-12 (d) 中，游标零线在 32mm 与 33mm 之间，游标上的第 11 格刻线与主尺刻线对准。所以，被测尺寸的整数部分为 32mm，小数部分为 11×0.05＝0.55 (mm)，被测尺寸为 32＋0.55＝32.55 (mm)。

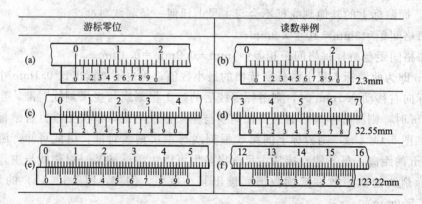

图 5-12　游标零位和读数举例

（3）游标读数值为 0.02mm 的游标卡尺　图 5-12 (e) 所示，主尺每小格 1mm，当两爪合并时，游标上的 50 格刚好等于主尺上的 49mm，则

游标每格间距＝49mm÷50＝0.98mm

主尺每格间距与游标每格间距相差＝1—0.98＝0.02mm

0.02mm 即为此种游标卡尺的最小读数值。

在图 5-12 (f) 中，游标零线在 123mm 与 124mm 之间，游标上的 11 格刻线与主尺刻线对准。所以，被测尺寸的整数部分为 123mm，小数部分为 11×0.02＝0.22 (mm)，被测尺寸为 123 十 0.22＝123.22 (mm)。

3.　游标卡尺的使用注意事项

量具使用得是否合理，不但影响量具本身的精度，且直接影响零件尺寸的测量精度，甚

至发生质量事故。所以，我们必须重视量具的正确使用，使用游标卡尺测量零件尺寸时，必须注意下列几点。

（1）测量前应把卡尺擦干净，检查卡尺的两个测量面和测量刃口是否平直无损，把两个量爪紧密贴合时，应无明显的间隙，同时游标和主尺的零位刻线要相互对准。这个过程称为校对游标卡尺的零位。

（2）移动尺框时，活动要自如，不应有过松或过紧，更不能有晃动现象。用固定螺钉固定尺框时，卡尺的读数不应有所改变。在移动尺框时，不要忘记松开固定螺钉。

（3）当测量零件的外尺寸时：卡尺两测量面的连线应垂直于被测量表面，不能歪斜。测量时，可以轻轻摇动卡尺，放正垂直位置，如图 5-13 所示。否则，量爪若在如图 5-13 所示的错误位置上，将使测量结果 a 比实际尺寸 b 要大；先把卡尺的活动量爪张开，使量爪能自由地卡进工件，把零件贴靠在固定量爪上，然后移动尺框，用轻微的压力使活动量爪接触零件。如卡尺带有微动装置，此时可拧紧微动装置上的固定螺钉，再转动调节螺母，使量爪接触零件并读取尺寸。决不可把卡尺的两个量爪调节到接近甚至小于所测尺寸，把卡尺强制的卡到零件上去。这样做会使量爪变形，或使测量面过早磨损，使卡尺失去应有的精度。

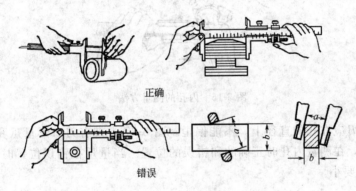

图 5-13 测量外尺寸时正确与错误的位置

测量沟槽时，应当用量爪的平面测量刃进行测量，尽量避免用端部测量刃和刀口形量爪去测量外尺寸。而对于圆弧形沟槽尺寸，则应当用刃口形量爪进行测量，不应当用平面形测量刃进行测量，如图 5-14 所示。

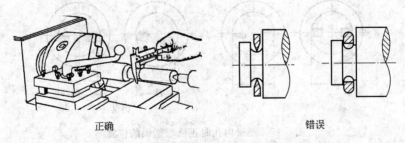

图 5-14 测量沟槽时正确与错误的位置

测量沟槽宽度时，也要放正游标卡尺的位置，应使卡尺两测量刃的连线垂直于沟槽，不能歪斜，否则，量爪若在如图 5-15 所示的错误的位置上，也将使测量结果不准确（可能大也可能小)。

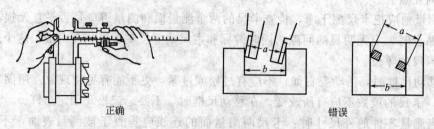

图 5-15　测量沟槽宽度时正确与错误的位置

（4）当测量零件的内尺寸时：图 5-16 所示。要使量爪分开的距离小于所测内尺寸，进入零件内孔后，再慢慢张开并轻轻接触零件内表面，用固定螺钉固定尺框后，轻轻取出卡尺来读数。取出量爪时，用力要均匀，并使卡尺沿着孔的中心线方向滑出，不可歪斜，免使量爪扭伤；变形和受到不必要的磨损，同时会使尺框走动，影响测量精度。

图 5-16　内孔的测量方法

卡尺两测量刃应在孔的直径上，不能偏歪。图 5-17 为带有刀口形量爪和带有圆柱面形量爪的游标卡尺，在测量内孔时正确的和错误的位置。当量爪在错误位置时，其测量结果，将比实际孔径 D 要小。

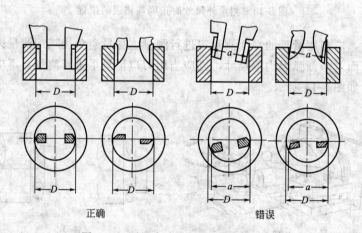

图 5-17　测量内孔时正确与错误的位置

4. 其他游标类量具

（1）高度游标卡尺　高度游标卡尺如图 5-18 所示，用于测量零件的高度和精密划线。它的结构特点是用质量较大的基座 4 代替固定量爪 5，而动的尺框 3 则通过横臂装有测量高度和划线用的量爪，量爪的测量面上镶有硬质合金，提高量爪使用寿命。高度游标卡尺的测量工作，应在平台上进行。当量爪的测量面与基座的底平面位于同一平面时，如在同一平台平面上，主尺 1 与游标 6 的零线相互对准。所以在测量高度时，量爪测量面的高度，就是被测量零件的高度尺寸，它的具体数值，与游标卡尺一样可在主尺（整数部分）和游标（小数部分）上读出。应用高度游标卡尺划线时，调好划线高度，用紧固螺钉 2 把尺框锁紧后，也应在平台上进行先调整再进行划线。图 5-19 为高度游标卡尺的应用。

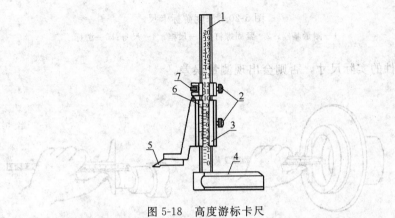

图 5-18　高度游标卡尺

1—主尺；2—紧固螺钉；3—尺框；4—基座；5—量爪；6—游标；7—微动装置

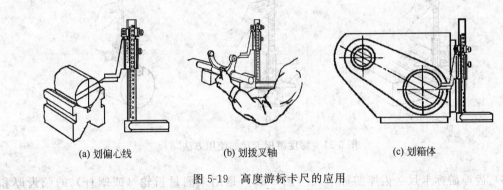

(a) 划偏心线　　　　　(b) 划拨叉轴　　　　　(c) 划箱体

图 5-19　高度游标卡尺的应用

（2）深度游标卡尺　深度游标卡尺如图 5-20 所示，用于测量零件的深度尺寸或台阶高低和槽的深度。

它的结构特点是尺框 3 的两个量爪连成一起成为一个带游标测量基座 1，基座的端面和尺身 4 的端面就是它的两个测量面。如测量内孔深度时应把基座的端面紧靠在被测孔的端面上，使尺身与被测孔的中心线平行，伸入尺身，则尺身端面至基座端面之间的距离，就是被测零件的深度尺寸。它的读数方法和游标卡尺完全一样。测量时，先把测量基座轻轻压在工件的基准面上，两个端面必须接触工件的基准面，图 5-21（a）所示。测量轴类等台阶时，测量基座的端面一定要压紧在基准面，图 5-21（b）、（c）所示，再移动尺身，直到尺身的端面接触到工件的量面（台阶面）上，然后用紧固螺钉固定尺框，提起卡尺，读出深度尺寸。多台阶小直径的内孔深度测量，要注意尺身的端面是否在要测量的台阶上，图 5-21（d）。当基准面是曲线时，图 5-21（e），测量基座的端面必须放在曲线的最高点上，测量出的深

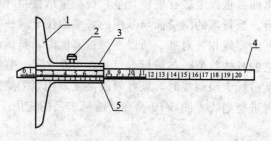

图 5-20　深度游标卡尺

1—测量基座；2—紧固螺钉；3—尺框；4—尺身；5—游标

度尺寸才是工件的实际尺寸，否则会出现测量误差。

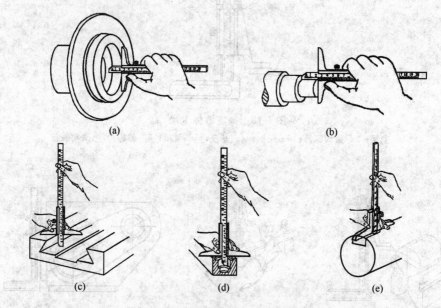

图 5-21　深度游标卡尺的使用方法

（3）齿厚游标卡尺　齿厚游标卡尺（图 5-22）是用来测量齿轮（或蜗杆）的弦齿厚和弦齿顶。这种游标卡尺由两互相垂直的主尺组成，因此它就有两个游标。A 的尺寸由垂直主尺上的游标调整；B 的尺寸由水平主尺上的游标调整。刻线原理和读法与一般游标卡尺相同。

测量蜗杆时，把齿厚游标卡尺读数调整到等于齿顶高（蜗杆齿顶高等于模数 m_s），法向卡入齿廓，测得的读数是蜗杆中径（d_2）的法向齿厚。但图纸上一般注明的是轴向齿厚，必须进行换算。法向齿厚 S_n 的换算公式如下：

$$S_n = \frac{\pi m_s}{2} \cos\tau$$

以上所介绍的各种游标卡尺都存在一个共同的问题，就是读数不很清晰，容易读错，有时不得不借放大镜将读数部分放大。现有游标卡尺采用无视差结构，使游标刻线与主尺刻线处在同一平面上，消除了在读数时因视线倾斜而产生的视差；有的卡尺装有测微表成为带表卡尺（图 5-23），便于读数准确，提高了测量精度；更有一种带有数字显示装置的游标卡尺

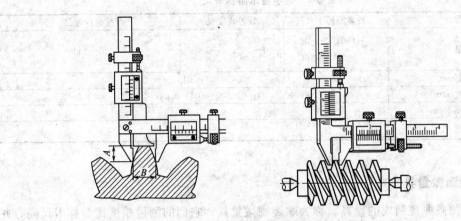

图 5-22 齿厚游标卡尺测量齿轮与蜗杆

(图 5-24)，这种游标卡尺在零件表面上量得尺寸时，就直接用数字显示出来，其使用极为方便。

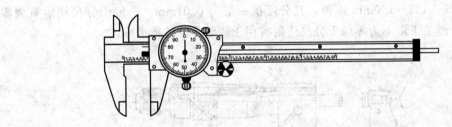

图 5-23 带表卡尺

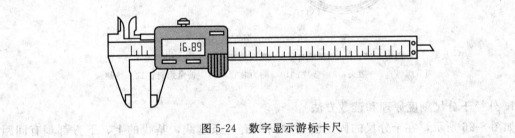

图 5-24 数字显示游标卡尺

带表卡尺的规格见表 5-3。数字显示游标卡尺的规格见表 5-4。

表 5-3 带表卡尺规格   mm

测量范围	指示表读数值	指示表示值误差范围
0～150	0.01	1
0～200	0.02	1；2
0～300	0.05	5

表 5-4　数字显示游标卡尺

名称	数显游标卡尺	数显高度尺	数显深度尺
测量范围/mm	0～150；0～200 0～300；0～500	0～300；0～500	0～200
分辨率/mm	0.01		
测量精度/mm	(0～200) 0.03；(＞200～300) 0.04；(＞300～500) 0.05		
测量移动速度/(m/s)	1.5		
使用温度/℃	0～+40		

三、螺旋测微量具

应用螺旋测微原理制成的量具，称为螺旋测微量具。它们的测量精度比游标卡尺高，并且测量比较灵活，因此，当加工精度要求较高时多被应用。常用的螺旋读数量具有外径千分尺、内径千分尺、杠杆千分尺、深度千分尺、壁厚千分尺、公法线千分尺。本节主要以外径千分尺为例介绍，如图 5-25 所示为外径千分尺的结构图，它是由尺架、测微装置、测力装置和锁紧装置等组成。其规格是按其测量范围来表示的，常用 0～25、25～50、50～75、75～100、100～125、125～150mm 六种，其分度值一般为 0.01mm。一般千分尺均附有调零的专用小扳手，测量下限不为零的千分尺还附有用于调整零位的标准棒。

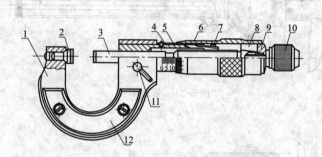

图 5-25　0～25mm 外径千分尺

1—尺架；2—固定测砧；3—测微螺杆；4—螺纹轴套；5—固定刻度套筒；6—微分筒；
7—调节螺母；8—接头；9—垫片；10—测力装置；11—锁紧螺钉；12—绝热板

1. 外径千分尺刻度原理和读数方法

如图 5-26 所示，在千分尺的固定套管轴向刻有一条基线，基线的上、下方都刻有间距为 1mm 的刻线，上、下刻线错开 0.5mm。微分筒的圆锥面上刻有 50 等分格。由于测微螺杆和固定套管的螺距都是 0.5mm，所以当微分筒旋转一圈时，测微螺杆就移动 0.5mm，同时，微分筒就遮住或露出固定套管上的一条刻线，当微分筒旋转一格时，测微螺杆就移动 0.5/50＝0.01mm，即千分尺的测量精度为 0.01mm。读数时，先从固定套管上读出毫米数与半毫米数，再看基线对准微分筒上哪格及其数值，即多少个 0.01mm，把两次读数相加就是测量的完整数值。图 5-26 (a) 中，固定套管上露出来的数值是 7.5mm，微分筒上第 39 格线与固定套管上基线正对齐，即数值为 0.39mm，此时，千分尺的正确读数为 7.5＋0.39＝7.89 (mm)；图 5-26 (b) 和 (c) 中，千分尺的正确读数分别为 8＋0.35＝8.35 (mm) 和 0.5＋0.09＝0.59 (mm)。

2. 外径千分尺使用注意事项

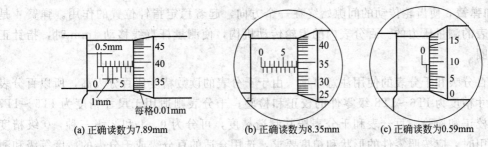

(a) 正确读数为7.89mm　　(b) 正确读数为8.35mm　　(c) 正确读数为0.59mm

图 5-26　千分尺的刻度和读数示例

（1）测量前，先将测量面擦净，并检查零位，具体检查方法是：用测力装置使量面或量面与标准棒两端面与固定套管零线、微分筒零线与固定套管基线是否重合，如不重合，应通过附带的专用小扳手转动固定套管来进行调整。

（2）测量时，千分尺应摆正，先用手转动活动套管，当测量面接近工件时，改用测力装置的螺母转动，直到听到"咔咔"声为止。

（3）读数时，要特别注意不要多读或少读 0.5mm。

（4）不准测量毛坯或表面粗糙的工件，不准测量正在旋转发热的工件，以免损伤测量面或得不到正确的读数。

四、指针式量具

指示式量具是以指针指示出测量结果的量具。车间常用的指示式量具有：百分表、千分表、杠杆百分表和内径百分表等。主要用于校正零件的安装位置，检验零件的形状精度和相互位置精度，以及测量零件的内径等。

1. 百分表（千分表）

（1）百分表（千分表）的结构　百分表（千分表）的外形如图 5-27 所示。8 为测量杆，6 为指针，表盘 3 上刻有 100 个等分格，其刻度值（即读数值）为 0.01mm。当指针转一圈时，小指针即转动一小格，转数指示盘 5 的刻度值为 1mm。用手转动表圈 4 时，表盘 3 也跟着转动，可使指针对准任一刻线。测量杆 8 是沿着套筒 7 上下移动的，套筒 7 可作为安装百分表用。9 是测量头，2 是手提测量杆用的圆头。图 5-28 是百分表内部机构的示意图。带

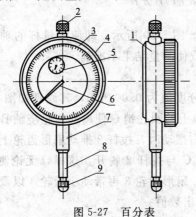

图 5-27　百分表

1—表壳；2—圆头；3—表盘；4—表圈；5—指示盘；
6—指针；7—套筒；8—测量杆；9—测量头；

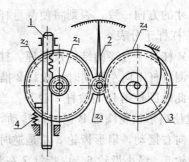

图 5-28　百分表的内部结构

1—测量杆；2—指针；3—弹簧；4—弹簧；

有齿条的测量杆 1 的直线移动，通过齿轮传动（z_1、z_2、z_3），转变为指针 2 的回转运动。齿轮 z_4 和弹簧 3 使齿轮传动的间隙始终在一个方向，起着稳定指针位置的作用。弹簧 4 是控制百分表的测量压力的。百分表内的齿轮传动机构，使测量杆直线移动 1mm 时，指针正好回转一圈。

（2）百分表和千分表的使用注意事项 由于千分表的读数精度比百分表高，所以百分表适用于尺寸精度为 IT6～IT8 级零件的校正和检验；千分表则适用于尺寸精度为 IT5～IT7级零件的校正和检验。百分表和千分表按其制造精度，可分为 0、1 和 2 级三种，0 级精度较高。使用时，应按照零件的形状和精度要求，选用合适的百分表或千分表的精度等级和测量范围。使用百分表和千分表时，必须注意以下几点。

①使用前，应检查测量杆活动的灵活性。即轻轻推动测量杆时，测量杆在套筒内的移动要灵活，没有任何轧卡现象，且每次放松后，指针能回复到原来的刻度位置。

②使用百分表或千分表时，必须把它固定在可靠的夹持架上（如固定在万能表架或磁性表座上，图 5-29 所示），夹持架要安放平稳，免使测量结果不准确或摔坏百分表。

③用夹持百分表或千分表的套筒来固定百分表或千分表时，夹紧力不要过大，以免因套筒变形而使测量杆活动不灵活。

④在使用百分表或千分表的过程中，要严格防止水、油和灰尘渗入表内，测量杆上也不要加油，免得粘有灰尘的油污进入表内，影响表的灵活性。

⑤百分表或千分表不使用时，应使测量杆处于自由状态，免使表内的弹簧失效。如内径百分表上的百分表，不使用时，应拆下来保存。

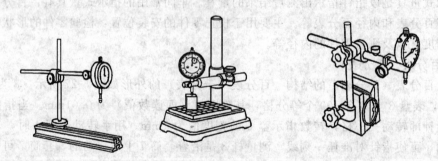

图 5-29 安装在专用夹持架上的百分表

⑥测量零件时，测量杆必须垂直于被测量表面。图 5-30 所示。即使测量杆的轴线与被测量尺寸的方向一致，否则将使测量杆活动不灵活或使测量结果不准确。

2. 杠杆千分表

（1）杠杆千分表的结构及原理 杠杆千分表的分度值为 0.002mm，其原理如图 5-31 所示，当测量杆 1 向左摆动时，拨杆 2 推动扇形齿轮 3 上的圆柱销 C 使扇形齿轮绕轴 B 逆时针转动，此时圆柱销 D 与拨杆 2 脱开。当测量杆 1 向右摆动时，拨杆 2 推动扇形齿轮上的圆柱销 D 也使扇形齿轮绕轴 B 逆时针转动，此时圆柱销 C 与拨杆 2 脱开。这样，无论测量杆 1 向左或向右摆动，扇形齿轮 3 总是逆时针方向转动。扇形齿轮 3 再带动小齿轮 4 以及同轴的端面齿轮 5，经小齿轮 6，由指针 7 在刻度盘上指示出数值。

已知 $r_1=16.39mm$，$r_2=12mm$，$r_3=3mm$，$r_4=5mm$，$z_3=428$，$z_4=19$，$z_5=120$，$z_6=21$，当测量杆向左移动 0.2mm 时，指针 7 的转数 n 为：

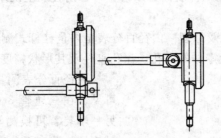

图 5-30 百分表安装方法

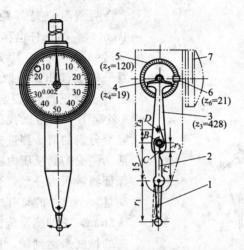

图 5-31 杠杆千分表

1—测量杆；2—拨杆；3—扇形齿轮；4—小齿轮；5—端面齿轮；6—小齿轮；7—指针

$$n \approx \frac{0.2\text{mm}}{16.39\text{mm}} \times \frac{12}{2\pi \times 3} \times \frac{428}{19} \times \frac{120}{21} \approx 1r$$

由于刻度盘等分 100 格，因此 1 格所表示的测量值 b 为：

$$b \approx \frac{0.2\text{mm}}{100} = 0.002\text{mm}$$

当测量杆向右移动 0.2mm 时，指针 7 的转数为：

$$n \approx \frac{0.2\text{mm}}{16.39\text{mm}} \times \frac{20}{2\pi \times 5} \times \frac{428}{19} \times \frac{120}{21} \approx 1r$$

由于杠杆比 $\frac{12}{2\pi \times 3}$ 和 $\frac{20}{2\pi \times 5}$ 相同，因此测量杆向左或向右转动的两条传动链的传动比是相等的，也就是分度值相等。

（2）杠杆千分表的使用注意事项

① 千分表应固定在可靠的表架上，测量前必须检查千分表是否夹牢，并多次提拉千分表测量杆与工件接触，观察其重复指示值是否相同。

② 测量时，不准用工件撞击测头，以免影响测量精度或撞坏千分表。为保持一定的起始测量力，测头与工件接触时，测量杆应有 0.3～0.5mm 的压缩量。

③ 测量杆上不要加油，以免油污进入表内，影响千分表的灵敏度。

④ 千分表测量杆与被测工件表面必须垂直，否则会产生误差。

3. 内径百分表

（1）内径百分表的结构及原理　内径百分表是内量杠杆式测量架和百分表的组合，如图5-32所示。用以测量或检验零件的内孔、深孔直径及其形状精度。

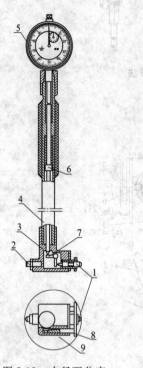

图 5-32　内径百分表
1—活动测头；2—可换测头；3—三通管；4—连杆；
5—百分表；6—活动杆；7—传动杠杆；
8—定心护桥；9—弹簧

内径百分表测量架的内部结构，由图5-32可见。在三通管3的一端装着活动测量头1，另一端装着可换测量头2，垂直管口一端，通过连杆4装有百分表5。活动测量头1的移动，使传动杠杆7回转，通过活动杆6，推动百分表的测量杆，使百分表指针产生回转。由于杠杆7的两侧触点是等距离的，当活动测头移动1mm时，活动杆也移动1mm，推动百分表指针回转一圈。所以，活动测头的移动量，可以在百分表上读出来。两触点量具在测量内径时，不容易找正孔的直径方向，定心护桥8和弹簧9就起了一个帮助找正直径位置的作用，使内径百分表的两个测量头正好在内孔直径的两端。活动测头的测量压力由活动杆6上的弹簧控制，保证测量压力一致。内径百分表活动测头的移动量，小尺寸的只有0～1mm，大尺寸的可有0～3mm，它的测量范围是由更换或调整可换测头的长度来达到的。因此，每个内径百分表都附有成套的可换测头。

用内径百分表测量内径是一种比较量法，测量前应根据被测孔径的大小，在专用的环规或百分尺上调整好尺寸后才能使用。调整内径百分尺的尺寸时，选用可换测头的长度及其伸出的距离（大尺寸内径百分表的可换测头，是用螺纹旋上去的，故可调整伸出的距离，小尺寸的不能调整），应使被测尺寸在活动测头总移动量的中间位置。

（2）内径百分表的使用方法　内径白分表用来测量圆柱孔，它附有成套的可调测量头，使用前必须先进行组合和校对零位，如图5-33所示。组合时，将百分表装入连杆内，使小指针指在0～1的位置上，长针和连杆轴线重合，刻度盘上的字应垂直向下，以便于测量时观察，装好后应予紧固。粗加工时，最好先用游标卡尺或内卡钳测量。因内径百分表同其他精密量具一样属贵重仪器，其好坏与精确直接影响到工件的加工精度和其使用寿命。粗加工时工件加工表面粗糙不平而测量不准确，也使测头易磨损。因此，须加以爱护和保养，精加工时再进行测量。

测量前应根据被测孔径大小用外径百分尺调整好尺寸后才能使用，如图5-34所示。在调整尺寸时，正确选用可换测头的长度及其伸出距离，应使被测尺寸在活动测头总移动量的中间位置。

测量时，连杆中心线应与工件中心线平行，不得歪斜，同时应在圆周上多测几个点，找出孔径的实际尺寸，看是否在公差范围以内。图 5-35 所示。

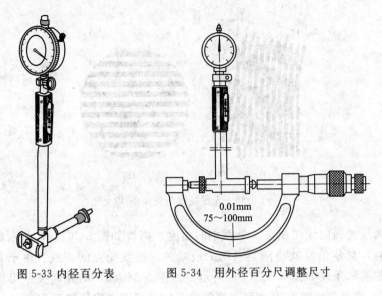

图 5-33　内径百分表　　　　　图 5-34　用外径百分尺调整尺寸

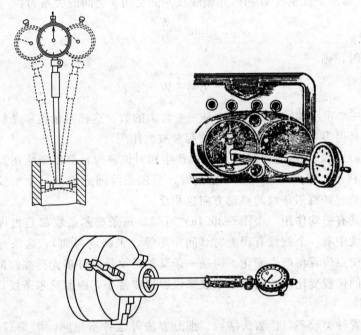

图 5-35　内径百分表的使用方法

五、光栅测量仪原理

计量光栅在几何计量中的应用广泛，形式上有长光栅和圆光栅两类。长光栅相当于一根线纹密度较大的刻度尺，通常每 1mm 刻 25 条、50 条或 100 条刻线。圆光栅相当于线纹密度大的分度盘，一般在一个圆周上刻上 5400 条、10800 条或 21600 条刻度。

1. 莫尔条纹

将两块栅距相同的长光栅（或圆光栅）叠放在一起，使两光栅线纹保持 0.01～0.1mm

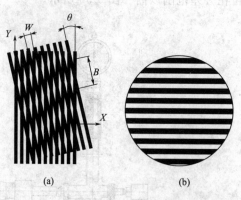

图 5-36 光栅线纹与莫尔条纹

的间距，并使两块光栅的线纹相交一个很小的角度，即得如图 5-36（a）所示的条纹。从几何学的观点来看，莫尔条纹就是同类（明的或暗的）线纹交点的连线。由于光栅的衍射现象，实际得到的莫尔条纹如图 5-36（b）所示。由图 5-36（a）的几何关系可得光栅的栅距（线纹间距）W、莫尔条纹宽度 B 和两光栅线纹间的交角 θ 之间的关系为：

$$\tan\theta = \frac{W}{B}$$

当交角很小时，则：

$$B = \frac{1}{\theta}W$$

由于 θ 角是一个很小的数，因而 $1/\theta$ 是一个较大的数。这样测量莫尔条纹宽度就比测量光栅线纹宽度容易得多，由此可知莫尔条纹起着放大作用。

在图 5-36（a）中，当两光栅尺在 X 方向产生相对位移时，莫尔条纹在大约与 X 相垂直的 Y 方向也产生移动。当光栅移动一个栅距时，莫尔条纹随之移动一个条纹间距。当光栅尺按相反方向移动时，莫尔条纹的移动方向也相反。

莫尔条纹还具有平均作用。由图 5-36（a）可知，每条莫尔条纹都是由许多光栅线纹的交点组成。当线纹中有一个线纹有误差时（间距不等、歪斜或弯曲），这条有误差的线纹和另一光栅线纹的交点位置将产生变化。但是一条莫尔条纹是由许多光栅线纹的交点组成，因此一条线纹交点的位置变化对一条莫尔条纹来说影像非常小，因而莫尔条纹具有平均效应。

2. 计数原理

光栅计数装置种类较多，读数头结构、细分方法等也各不相同。图 5-37（a）是一种简单的光栅头示意图，图 5-37（b）是其数显装置。光源 1 发出的光经透镜 2 成一束平行光，这束光穿过标尺光栅 4 和指示光栅 3 后形成莫尔指示条纹。在指示光栅后安放一个四分硅光电池 5 调整指示光栅相对于标尺光栅的夹角 θ，使条纹宽度 B 等于四分硅光电池的宽度。当莫尔条纹信号落到光电池上后，则由四分硅光电池引出四路光电信号，且相邻两信号的相位相差 90°。当标尺光栅相对于指示光栅移动时，可逆计数器就能进行计数。其计数电路方框图如图 5-38 所示。由硅光电池引出的四路信号分别送入两个差动放大器，之后差动放大器分别输出相位相差 90°的两路信号，再经整形、倍频和微分后，经门电路到可逆计数器，最后由数字显示器显示出两光栅尺相对位移的距离。工作时，标尺光栅和指示光栅分别安装在仪器的固定部件和运动部件上，可代替光学标尺。

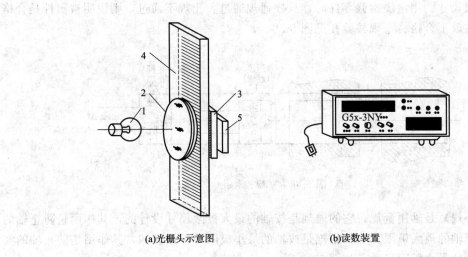

(a)光栅头示意图　　　　　　　(b)读数装置

图 5-37　光栅计数装置

1—光源；2—透镜；3—指示光栅；4—标尺光栅；5—电池

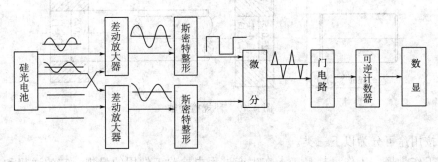

图 5-38　光栅测量仪计数电路方框图

由于硅光电池的弱点，目前接收莫尔条纹信号的光电元件常采用光电三极光，此时的指示光栅应采用"相位指示光栅"，即指示光栅上的光栅线纹应刻划成四组，每组线纹依秩相差 1/4 线纹间距，从而形成在相位上依秩相差 1/4 的四组不同光强信号，并分别由四个光电管接收，输出在相位上依次相差 1/4 的四路电信号，从而代替了四路硅光电池的应用。

第四节　光滑极限量规

一、概述

检验光滑工件尺寸时，可用通用测量器具，也可使用极限量规。通用测量器具有具体的指示值，能直接测量出工件的尺寸，而光滑极限量规是一种没有刻线的专用量具，它不能确定工件的实际尺寸，只能判断工件合格与否。因量规结构简单，制造容易，使用方便，并且可以保证工件在生产中的互换性，因此广泛应用于成批大量生产中。

光滑极限量规有塞规和卡规之分。无论塞规和卡规都有通规和止规，且它们成对使用。塞规是孔用极限量规，它的通规是根据孔的最小极限尺寸确定的，作用是防止孔的作用尺寸小于孔的最小极限尺寸；止规是按孔的最大极限尺寸设计的，作用是防止孔的实际尺寸大于孔的最大极限尺寸。用量规检验零件时，只要通规通过，止规不通过，则说明被测件是合格的，否则工件就不合格。塞规检验孔见图5-39。

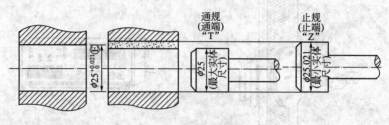

图 5-39　塞规检验孔

卡规（环规）是轴用量规。它的通规是按轴的最大极限尺寸设计的，其作用是防止轴的作用尺寸大于轴的最大极限尺寸；止规是按轴的最小极限尺寸设计的，其作用是防止轴的实际尺寸小于轴的最小极限尺寸。如图5-40所示。

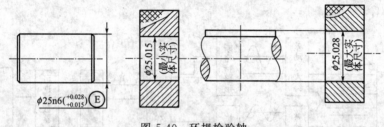

图 5-40　环规检验轴

量规按用途可分为以下三类。

（1）工作量规　工作量规是工人在生产过程中检验工件用的量规，它的通规和止规分别用代号"T"和"Z"。

（2）验收量规　验收量规是检验部门或用户代表验收产品时使用的量规。

（3）校对量规　用以检验工作量规的量规 。只有轴用工作量规才设计和使用校对量规。

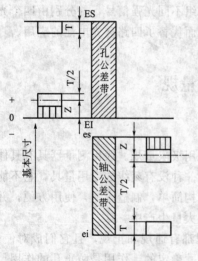

图 5-41　量规公差带图

二、量规的公差带

1. 工作量规

量规是一种精密工具，制造量规，不可避免地产生误差，故必须规定制造公差。

工作量规通规工作时，要经常通过被检验工件，其工作表面不可避免的磨损，因而工作量规通规除规定制造公差（T）外，还规定了磨损公差。止规由于不经常通过工件，所以只规定了制造公差。

我国量规国家标准GB/T 1957—2006规定，量规公差采用"内缩"方案，即量规的公差带，全部限制在被测孔、轴公差带之内，见图5-41。

国家标准规定的工作量规的形状和位置误差，应在工作量规制造公差范围内，其形位公差为量规尺寸公差的 50%，考虑到制造和测量的困难，当量规制造公差≤0.0002mm 时，其形状位置公差为 0.001mm。IT6～IT14 级工作量规的尺寸公差值及通规位置要素值见表 5-5。

表 5-5　IT6～IT14 级工作量规的尺寸公差值及通规位置要素值　　　μm

工作基本尺寸 D/mm	IT6			IT7			IT8			IT9			IT10		
	IT6	T	Z	IT7	T	Z	IT8	T	Z	IT9	T	Z	IT10	T	Z
≤3	6	1	1	10	1.2	1.6	14	1.6	2	25	2	3	40	2.4	4
>3～6	8	1.2	1.4	12	1.4	2	18	2	2.6	60	2.4	5	48	3	5
>6～10	9	1.4	1.6	15	1.8	2.4	22	2.4	3.2	36	2.8	6	58	3.6	6
>10～18	11	1.6	2	18	2	2.8	27	2.8	4	43	3.4	7	70	4	8
>18～30	13	2	2.4	2	2.4	3.4	33	3.4	5	52	4	7	84	5	9
>30～50	16	2.4	2.8	25	3	4	39	4	6	62	5	8	100	6	11
>50～80	19	2.8	3.4	60	3.6	4.6	46	4.6	7	74	6	9	120	7	13
>80～120	22	3.2	3.8	35	4.2	5.4	54	5.4	7	87	7	10	140	8	15
>120～180	25	3.8	4.4	40	4.8	6	63	6	9	100	8	12	160	9	18
>180～250	29	4.4	5	46	5.4	7	72	7	10	115	9	14	185	10	20
>250～315	32	4.8	5.6	52	6	8	81	8	11	130	10	16	320	12	22
>315～400	36	5.4	6	57	7	9	89	9	12	140	11	18	230	14	25
>400～500	40	6	6	63	8	10	97	10	14	155	12	20	250	16	28

2. 验收量规

在光滑极限量规国家标准中，没有单独规定验收量规公差带，但规定了检验部门应使用磨损较多的通规，用户代表应使用接近工件最大实体的通规，以接近工件最小实体尺寸的止规。

3. 校对量规

校对量规的尺寸的公差带完全位于被校对量规的制造公差和磨损极限内；校对量规的尺寸公差等于被校对量规尺寸公差的一半，形状误差应控制在其尺寸公差带内。

校对量规的公差带分布规定如下。

校通-通（TT），其公差带是从通规的下偏差起始，向轴用量规通规的公差带内分布。

校止-通（TZ），其公差带是从止规的下偏差起始，向轴用量规止规的公差带内分布。

校通-损（TS），其公差带是从通规的磨损极限（被测轴的最大实体尺寸）起始，向轴用量规通规公差带内分布。

轴用量规的三种校对量规的尺寸公差均取为被校对量规尺寸公差的一半。

三、工作量规的设计

1. 量规的设计原则（泰勒原则）

单一要素的孔和轴遵守包容要求时，要求其被测要素的实体处处不得超越最大实体边界。而实际要素局部实际尺寸不得超越最小实体尺寸，从检验角度出发。在国家标准《极限与配合》中规定了极限尺寸判断原则。它是光滑极限量规设计的重要依据。

（1）孔或轴的体外作用尺寸不允许超过最大实体尺寸。即对于孔，其体外作用尺寸应不小于最小极限尺寸；对于轴，其体外作用尺寸不大于最大极限尺寸。

（2）任何位置上的实际尺寸不允许超过最小实体尺寸。即对于孔，其实际尺寸不大于最大极限尺寸；对于轴，其实际尺寸不小于最小极限尺寸。

显而易见，作用尺寸由最大实体尺寸控制，而实际尺寸由最小实体尺寸控制，光滑极限量规的设计应遵循这一原则。

2. 量规的结构形式

光滑极限量规的结构形式很多，合理地选择和使用，对正确判断检验结果影响很大，如图 5-42 所示。

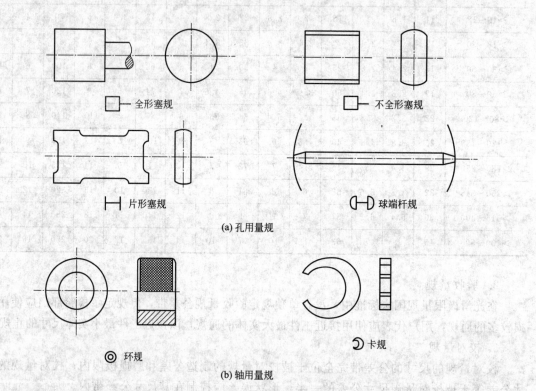

图 5-42　轴、孔用量规常见结构

3. 量规的其他技术要求

（1）量规可用合金工具钢、碳素工具钢、渗碳钢及硬质合金等尺寸稳定且耐磨的材料制造，也可用普通低碳钢表面镀铬氮化处理，其厚度应大于磨损量。

（2）量规工作面的硬度对量规的使用寿命有直接影响。钢制量规测量面的硬度为 58～65HRC，并应经过稳定性处理，如回火、时效等，以消除材料中的内应力。

（3）量规工作面不应有锈迹、毛刺、黑斑、划痕等明显影响使用质量的缺陷，非工作表面不应有锈蚀和裂纹。

（4）量规的测头与手柄的联结应牢固可靠，在使用过程中不应松动。

（5）量规测量面的表面粗糙度取决于被检验工件的基本尺寸、公差等级和粗糙度以及量规的制造工艺水平，一般不低于国标推荐的表面粗糙度数值。见表 5-6（摘自 GB/T1031—1995）。

表 5-6　量规测量面的表面粗糙度值

工作量规	工件基本尺寸/mm		
	≤120	>120~315	>315~500
	Ra 最大允许值/μm		
IT6 级孔用量规	0.04	0.08	0.16
IT6~IT9 级轴用量规	0.08	0.16	0.32
IT7~IT9 级孔用量规			
IT10~IT12 级孔、轴用量规	0.16	0.32	0.63
IT13~IT16 级孔、轴用量规	0.32	0.63	0.63

（6）量规必须打上清晰的标记，主要有：

①被检验孔、轴的基本尺寸和公差带代号；

②量规的用途代号："T" 表示通规代号；"Z" 表示止规代号。

4. 量规的工作尺寸的计算步骤

（1）查出孔或轴的上下偏差，见表 5-7；

（2）查出量规的尺寸公差 T 及通规的位置要素 Z；

（3）画出量规的公差带图；

（4）计算量规的工作尺寸。

表 5-7　工作量规极限偏差的计算

极限偏差	检验孔的量规	检验轴的量规
通端上偏差	$T_s = EI + Z + \dfrac{T}{2}$	$T_{sd} = es - Z + \dfrac{T}{2}$
通端下偏差	$T_i = EI + Z - \dfrac{T}{2}$	$T_{id} = es - Z - \dfrac{T}{2}$
止端上偏差	$Z_s = ES$	$Z_{sd} = ei + T$
止端下偏差	$Z_i = ES - T$	$Z_{id} = ei$

【例 5-2】　设计检验 $\phi30H8$ 孔用工作量规和 $\phi30f7$ 轴用工作量规的极限尺寸，并画出公差带与量规公差带关系图。

解：（1）画出 $\phi30H8$ 和 $\phi30f7$ 的公差带图；确定其极限偏差并判定量规类型及通、止端

根据 $\phi30IT8$，查表得：　　IT8 = 0.033 mm

又知 EI = 0

所以 ES = EI + IT8 = 0 + 0.033 = +0.033 mm；

根据 $\phi30f$，查表得：es = −0.020 mm

根据 $\phi30IT7$，查表得：IT7 = 0.021 mm

所以 ei = es − IT7 = − 0.020 − 0.021 = − 0.041 mm

所设计量规类型为：

①检验孔 $\phi30H8$ 用塞规；

②检验轴 $\phi30f7$ 用环规或卡规；

其通、止端标在公差带图上，见图 5-43。

（2）确定量规的制造公差带和磨损公差带

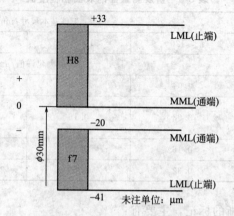

图 5-43 通、止端标在公差带图

根据孔 $\phi30\text{H8}$，由表 5-5 可查得其工作量规的制造公差 T 和位置要素 Z 值为：
$$T=0.0034\text{mm} \quad Z=0.005\text{ mm}$$

根据轴 $\phi30\text{f7}$，由表 5-5 可查得其工作量规的制造公差 T 和位置要素 Z 值为：
$$T=0.0024\text{ mm} \quad Z=0.0034\text{ mm}$$

由此可画出量规公差带图见图 5-44。

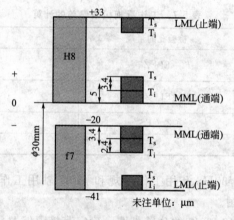

图 5-44 量规公差带图

（3）确定工作量规通、止端的极限偏差

对检验孔用的塞规，其通端极限偏差为：

$T_s=EI+Z+T/2=0+0.005+0.0034/2=+0.0067$ mm

$T_i=EI+Z-T/2=0+0.005-0.0034/2=+0.0033$ mm

故：通端的制造尺寸为：$\phi30^{+0.0067}_{+0.0033}$

对检验孔用的塞规，其止端极限偏差为：

$Z_s=ES=+0.033$ mm

$Z_i=ES-T=+0.033-0.0034=+0.0296$ mm

故：止端的制造尺寸为：$\phi30^{+0.0330}_{+0.0296}$

（4）确定工作量规通、止端的极限偏差

对检验轴用的卡规或环规，其通端极限偏差为：

$T_s = es - Z + T/2 = -0.020 - 0.0034 + 0.0024/2 = -0.0222$ mm

$T_i = es - Z - T/2 = -0.020 - 0.0034 - 0.0024/2 = -0.0246$ mm

故：通端的制造尺寸为：$\phi 30^{-0.0222}_{-0.0246}$

对检验轴用的卡规或环规，其止端极限偏差为：

$Z_s = ei + T = -0.041 + 0.0024 = -0.0386$ mm

$Z_i = ei = -0.041$ mm

故：止端的制造尺寸为：$\phi 30^{-0.0386}_{-0.0410}$

（5）按量规的常用形式，绘制标注量规图样

①检验 $\phi 30H8$ 孔用塞规图样标注见图 5-45。

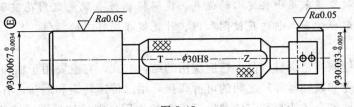

图 5-45

②检验 $\phi 30f7$ 轴用环规或卡规图样标注见图 5-46。

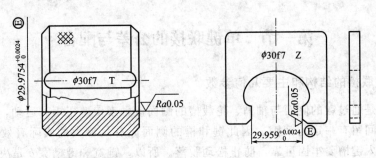

图 5-46

习　题

5-1　使用 0～150mm 游标卡尺和 25～50mm 的千分尺测量一根直径合适的轴类零件测量其直径大小，并比较其测量结果。

5-2　使用游标卡尺、内径量表测量一孔类零件，比较其结果，阐述它们的区别。

5-3　简述百分表的用途。

第六章 键、花键的公差及其检测

学习目标

1. 了解键联接和花键联接的用途，掌握平键联接和花键联接的特点和结构参数。
2. 能够根据轴径和使用场合特点，参照有关标准，选用平键联接的规格参数和联接类型，确定键槽尺寸公差、形位公差和表面粗糙度，并能在图样上正确标注。

了解矩形花键联接采用小径定心的优点，能够根据标准规定选用花键联接的配合形式，确定配合精度和配合种类，熟悉花键副和内、外花键在图样上的标注。

键联接和花键联接是机械产品中普遍应用的结合方式，它主要用于轴和轴上传动件（如齿轮、带轮、手轮和联轴器等）之间的可拆联接，用以传递转矩和运动，有时也用作轴上传动件的导向，特殊场合还能起到定位和保证安全的作用。键又称单键，按其结构形式不同，分为平键、半圆键和楔形键等几种。其中平键又分为普通平键和导向平键；花键分为矩形花键、渐开线花键和三角花键三种，其中矩形花键应用最广。

第一节 单键联接的公差与配合

一、单键联接的结构和主要几何参数

单键联接是通过键的侧面与轴槽、轮毂槽的侧面接触来传递扭矩和运动，键的上表面和轮毂槽底面之间留有一定的间隙。因此键和槽的侧面应有足够大的实际有效面积来承受负荷，并且键嵌入键槽要牢固可靠，防止松动脱落。所以，键宽和键槽宽 b 是决定配合性质和配合精度的主要参数，为主要配合尺寸，应规定较严的公差；而键长 L、键高 h、轴槽深 t_1 和轮毂槽深 t_2 为非配合尺寸，其精度要求较低。平键联接结构如图 6-1 所示。

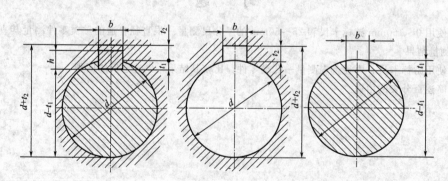

图 6-1 平键联接方式及主要结构参数

二、单键联接的公差与配合

单键是标准件,单键联接是键与轴及轮毂三个零件的配合,考虑工艺上的特点,为使不同的配合所用键的规格统一,国家标准规定键联接采用基轴制配合。

为保证键在轴槽上紧固,同时又便于拆装,轴槽和轮毂槽可以采用不同的公差带,使其配合的松紧不同,国家标准 GB/T1095—2003《平键 键槽的剖面尺寸》对平键与键槽、轮毂槽的宽度规定了三种联接类型,即正常联接、紧密联接和松联接,对轴和轮毂的键槽宽各规定了三种公差带。而国家标准 GB/T1096—2003《普通型 平键》对键宽规定了一种公差带 h9,这样就构成三组配合,以满足各种不同的用途。其配合尺寸(键与键槽宽)的公差带均从 GB/T1801—2009 标准中选取。键宽与键槽宽 b 的公差带如图 6-2 所示。

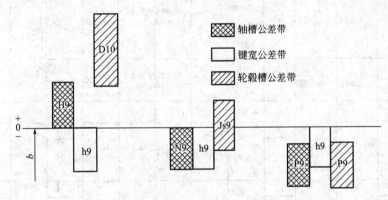

图 6-2 键宽和键槽宽 b 的公差带

三组配合的应用情况见表 6-1。平键与键槽的剖面尺寸及键槽的公差与极限偏差见表 6-2。

表 6-1 键和键槽的配合

联接类型	尺寸 b 的公差带			配合性质及适用场合
	键	轴槽	轮毂槽	
松		H9	D10	用于导向平键,轮毂可在轴上移动
正常	h9	N9	Js9	键在轴槽中和轮毂槽中均固定,用于载荷不大的场合
紧密		P9	P9	键在轴槽中和轮毂槽中均紧密固定,用于载荷较大、有冲击和双向转矩的场合

平键联接的非配合尺寸中,轴槽深 t_1 和轮毂槽深 t_2 的公差带见表 6-2;键高 h 的公差带为 h11;键长 L 的公差带为 h14;轴槽长度的公差带为 H14。

三、单键、键槽的形位公差和表面粗糙度

为了限制形位误差的影响,防止键与键槽装配困难和工作面受力不均等,在国家标准中,对键和键槽的形位公差作了如下规定。

(1) 轴槽和轮毂槽对轴线的对称度公差:根据键槽宽 b,一般按 GB/T1184—1996《形状和位置公差》中对称度 7~9 级选取。

(2) 当键长 L 与键宽 b 之比大于或等于 8 时,b 的两侧面在长度方向的平行度公差也按 GB/T1184—1996《形状和位置公差》选取,当 $b \leqslant 6mm$ 时取 7 级;$b \geqslant 8 \sim 36mm$ 时取 6 级;

当 $b \geq 40m$ 时取 5 级。

表 6-2　普通型平键和键槽的尺寸与公差（摘自 GB/T1095、1096—2003）　　mm

轴	键			键槽									
				宽度 b						深度			
		键宽度 b 极限偏差 (h8)	键高度 h 极限偏差 (h11)		极限偏差					轴 t_1		毂 t_2	
公称直径 d	键尺寸 b×h			基本尺寸 b	正常联接		紧密联接	松联接		基本尺寸	极限尺寸	基本尺寸	极限尺寸
					轴 N9	毂 Js9	轴和毂 P9	轴 H9	毂 D10				
6~8	2×2			2						1.2		1	
>8~10	3×3	0 / −0.014	0 / −0.014	3	−0.004 / −0.029	±0.0125	−0.006 / −0.031	+0.025	+0.060 / +0.020	1.8	+0.100	1.4	+0.10 / 0
>10~12	4×4	0 / −0.018	0 / −0.018	4	0 / −	±0.015	−0.012 / −0.042	+0.030 /	+0.078 / −0.030	2.5		1.8	
>12~17	5×5			5						3.0		2.3	
>17~22	6×6			6	0.030					3.5		2.8	
>22~30	8×7			8						4.0		3.3	
>30~38	10×8	0 / −0.022	0 / −0.090	10	0 / −0.036	±0.018	−0.015 / −0.051	+0.036 / +0.040	+0.098	5.0		3.3	
>38~44	12×8			12						5.0		3.3	
>44~50	14×9	0 / −0.027		14	0 / −0.043	±0.0215	−0.018 / −0.061	+0.043 / +0.050	+0.120	5.5	+0.200	3.8	+0.20 / 0
>50~58	16×10			16						6.0		4.3	
>58~65	18×11			18						7.0		4.4	
>65~75	20×12			20						7.5		4.9	
>75~85	22×14		0 / −0.110	22	0 / −0.052	±0.026	−0.022 / −0.074	+0.052 / +0.065	+0.149	9.0		5.4	
>85~95	25×14	0 / −0.033		25						9.0		5.4	
>95~110	28×16			28						10.0		6.4	

其表面粗糙度要求为：键槽侧面取 Ra 为 1.6~6.3μm；其他非配合面取 Ra 为 6.3~12.5μm。图样标注如图 6-3 所示。

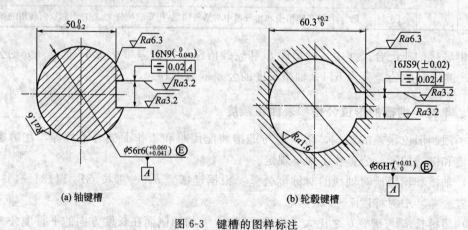

(a) 轴键槽　　　　　　　　(b) 轮毂键槽

图 6-3　键槽的图样标注

第二节 矩形花键的公差与配合

花键联接是通过花键轴和花键孔作为联接件以传递转矩和轴向移动的。与键联接相比，花键具有定心精度高、导向性好等优点。同时，由于键数目的增加，键与轴联接成一体，轴和轮毂上承受的载荷分布均匀，因而可以传递较大的转矩，联接强度高，联接也更可靠。花键可用作固定联接，也可用作滑动联接，在机械结构中应用较多。本节介绍应用最广的矩形花键。

一、矩形花键联接的特点

矩形花键联接由内花键（花键孔）与外花键（花键轴）构成，用于传递转矩和运动。其联接应保证内花键与外花键的同轴度、连接强度和传递运动的可靠性，对要求轴向滑动的联接，还应保证导向精度。

二、矩形花键的主要参数及定心方式

为了便于加工和检测，键数 N 规定为偶数（有 6、8、10），键齿均布于全圆周。按承载能力，矩形花键分为中、轻两个系列。对同一小径，两个系列的键数相同，键（槽）宽相同，仅大径不相同。中系列的承载能力强，多用于汽车、拖拉机等制造业；轻系列的承载能力相对低，多用于机床制造业。矩形花键的尺寸系列见表 6-3。

矩形花键主要尺寸有小径 d、大径 D、键（槽）宽 B，如图 6-4 所示。

矩形花键联接的结合面有三个，即大径结合面、小径结合面和键侧结合面。要保证三个结合面同时达到高精度的配合很困难，也没有必要。因此，为了保证使用性质，改善加工工艺，只需以其中之一为主要结合面，确定内、外花键的配合性质。确定配合性质的结合面称为定心表面。

每个结合面都可作为定心表面，所以花键联接有三种定心方式：小径 d 定心、大径 D 定心和键（槽）宽 B 定心，如图 6-5 所示。GB/T 1144—2001 规定矩形花键以小径结合面作为定心表面，即采用小径定心。定心直径 d 的公差等级较高，非定心直径 D 的公差等级较低，并且非定心直径 D 表面之间有相当大的间隙，以保证它们不接触。键齿侧面是传递转矩及导向的主要表面，故键（槽）宽 B 应具有足够的精度，一般要求比非定心直径 D 要严格。

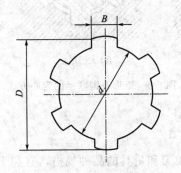

图 6-4 矩形花键

表 6-3　矩形花键基本尺寸系列（摘自 GB/T1144—2001）　　　　　　　mm

小径 d	轻系列				中系列			
	规格 $N×d×D×B$	键数 N	大径 D	键宽 B	规格 $N×d×D×B$	键数 N	大径 D	键宽 B
					6×11×14×3		14	3
					6×13×16×3.5		16	3.5
	—	—	—	—	6×16×20×4		20	4
					6×18×22×5	6	22	5
					6×21×25×5		25	
	6×23×26×6		26		6×23×28×6		28	6
	6×26×30×6	6	30	6	6×26×32×6		32	
28	6×28×32×7		32	7	6×28×34×7		34	7
32	8×32×36×6		36	6	8×32×38×6		38	6
36	8×36×40×7		40	7	8×36×42×7		42	7
42	8×42×46×8		46	8	8×42×48×8		48	8
46	8×46×50×9	8	50	9	8×46×54×9	8	54	9
52	8×52×58×10		58		8×52×60×10		60	
56	6×56×62×10		62	10	8×56×65×10		65	10
62	8×62×68×12		68		8×62×72×12		72	
72	10×72×78×12		78	12	10×72×82×12		82	12
82	10×82×88×12		88		10×82×92×12		92	
92	10×92×98×14	10	98	14	10×92×102×14	10	102	14
102	10×102×108×16		108	16	10×102×112×16		112	16
112	10×112×120×18		120	18	10×112×125×18		125	18

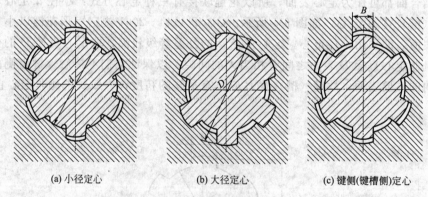

(a) 小径定心　　　　　(b) 大径定心　　　　　(c) 键侧(键槽侧)定心

图 6-5　矩形花键联接的定心方式

三、矩形花键的公差与配合

　　为了减少制造内花键用的拉刀和量具的品种规格，有利于拉刀和量具的专业化生产，矩形花键配合应采用基孔制，即内花键 d、D 和 B 的基本偏差不变，依靠改变外花键 d、D 和

B 的基本偏差，获得不同松紧的配合。

矩形花键配合的精度，按其使用要求分为一般用和精密传动用两种。选用时主要考虑定心精度要求和传递转矩的大小。精密传动用花键联接定心精度高，传递转矩大而且平稳，多用于精密机床主轴变速箱轴与齿轮的联接，一般用花键联接则常用于定心精度要求不高的卧式车床变速箱及各种减速器中轴与齿轮的联接。

配合种类的选择，首先应根据内、外花键之间是否有轴向移动，确定是固定联接还是滑动联接。对于内、外花键之间要求有相对移动，而且移动距离长、移动频率高的情况，应选择配合间隙较大的滑动联接，例如汽车、拖拉机等变速箱中的齿轮与轴的联接。对于内、外花键之间有相对移动、定心精度要求高、传递转矩大，或经常有反向转动的情况，则应选择配合间隙较小的紧滑动联接，对于内外花键之间相对固定，无轴向滑动要求时，则选择固定联接。

内、外花键的尺寸公差带和装配形式见表 6-4。

由表 6-4 可以看出，定心直径 d 的公差等级高，要求严。d 的公差带在一般情况下，内、外花键取相同的公差等级。但在某些特殊情况下，内花键允许与提高一级的外花键配合，公差带为 H7 的内花键可以与公差带为 f6、g6、h6 的外花键配合；公差带为 H6 的内花键可以与公差带为 f5、g5、h5 的外花键配合。这主要是考虑矩形花键常用来作为齿轮的基准孔，有可能出现外花键的定心直径公差等级高于内花键定心直径公差等级的情况。

四、矩形花键的形位公差和表面粗糙度

为保证定心表面的配合性质，应对矩形花键规定如下要求。

（1）内、外花键定心直径 d 的尺寸公差与形位公差的关系，必须采用包容要求。

（2）内（外）花键应规定键槽（键）侧面对定心轴线的位置度公差，如图 6-6 所示，并采用最大实体要求，用综合量规检验。位置度公差见表 6-5。

表 6-4　内、外花键的尺寸公差带（摘自 GB/T1144—2001）

内花键				外花键			装配形式
d	D	B		d	D	B	
		拉削后不热处理	拉削后热处理				
一般用							
H7	H10	H9	H11	f7	d10	滑动
				g7	a11	f9	紧滑动
				h7		h10	固定
精密传动用							
H5	H10	H7、H9		f5		d8	滑动
				g5		f7	紧滑动
				h5	a11	h8	固定
H6				f6		d8	滑动
				G6		F7	紧滑动
				H6		H8	固定

注：1. 精密传动用的内花键，当需要控制键侧配合间隙时，槽宽可选用 H7，一般情况下可选 H9。

2. d 为 H6、H7 的内花键，允许与高一级的外花键配合。

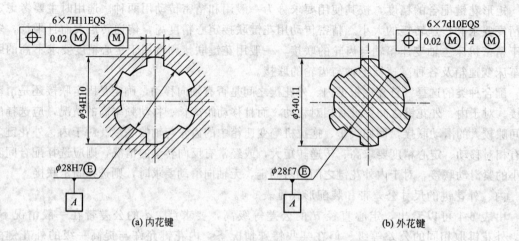

(a) 内花键   (b) 外花键

图 6-6　花键位置度公差标注

表 6-5　矩形花键位置度公差（摘自 GB/T1144—2001） mm

键槽宽或键宽 B			3	3.5～6	7～10	12～18
	键槽宽		0.010	0.015	0.020	0.025
t_1	键宽	滑动	0.010	0.015	0.020	0.025
		固定	0.006	0.010	0.013	0.016

（3）单件小批生产，采用单项测量时，应规定键槽（键）的中心平面对定心轴线的对称度和等分度，并采用独立原则。公差值见表 6-6，标注见图 6-7。

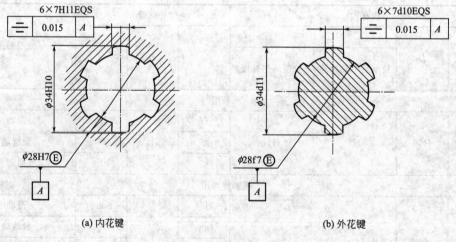

(a) 内花键   (b) 外花键

图 6-7　花键对称度标注

（4）对较长的花键可根据性能自行规定键侧对轴线的平行度公差。

（5）矩形花键的表面粗糙度 Ra 允许值：

对于内花键：小径表面≤1.6μm，大径表面 6.3μm，键槽侧面 3.2μm。

对于外花键：小径表面≤0.8μm，大径表面 3.2μm，键槽侧面 1.6μm。

表 6-6 矩形花键对称度公差 (摘自 GB/T1144—2001) mm

键槽宽或键宽 B		3	3.5～6	7～10	12～18
t_1	一般用	0.010	0.012	0.015	0.018
	精密传动用	0.006	0.008	0.009	0.011

五、图样标注

矩形花键规格按 $N×d×D×B$ 的方法表示，如 $8×52×58×10$ 依次表示键数为 8，小径为 52mm，大径为 58mm。键（键槽）宽 10mm。

矩形花键的标记按花键规格所规定的顺序书写，另需加上配合或公差带代号。其在图样上标注如图 6-8 所示。图 6-8 (a) 为一花键副，表示花键数为 6，小径配合为 28H7/f7，大径配合为 34H10/a11，键宽配合为 7H11/d10，在零件图上，花键公差带可仍按花键规格顺序注出，如图 6-8 (b)、(c) 所示。

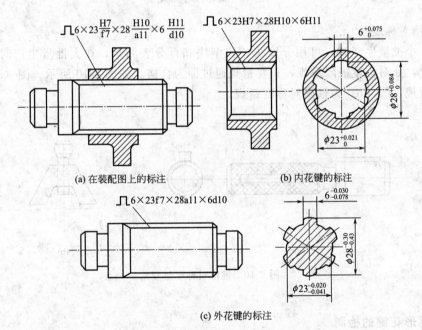

(a) 在装配图上的标注 　　 (b) 内花键的标注

(c) 外花键的标注

图 6-8 矩形花键配合及公差的图样标注

第三节 键和花键的检测

一、平键的检测

对于平键联接，需要检测的项目有：键宽、轴槽和轮毂槽的宽度、深度及槽的对称度。

1. 键和槽宽

在单件小批量生产时，一般采用通用计量器具（如千分尺、游标卡尺等）测量；在大批量生产时，用极限量规控制，如图 6-9 (a) 所示。

2. 轴槽和轮毂槽深

在单件小批量生产时，一般用游标卡尺或外径千分尺测量轴尺寸（$d-t_1$），用游标卡尺或内径千分尺测量轮毂尺寸（$d+t_2$）。在大批量生产时，用专用量规，如轮毂槽深度极限量规和轴槽深度极限量规。如图 6-9（b）、（c）所示。

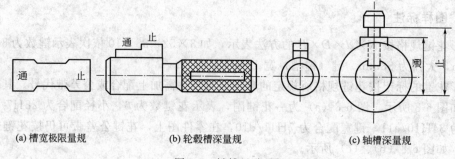

(a) 槽宽极限量规   (b) 轮毂槽深量规   (c) 轴槽深量规

图 6-9　键槽尺寸量规

3. 键槽对称度

在单件小批量生产时，可用分度头、V 型块和百分表测量，在大批量生产时一般用综合量规检验，如对称度极限量规，只要量规通过即为合格。如图 6-10 所示。图（a）为轮毂槽对称度量规，图（b）为轴槽对称度量规。

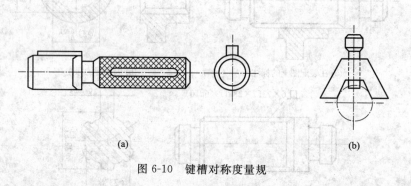

(a)   (b)

图 6-10　键槽对称度量规

二、矩形花键的检测

矩形花键的检测包括尺寸检验和形位公差检验。

在单件小批量生产中，花键的尺寸和位置误差用千分尺、游标卡尺和指示表等通用计量器具分别测量。

在大批量生产中，内（外）花键用花键综合塞（环）规，同时检验内（外）花键的小径、大径、各键槽宽（键宽）、大径对小径的同轴度和键（键槽）的位置度等项目。此外，还要用单项止端塞（卡）规或普通计量器具检测其小径、大径、各键槽宽（键宽）的实际尺寸是否超越其最小实体尺寸。

检测内、外花键时，如果花键综合量规能通过，而单项止端量规不能通过，则表示被测内、外花键合格。反之，即为不合格。

花键内、外综合量规的形状如图 6-11 所示，图（a）、（b）为花键塞规，图（c）为花键环规。

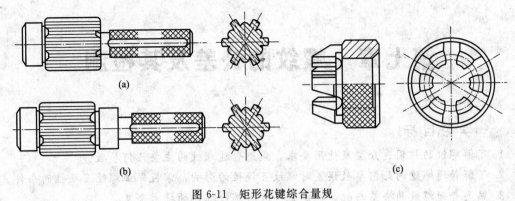

图 6-11　矩形花键综合量规

习　题

6-1　平键联接为什么只对键（键槽）宽规定较严的公差？

6-2　平键联接的配合采用何种基准制？花键联接又采用何种基准制？

6-3　有一齿轮与轴通过平键联接来传递转矩，已知轴径为 25mm，键宽为 8mm，试确定键槽的尺寸和配合，画出轴键槽的断面图和轮毂槽的局部视图，并按规定进行标注。

6-4　矩形花键的主要参数有哪些？定心方式有哪几种？哪种方式最好？为什么？

6-5　某机床变速箱中有一个 6 级精度齿轮的花键孔与花键轴联接，花键规格为：$6\times26\times30\times6$，花键孔长 30mm，花键轴长 75mm，齿轮花键孔经常需要相对花键轴做轴向移动，要求定心精度高，试确定：

（1）齿轮花键孔和花键轴的公差带代号、计算小径、大径、键（键槽）宽的极限尺寸；

（2）分别写出在装配图和零件图上的标记；

（3）绘制公差带图，并将各参数的基本尺寸和极限偏差标注在图上。

第七章　螺纹的公差及其检测

1. 了解螺纹的作用、分类及使用要求，熟悉普通螺纹的主要几何参数。
2. 了解普通螺纹的几何参数误差对螺纹互换性的影响，掌握保证螺纹互换性的条件。
3. 熟悉普通螺纹的公差与配合，能正确理解螺纹标记的技术含义。
4. 掌握普通螺纹的检测方法。

第一节　概述

螺纹在机械中应用很广。螺纹的互换程度也很高。螺纹的几何参数较多，国家标准对螺纹的牙型、公差与配合等都做了规定，以保证其几何精度。螺纹结合是由相互结合的内、外螺纹组成，通过相互旋合及牙侧面的接触作用来实现零部件间的联接、紧固和相对位移等功能。

一、螺纹分类及使用要求

螺纹的种类很多，按其用途可分为联接螺纹和传动螺纹；按牙型可分为三角形螺纹、梯形螺纹、矩形螺纹和锯齿形螺纹等。普通螺纹的牙型是三角形，属于联接螺纹。

1. 联接螺纹

联接螺纹又称紧固螺纹。其作用是使零件相互连接或紧固成一体，并可拆卸。如螺栓与螺母联接、螺钉与机体联接、管道联接等。这类螺纹牙型为三角形，对它的使用要求是可旋合性和联接的可靠性，有些还要求有密封性。旋合性是指相同规格的螺纹易于旋入或旋出，以便装配和拆卸。连接可靠性是指有足够的联接强度、接触均匀，螺纹不易松脱。

2. 传动螺纹

传动螺纹用于传递运动、动力和位移。如千斤顶的起重螺杆和摩擦压力机的传动螺杆。主要用来传递载荷，也使被传物体产生位移。这类螺纹牙型常用梯形、矩形、锯齿形和三角形等。对它的使用要求是传递动力的可靠性，传动比要稳定，有一定的保证间隙，以便传动和储存润滑油。

本章主要介绍应用最广泛的公制普通螺纹的公差、配合及其应用。

二、普通螺纹的基本牙型和主要几何参数

1. 普通螺纹的基本牙型

按 GB/T192—2003 规定，普通螺纹的基本牙型如图 7-1 所示。基本牙型定义在轴向剖面上。基本牙型是指按规定将原始正三角形削去一部分后获得的牙型。内、外螺纹的大径、中径、小径的基本尺寸都在基本牙型上定义。

2. 普通螺纹的几何参数

（1）原始三角形高度 H 原始三角形高度为原始三角形的顶点到底边的距离。如图 7-1 所示，H 与螺纹螺距的几何关系为

$$H = \sqrt{3}P/2 \tag{7-1}$$

（2）大径 D（d） 螺纹的大径是指在基本牙型上，外螺纹的牙顶（或内螺纹的牙底）所在的假想圆柱的直径。内、外螺纹的大径分别用 D、d 表示（见图 7-1）。外螺纹的大径又称外螺纹的顶径。螺纹大径的基本尺寸为螺纹的公称直径。

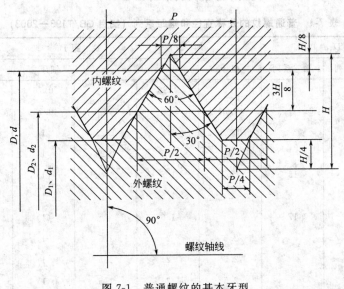

图 7-1 普通螺纹的基本牙型

（3）小径 D_1（d_1） 螺纹的小径是指在螺纹的基本牙型上，外螺纹的牙底（或内螺纹的牙顶）所在的假想圆柱的直径。内、外螺纹的小径分别用 D_1 和 d_1 表示。内螺纹的小径又称为内螺纹的顶径。

（4）中径 D_2（d_2） 螺纹牙型的沟槽和凸起宽度相等处假想圆柱的直径称为螺纹中径。内、外螺纹中径分别用 D_2 和 d_2 表示。

（5）螺距 P 在螺纹中径线（中径所在圆柱面的母线）上，相邻两牙对应点间的一段轴向距离称为螺距，用 P 表示（见图 7-1）。螺距有粗牙和细牙两种。国家标准规定了普通螺纹公称直径与螺距系列，如表 7-1 所示。

螺距与导程不同，导程是指同一条螺旋线在中径线上相邻两牙对应点之间的轴向距离，用 L 表示。对单线螺纹，导程 L 与螺距 P 相等。对多线螺纹，导程 L 等于螺距 P 与螺旋线数 n 的乘积，即 $L = nP$。

（6）牙型角 α 和牙型半角 $\dfrac{\alpha}{2}$ 牙型角是指在螺纹牙型上相邻两个牙侧面的夹角，如图 7-1 所示。普通螺纹的牙型角为 $60°$。牙型半角是指在螺纹牙型上，某一牙侧与螺纹轴线的垂线间的夹角（见图 7-1）。普通螺纹的牙型半角为 $30°$。

相互旋合的内、外螺纹，它们的上述六个基本参数相同。

已知螺纹的公称直径（大径）和螺距，用下列公式可计算出螺纹的小径和中径。

$$D_1 = D - 2 \times \frac{5}{8} H = D - 1.0825P$$

$$d_1 = d - 2 \times \frac{5}{8} H = d - 1.0825P$$

$$D_2 = D - 2 \times \frac{3}{8} H = D - 0.6495P$$

$$d_2 = d - 2 \times \frac{3}{8} H = d - 0.6495P$$

如有资料，则不必计算，可直接查螺纹表格得出。

表 7-1　普通螺纹的公称直径和螺距系列（摘自 GB/T193—2003）　　　　　mm

公称直径 D、d			螺　距 P					
第一系列	第二系列	第三系列	粗牙	细牙				
10			1.5	1.25	1	0.75	(0.5)	
		11	(1.5)		1	0.75	(0.5)	
12			1.75	1.5	1.25	1	(0.75)	(0.5)
	14		2	1.5	1.25	1	(0.75)	(0.5)
		15		1.5		(1)		
16			2	1.5		1	(0.75)	(0.5)
		17		1.5		(1)		
	18		2.5	2	1.5	1	(0.75)	(0.5)
20			2.5	2	1.5	1	(0.75)	(0.5)
	22		2.5	2	1.5	1	(0.75)	(0.5)
24			3	2	1.5	1	(0.75)	
	27		3	2	1.5	1	(0.75)	
30			3.5	(3)	2	1.5	1	(0.75)

注：括号内螺距尽可能不用。

（7）螺纹的旋合长度　螺纹的旋合长度是指两个相互旋合的内、外螺纹，沿螺纹轴线方向相互旋合部分的长度，如图 7-2 所示。

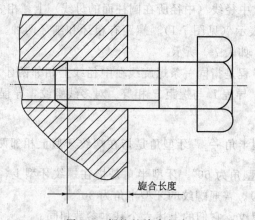

图 7-2　螺纹的旋合长度

第二节　螺纹几何参数误差对螺纹互换性的影响

螺纹联接的互换性要求，是指装配过程中的可旋合性以及使用过程中联接的可靠性。

影响螺纹互换性的几何参数有五个，即螺纹的大径、中径、小径、螺距和牙型半角。由于螺纹的大径和小径处均留有间隙，一般不会影响其配合性质，而内、外螺纹联接是依靠它们旋合以后牙侧面接触的均匀性来实现的。因此，影响螺纹互换性的主要参数是螺距、牙型半角和中径。

一、螺距误差对互换性的影响

普通螺纹的螺距误差有两种，一种是单个螺距误差，另一种是螺距累积误差。单个螺距误差是指单个螺距的实际值与理论值之差，与旋合长度无关，用 ΔP 表示。螺距累积误差是指在指定的螺纹长度内，包含若干个螺距的任意两牙，在中径线上对应的两点之间的实际轴向距离与其理论值（两牙间所有理论螺距之和）之差，与旋合长度有关，用 ΔP_Σ 表示。影响螺纹旋合性的主要是螺距累积误差。如图 7-3 所示。

假设内螺纹无螺距误差，也无牙型半角误差，并假设外螺纹无半角误差但存在螺距累积误差，内、外螺纹旋合时，就会发生干涉（图 7-3 中阴影部分），且随着旋进牙数的增加，干涉量会增加，最后无法再旋合，从而影响螺纹的旋合性。

螺距误差主要是由加工机床传动链的传动误差引起的。若用成型刀具如板牙、丝锥加工，则刀具本身的螺距误差会直接造成工件的螺距误差。

螺距累积误差 ΔP_Σ 虽是螺纹牙侧在轴线方向的位置误差，但从影响旋合性来看，它和螺纹牙侧在径向的位置误差（外螺纹中径增大）的结果是相当的。可见螺距误差是与中径相关的，即可把轴向的 ΔP_Σ 转换成径向的中径误差。

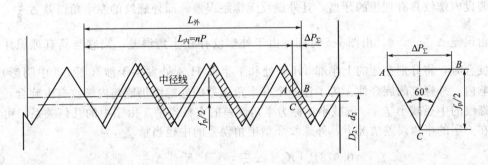

图 7-3　螺距累积误差对旋合性的影响

为了使有螺距累积误差的外螺纹仍能与具有基本牙型的内螺纹自由旋合，必须将外螺纹中径减小一个 f_p 值（或将内螺纹中径加大一个 f_p 值），f_p 值称为螺距误差的中径当量。

图 7-3 中，由 $\triangle ABC$ 得：

$$\frac{1}{2}f_p = \frac{1}{2}\mid \Delta P_\Sigma \mid \cot\frac{\alpha}{2}$$

$\alpha = 60°$ 时，则
$$f_p = 1.732\mid \Delta P_\Sigma \mid \tag{7-2}$$

同理，当内螺纹有螺距误差时，为了保证内、外螺纹自由旋合，应将内螺纹的中径加大一个 f_p 值（或将外螺纹中径减小一个 f_p 值）。

二、牙型半角误差对互换性的影响

螺纹牙型半角误差是指实际牙型半角与理论牙型半角之差，用 $\Delta\frac{\alpha}{2}$ 表示。它是螺纹牙侧相对于螺纹轴线的方向误差，它对螺纹的旋合性和联接强度均有影响。

螺纹牙型半角误差有两种，一种是螺纹的左、右牙型半角不对称，即 $\Delta\frac{\alpha}{2}_{左} \neq \Delta\frac{\alpha}{2}_{右}$，如图 7-4 所示。车削螺纹时，若车刀未装正，便会造成这种结果。另一种是左、右牙型半角相等，但不等于 $30°$。这是由于加工螺纹的刀具角度不等于 $60°$ 所致。不论哪一种牙型半角误差，都会影响螺纹的旋合性。

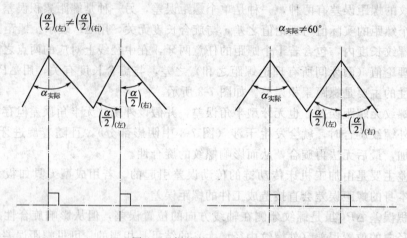

图 7-4　螺纹的牙型半角误差

假设内螺纹具有理想的牙型，且外螺纹无螺距误差，而外螺纹的左半角误差 $\Delta\frac{\alpha}{2}_{左} < 0$，右半角误差 $\Delta\frac{\alpha}{2}_{右} > 0$。由图 7-5 可知，由于外螺纹存在半角误差，当它与具有理想牙型内螺纹旋合时，将分别在牙的上半部 $3H/8$ 处和下半部 $H/4$ 处发生干涉（图 7-5 中阴影），从而影响内、外螺纹的旋合性。为了让一个有半角误差的外螺纹仍能与内螺纹自由旋合，必须将外螺纹的中径减小 $f_{\alpha/2}$，该减小量称为半角误差的中径当量。由图中的几何关系，可以推导出在一定的半角误差情况下，外螺纹牙型半角误差的中径当量 $f_{\alpha/2}$ 为

$$f_{\alpha/2} = 0.073P\left[K_1\left|\Delta\frac{\alpha}{2}_{左}\right| + K_2\left|\Delta\frac{\alpha}{2}_{右}\right|\right] \tag{7-3}$$

式中　P——螺距；

K_1、K_2——选取系数。对外螺纹，当牙型半角误差为正值时，K_1（或 K_2）取 2，当牙型半角误差为负值时，K_1（或 K_2）取 3；对内螺纹，当牙型半角误差为正值时，K_1（或 K_2）取 3，当牙型半角误差为负值时，K_1（或 K_2）取 2。

当外螺纹具有理想牙型，而内螺纹存在半角误差时，就需要将内螺纹的中径加大一个 $f_{\alpha/2}$ 量。

三、中径误差对螺纹互换性的影响

螺纹中径在制造过程中不可避免会出现一定的误差，即单一中径对其公称中径之差。由

于螺纹在牙侧面接触，因此中径的大小直接影响牙侧相对轴线的径向位置。如仅考虑中径的影响，那么只要外螺纹中径小于内螺纹中径就能保证内、外螺纹的旋合性，反之就不能旋合。但如果外螺纹中径过小，内螺纹中径又过大，则会降低联接强度。所以，为了确保螺纹的旋合性，中径误差必须加以控制。

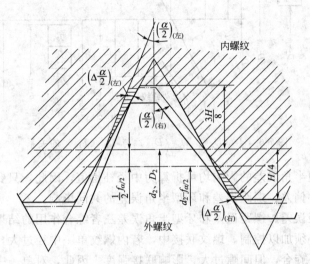

图 7-5　半角误差对螺纹旋合性的影响

四、螺纹作用中径和中径合格性判断原则

1. 作用中径（D_{2m}、d_{2m}）

螺纹的作用中径是指在规定的旋合长度内，恰好包容实际螺纹的一个假想螺纹的中径。此假想螺纹具有基本牙型的螺距、半角以及牙型高度，并在牙顶和牙底处留有间隙，以保证不与实际螺纹的大、小径发生干涉，故作用中径是螺纹旋合时实际起作用的中径。

螺纹的牙槽宽度等于螺距一半处假想圆柱的直径称为单一中径（D_{2a}、d_{2a}）。对于没有螺距误差的理想螺纹，其单一中径与中径数值一致。对于有螺距误差的实际螺纹，其中径和单一中径数值是不一致的。

当外螺纹存在螺距误差和牙型半角误差时，只能与一个中径较大的内螺纹旋合，其效果相当于外螺纹的中径增大。这个增大了的假想中径叫做外螺纹的作用中径 d_{2m}。它等于外螺纹的单一中径与螺距误差及牙型半角误差的中径补偿值之和。即

$$d_{2m} = d_{2a} + (f_p + f_{\alpha/2}) \tag{7-4}$$

同理，当内螺纹存在螺距误差和牙型半角误差时，只能与一个中径较小的外螺纹旋合，其效果相当于内螺纹的中径减小了。这个减小了的假想中径叫做内螺纹的作用中径 D_{2m}。它等于内螺纹的单一中径与螺距误差及牙型半角误差的中径补偿值之差。即

$$D_{2m} = D_{2a} - (f_p + f_{\alpha/2}) \tag{7-5}$$

显然，为使外螺纹与内螺纹能自由旋合，必须满足下列条件：

$$D_{2m} > d_{2m}$$

2. 螺纹中径合格性的判断原则

国标没有单独规定螺距和牙型半角公差，只规定了内、外螺纹的中径公差（T_{D2}、T_{d2}），通过中径公差同时限制实际中径、螺距及牙型半角三个参数的误差，如图 7-6 所示。

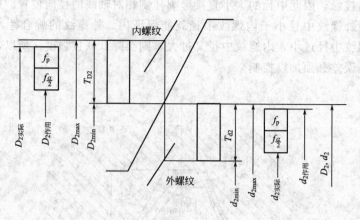

图 7-6 d_2 （D_2）、d_{2m} （D_{2m}）与 T_{d2} （T_{D2}）的关系

由于螺距和牙型半角误差的影响均可折算为中径补偿值，因此，只要规定中径公差就可控制中径本身的尺寸偏差、螺距误差和牙型半角误差的共同影响。

作用中径是中径误差、螺距误差和牙型半角误差三者综合作用的结果，它是影响螺纹互换性的主要因素，必须加以控制。螺纹联接中，若内螺纹单一中径过大，外螺纹单一中径过小，内、外螺纹虽可旋合，但间隙过大，影响联接强度。因此，对单一中径也应控制。

判断螺纹中径合格性应遵循泰勒原则：

实际螺纹的作用中径不能超越其最大实体牙型中径；而任意位置的实际中径（单一中径）不能超越其最小实体牙型中径。所谓最大与最小实体牙型是指在螺纹中径公差范围内，分别具有材料量最多和最少且与基本牙型一致的螺纹牙型。

对于外螺纹：作用中径不大于中径最大极限尺寸；任意位置的实际中径（单一中径）不小于中径最小极限尺寸。即

$$d_{2m} \leqslant d_{2max} \qquad\qquad d_{2a} \geqslant d_{2min}$$

对于内螺纹：作用中径不小于中径最小极限尺寸；任意位置的实际中径（单一中径）不大于中径最大极限尺寸。即

$$D_{2m} \geqslant D_{2min} \qquad\qquad D_{2a} \leqslant D_{2max}$$

第三节 普通螺纹的公差与配合

要保证螺纹的互换性，必须对螺纹的几何精度提出要求。国家标准 GB/T197—2003《普通螺纹公差与配合》中，对普通螺纹规定了供选用的螺纹公差、螺纹配合、旋合长度及精度等级。

一、普通螺纹的公差带

螺纹公差带与尺寸公差带一样，也是由基本偏差决定其位置，公差等级决定其大小。

1. 公差带的形状和位置

螺纹公差带以基本牙型为零线，沿着螺纹牙型的牙侧、牙顶和牙底布置，在垂直于螺纹轴线的方向上计量。普通螺纹规定了中径和顶径的公差带，对外螺纹的小径规定了最大极限尺寸，对内螺纹的大径规定了最小极限尺寸，如图 7-7 所示。图中 ES、EI 分别是内螺纹的

上、下偏差，es、ei 分别是外螺纹的上、下偏差，T_{D2}、T_{d2} 分别为内、外螺纹的中径公差。内螺纹的公差带位于零线上方，小径 D_1 和中径 D_2 的基本偏差相同，为下偏差 EI。外螺纹的公差带位于零线下方，大径 d 和中径 d_2 的基本偏差相同，为上偏差 es。

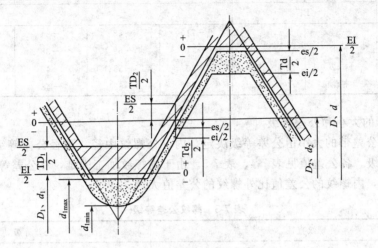

图 7-7 普通螺纹的公差带

国家标准 GB/T197—2003 对内、外螺纹规定了基本偏差，用以确定内、外螺纹公差带相对于基本牙型的位置。对外螺纹规定了四种基本偏差，其代号分别为：h、g、f、e。对内螺纹规定了两种基本偏差，其代号分别为：H、G，如图 7-8 所示。

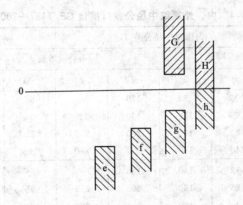

图 7-8 普通螺纹的基本偏差

内、外螺纹的基本偏差值见表 7-2。

表 7-2　内、外螺纹的基本偏差（摘自 GB/T197—2003）　　　　　　μm

螺距	内螺纹 D_2、D_1		外螺纹 d_2、d			
	G	H	e	f	g	h
	EI		es			
0.75	+22		−56	−38	−22	
0.8	+24		−60	−38	−24	
1	+26		−60	−40	−26	0
1.25	+28		−63	−42	−28	
1.5	+32	0	−67	−45	−32	

续表

螺距	内螺纹 D_2、D_1		外螺纹 d_2、d			
	G	H	e	f	g	h
	EI		es			
1.75	+34		−71	−48	−34	
2	+38		−71	−52	−38	
2.5	+42		−80	−58	−42	0
3	+48		−85	−63	−48	

2. 公差带的大小和公差等级

普通螺纹公差带的大小由公差等级决定。内、外螺纹中径、顶径公差等级见表 7-3，其中 6 级为基本级。各公差值见表 7-4、表 7-5。由于内螺纹加工困难，在公差等级和螺距值都一样的情况下，内螺纹的公差值比外螺纹的公差值大约 32%。

表 7-3　螺纹公差等级

螺纹直径		公差等级
内螺纹	中径 D_2	4、5、6、7、8
	顶径（小径）D_1	
外螺纹	中径 d_2	3、4、5、6、7、8、9
	顶径（大径）d	4、6、8

表 7-4　内、外螺纹中径公差（摘自 GB/T197—2003）　　　　μm

公称直径 D/mm		螺距	内螺纹中径公差 T_{D2}				外螺纹中径公差 T_{d2}			
>	≤	P/mm	公差等级							
			5	6	7	8	5	6	7	8
5.6	11.2	0.75	106	132	170	—	80	100	125	—
		1	118	150	190	236	90	112	140	180
		1.25	125	160	200	250	95	118	150	190
		1.5	140	180	224	280	106	132	170	212
11.2	22.4	0.75	112	140	180	—	85	106	132	
		1	125	160	200	250	95	118	150	190
		1.25	140	180	224	280	106	132	170	212
		1.5	150	190	236	300	112	140	180	224
		1.75	160	200	250	315	118	150	190	236
		2	170	212	265	335	125	160	200	250
		2.5	180	224	280	355	132	170	212	265
22.4	45	1	132	170	212	—	100	125	160	200
		1.5	160	200	250	315	118	150	190	236
		2	180	224	280	355	132	170	212	265
		3	212	265	335	425	160	200	250	315

二、螺纹精度和旋合长度（摘自 GB/T197—2003）

螺纹精度由螺纹公差带和旋合长度构成。螺纹旋合长度越长，螺距累积误差和牙型半角误差就可能越大，对螺纹的旋合性影响越大。

螺纹的旋合长度分短旋合长度（以 S 表示）、中等旋合长度（以 N 表示）、长旋合长度（以 L 表示）三种。一般优先采用中等旋合长度。中等旋合长度是螺纹公称直径的 $0.5\sim1.5$ 倍。公差等级相同的螺纹，若旋合长度不同，则可分属不同的精度等级。

国家标准将螺纹精度分为精密、中等和粗糙三个级别。精密级用于精密联接螺纹，要求配合性质稳定、配合间隙变动较小需要保证一定的定心精度的螺纹联接，如飞机零件的螺纹可采用 4H5H 内螺纹与 4h 外螺纹相配合。中等级用于一般的螺纹联接。粗糙级用于对精度要求不高或制造比较困难的螺纹联接，如深盲孔攻丝或热轧棒上的螺纹。

三、普通螺纹公差带与配合的选用

1. 螺纹公差带的选用

螺纹的公差等级和基本偏差相组合可以生成许多公差带，考虑到定值刀具和量具规格增多会造成经济和管理上的困难，同时有些公差带在实际使用中效果不好，国家标准对内、外螺纹公差带进行了筛选，选用公差带时可参考表 7-6。除非特别需要，一般不选用表外的公差带。

表 7-5　内外螺纹顶径公差（摘自 GB/T197—2003）　　　　　　　　μm

公差项目	内螺纹顶径(小径)公差 T_{D1}				外螺纹顶径(大径)公差 T_d		
螺距 P/mm	公差等级						
	4	5	6	7	4	6	8
0.75	150	190	236	—	90	140	—
0.8	160	200	250	315	95	150	236
1	190	236	300	375	112	180	280
1.25	212	265	335	425	132	212	335
1.5	236	300	375	475	150	236	375
1.75	265	335	425	530	170	265	425
2	300	375	475	600	180	280	450
2.5	355	450	560	710	212	335	530
3	400	500	630	800	236	375	600

表 7-6　普通螺纹的选用公差带（摘自 GB/T197—2003）

精度等级	内螺纹公差带			外螺纹公差带		
	S	N	L	S	N	L
精密级	4H	5H	6H	(3h4h)	* 4h (4g)	(5h4h) (5g4g)
中等级	* 5H (5G)	* 6H (6G)	* 7H (7G)	(5h6h) (5g6g)	* 6e * 6f * 6g * 6h	(7h6h) (7g6g) (7e6e)
粗糙级	—	7H (7G)	8H (8G)	8g (8e)	9g8g (9e8e)	

注：1. 大量生产的精制紧固螺纹，推荐采用带方框的公差带；
　　2. 带星号 * 的公差带应优先选用，不带星号 * 的公差带其次选用，加括号的公差带尽量不用。

螺纹公差带代号由公差等级和基本偏差代号组成，它的写法是公差等级在前，基本偏差代号在后。外螺纹基本偏差代号是小写的，内螺纹基本偏差代号是大写的。表7-6中有些螺纹公差带是由两个公差带代号组成的，其中前面一个公差带代号为中径公差带，后面一个为顶径公差带。当顶径与中径公差带相同时，合写为一个公差带代号。

2. 配合的选用

内、外螺纹的选用公差带可以任意组成各种配合。国家标准要求完工后的螺纹配合最好是 H/g、H/h 或 G/h 的配合。为了保证螺纹旋合后有良好的同轴度和足够的联接强度，可选用 H/h 配合。要装拆方便，一般选用 H/g 配合。对于需要涂镀保护层的螺纹，根据涂镀层的厚度选用配合。镀层厚度为 $5\mu m$ 左右，选用 6H/6g；镀层厚度为 $10\mu m$ 左右，则选 6H/6f；若内、外螺纹均涂镀，可选用 6G/6e。

四、螺纹的标记（摘自 GB/T197—2003）

1. 单个螺纹的标记

螺纹的完整标记由螺纹代号、公称直径、螺距、旋向、螺纹公差带代号和旋合长度代号（或数值）组成。当螺纹是粗牙螺纹时，粗牙螺距省略标注（可查表7-1得螺距数值）。当螺纹为右旋螺纹，不注旋向；当螺纹为左旋螺纹时，在相应位置写"LH"字样。当螺纹中径、顶径公差带相同时，合写为一个。当螺纹旋合长度为中等时，省略标注旋合长度。

【例 7-1】 解释螺纹标记 M20×2—7g6g—24—LH 的含义

解：M—普通螺纹的代号；

　　20—螺纹公称直径；

　　2—细牙螺纹螺距（粗牙螺距省略标注）；

　　LH—左旋（右旋不注）；

　　7g—螺纹中径公差带代号，小写字母表示外螺纹；

　　6g—螺纹顶径公差带代号，小写字母表示外螺纹；

　　24—旋合长度。

【例 7-2】 解释螺纹标记 M10—5H6H—L 的含义

解：M10—普通螺纹代号及公称直径，粗牙；

　　5H6H—螺纹中径、顶径公差带代号，大写字母表示内螺纹；

　　L—长旋合长度代号。

【例 7-3】 解释螺纹标记 M10×1—6g 的含义

解：　M10×1 —普通螺纹代号、公称直径及细牙螺距；

　　　6g —外螺纹中径和顶径公差带代号。

2. 螺纹配合在图样上的标注

标注螺纹配合时，内、外螺纹的公差带代号用斜线分开，左边为内螺纹公差带代号，右边为外螺纹公差带代号。例如：

M20×2—6H/6g

M20×2—6H/5g6g—LH

五、螺纹的表面粗糙度要求

螺纹牙型表面粗糙度主要根据中径公差等级来确定。表7-7列出了螺纹牙侧表面粗糙度

参数 Ra 的推荐值。

表 7-7　螺纹牙侧表面粗糙度参数 Ra 值　　　　　　μm

工件	螺纹中径公差等级		
	4～5	6～7	7～9
	Ra 不大于		
螺栓、螺钉、螺母	1.6	3.2	3.2～6.3
轴及套上的螺纹	0.8～1.6	1.6	3.2

六、应用举例

【例 7-4】　一螺纹配合为 M20×2—6H/5g6g，试查表求出内、外螺纹的中径、小径和大径的极限偏差，并计算内、外螺纹的中径、小径和大径的极限尺寸。

解：（1）确定内外螺纹中径、小径和大径的基本尺寸：

已知标记中的公称直径为螺纹大径的基本尺寸，即 $D=d=20$mm

从普通螺纹各参数的关系可知：

$D_1=d_1=d-1.0825P=17.835$mm

$D_2=d_2=d-0.6495P=18.701$mm

（2）确定内、外螺纹的极限偏差

内螺纹中径、顶径（小径）的基本偏差代号为 H、公差等级为 6 级；外螺纹中径、顶径（大径）的基本偏差代号为 g，公差等级分别为 5 级、6 级。由表 7-2、表 7-4、表 7-5 可查算出内、外螺纹的极限偏差：

EI（D_2）＝0；ES（D_2）＝0.212mm；EI（D）＝0

EI（D_1）＝0；ES（D_1）＝0.375mm

es（d_2）＝－0.038mm；ei（d_2）＝－0.163mm；es（d_1）＝－0.038mm

es（d）＝－0.038mm；ei（d）＝－0.318mm

（3）计算内、外螺纹的极限尺寸

由内、外螺纹的各基本尺寸及各极限偏差可算出各极限尺寸

$D_{2min}=18.701$mm；$D_{2max}=18.913$mm

$D_{1min}=17.835$mm；$D_{1max}=18.210$mm

$D_{min}=20$mm

$d_{2min}=18.538$mm；$d_{2max}=18.663$mm

$d_{min}=19.682$mm；$d_{max}=19.962$mm

$d_{1max}=17.797$mm

【例 7-5】　测得 M24—5g6g 实际螺栓的单一中径 $d_{2单}=21.940$mm，螺距误差 $\Delta P_\Sigma=50\mu$m，牙型半角误差 $\Delta\frac{\alpha}{2}_左=-32'$，$\Delta\frac{\alpha}{2}_右=20'$，试判断该螺栓中径合格性。

解：（1）根据 M24—5g6g，并查表 7-1、表 7-2、表 7-5 得 $d=24$mm，$P=3$mm，中径基本偏差 es＝－0.048mm，$T_{d2}=0.160$mm。计算得 $d_2=22.051$mm

$d_{2max}=22.003$mm；$d_{2min}=21.843$mm

（2）螺距偏差当量　　$f_p=1.732\,|\Delta P_\Sigma|=86.6\mu$m

牙型半角中径当量

$$f_{\alpha/2} = 0.073P \left[K_1 \mid \Delta \frac{\alpha}{2}_左 \mid + K_2 \mid \Delta \frac{\alpha}{2}_右 \mid \right] = 0.073P \ (3 \times 32 + 2 \times 20)$$

$$= 29.78\mu m$$

（3）螺纹作用中径 $d_{2作用} = d_{2单一} + (f_p + f_{\alpha/2}) = 21.940 + (0.0866 + 0.0298)$

$$= 22.056$$

（4）根据泰勒原则 $d_{2作用} > d_{2max}$ 则此螺栓中径不合格。

第四节 螺纹的检测

　　螺纹的检测方法有两类：单项测量和综合检验。单项测量是指用指示量仪测量螺纹的实际值，每次只测量螺纹的一项几何参数，并以所得的实际值来判断螺纹的合格性。单项测量有牙型量头法、量针法和影像法等。综合检验是指一次同时检验螺纹的几个参数，以几个参数的综合误差来判断螺纹的合格性。生产中广泛应用螺纹极限量规综合检测螺纹的合格性。

　　单项测量精度高，主要用于螺纹量规、螺纹刀具等高精度螺纹的测量，或对普通螺纹做工艺分析时也常进行单项测量。综合检验生产率高，适合于成批生产中精度不太高的螺纹件。

一、普通螺纹的综合检验

　　综合检验主要用于检验只要求保证可旋合性的螺纹，使用按泰勒原则设计的螺纹量规对螺纹进行检验，适用于成批生产。

　　螺纹量规有塞规和环规（或卡规）之分，塞规用于检验内螺纹，环规（或卡规）用于检验外螺纹。螺纹量规的通端用来检验被测螺纹的作用中径，控制其不得超出最大实体牙型中径，因此它应模拟被测螺纹的最大实体牙型，并具有完整的牙型，其螺纹长度等于被测螺纹的旋合长度。螺纹量规的通端还用来检验被测螺纹的底径。螺纹量规的止端用来检验被测螺纹的单一中径，控制其不得超出最小实体牙型中径。为了消除螺距累积误差和牙型半角误差的影响，其牙型应做成截短牙型，而且螺纹长度只有2～3.5牙。

　　内螺纹的小径和外螺纹的大径分别用光滑极限量规检验。

　　图7-9表示检验外螺纹的示例。用卡规先检验外螺纹顶径的合格性，再用螺纹环规的通端检验。若外螺纹的作用中径未超出螺纹的最大实体牙型中径，且底径也合格，那么螺纹环规通端就会在旋合长度内与被测螺纹顺利旋合。若被测螺纹的单一中径合格，螺纹环规的止端不应通过被测螺纹，但允许旋进2～3牙。

　　图7-10表示检验内螺纹的示例。用光滑极限量规（塞规）检验内螺纹顶径的合格性，再用螺纹塞规的通端检验内螺纹的作用中径和底径、用螺纹塞规的止端检验单一中径的合格性。

二、普通螺纹的单项测量

　　单项测量是指分别测量螺纹的各项几何参数，主要是中径、螺距和牙型半角。单项测量螺纹参数的方法很多，应用最广泛的是三针法和影像法。

　　1. 用螺纹千分尺测量

　　螺纹千分尺是测量低精度外螺纹中径的常用量具。它的结构与一般外径千分尺相似，所不同的是测量头，它有成对配套的、适用于不同牙型和不同螺距的测头。如图7-11所示。

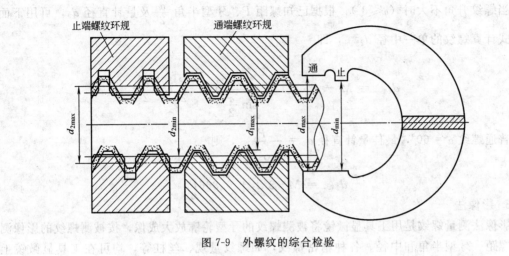

图 7-9　外螺纹的综合检验

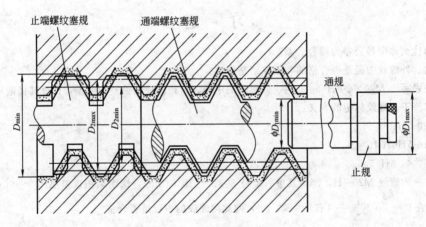

图 7-10　内螺纹的综合检验

2. 用三针法测量

三针法具有精度高、测量简便的特点，可用来测量精密螺纹和螺纹量规。三针法是一种间接测量法。如图 7-12 所示，用三根直径相等的量针分别放在螺纹两边的牙槽中，用接触式量仪测出针距尺寸 M。

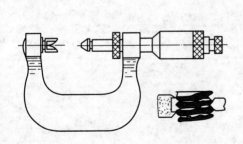

图 7-11　螺纹千分尺

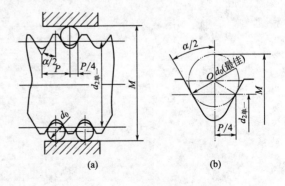

图 7-12　三针法测量螺纹中径

当螺纹升角不大时（$\psi \leqslant 3°$），根据已知螺距 P、牙型半角 $\frac{\alpha}{2}$ 及量针直径 d_0，可用下面的公式计算螺纹的单一中径 $d_{2单-}$，即

$$d_{2单-} = M - d_0 \left(1 + \frac{1}{\sin\frac{\alpha}{2}}\right) + \frac{P}{2}\cot\frac{\alpha}{2}$$

普通螺纹 $\alpha = 60°$，最佳量针直径 $d_0 = \dfrac{P}{2\cos\frac{\alpha}{2}}$，则

$$d_{2单-} = M - 3d_0 + 0.866P$$

3. 影像法

影像法测量螺纹是用工具显微镜将被测螺纹的牙型轮廓放大成像，按被测螺纹的影像测量其螺距、牙型半角和中径。各种精密螺纹，如螺纹量规、丝杠等，均可在工具显微镜上测量。

习　题

7-1　为什么称中径公差为综合公差？

7-2　内、外螺纹中径是否合格的判断原则是什么？

7-3　查表写出 M20×2-6H/5g6g 内、外螺纹的中径、顶径的极限偏差和公差，计算其极限尺寸。

7-4　解释下列螺纹标记的含义：

（1）M20-5H；

（2）M16-5H6H-L；

（3）M30×1-6H/5g6g。

7-5　有一内螺纹 M20-7H，测得其单一中径 $D_{2单-} = 18.61$ mm，螺距累积误差 $\Delta P_\Sigma = 40\mu m$，实际牙型半角 $\frac{\alpha}{2}（左）= 30°30'$，$\frac{\alpha}{2}（右）= 29°10'$，问此内螺纹的中径是否合格？

第八章 滚动轴承的公差与配合

1. 了解滚动轴承的结构和分类。
2. 了解滚动轴承的精度等级和应用场合。
3. 熟悉滚动轴承配合采用的基准制，掌握滚动轴承内径、外径的公差带特点。
4. 熟悉滚动轴承与轴和外壳孔的配合。能够根据滚动轴承相对于负荷的状况、负荷的类型、大小等因素，查看有关标准，选用轴承精度等级，确定轴径和外壳孔的公差带、形位公差和表面粗糙度，并能在图样上正确标注轴径和外壳孔的配合尺寸。

滚动轴承是机器中广泛使用的标准部件。本章主要介绍滚动轴承的精度和它与轴、外壳孔的配合问题。

滚动轴承工作时，要求运转平稳、旋转精度高、噪声小。为了保证工作性能，除了轴承本身的制造精度外，还要正确选择轴和外壳孔与轴承的配合、轴和外壳孔的尺寸精度、形位公差和表面粗糙度等。

第一节 概 述

一、滚动轴承的结构及分类

滚动轴承是一种标准化部件，它由内圈、外圈、滚动体和保持架组成。其内圈内径 d 与轴颈配合，外圈外径 D 与外壳孔配合，如图 8-1 所示。

滚动轴承按可承受负荷的方向分为向心轴承、向心推力轴承和推力轴承等；按滚动体的形状分为球轴承、滚子轴承、滚针轴承等。滚动轴承工作时，内圈和外圈以一定的转速做相对转动。滚动轴承的工作性能和使用寿命不仅取决于轴承本身的制造精度，还与滚动轴承相配合的轴颈、外壳孔的尺寸公差、形位公差和表面粗糙度以及安装正确与否等因素有关，这在国家标准 GB/T275—1993 中做了规定。

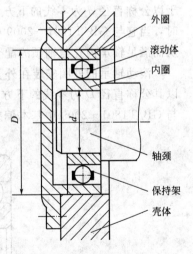

图 8-1 滚动轴承结构

外圈
滚动体
内圈
轴颈
保持架
壳体

二、滚动轴承的精度等级

根据 GB/T307.1—2005 和 GB/T307.4—2002 规定，向心轴承的公差等级，由低到高依次为 0、6、5、4 和 2 五级，圆锥滚子轴承的公差等级分为 0、6x、5 和 4 四级，推力轴承的公差等级分为 0、6、5 和 4 四级。仅向心轴承有 2 级，圆锥滚子轴承有 6x 级，而无 6 级。

0级轴承在机械制造业中应用最广，通常称为普通级，在轴承代号标注时不予注出。它用于旋转精度要求不高、中等负荷、中等转速的一般机构中，如普通机床和汽车的变速机构。

6级轴承应用于旋转精度和转速要求较高的旋转机构中，如普通机床主轴的后轴承等。

5、4级轴承应用于旋转精度和转速要求高的旋转机构中，如高精度机床、磨床、精密丝杠车床和滚齿机等的主轴轴承。

2级轴承应用于旋转精度和转速要求特别高的旋转机构中，如精密坐标镗床和高精度齿轮磨床主轴轴承、高精度仪器仪表的主要轴承等。

第二节　滚动轴承内径与外径的公差带及其特点

一、滚动轴承配合的基准制

由于滚动轴承是标准部件，所以轴承内圈与轴颈的配合采用基孔制，轴承外圈与外壳孔的配合采用基轴制，以实现完全互换。

二、滚动轴承内、外径公差带特点

滚动轴承的内圈通常是随轴一起旋转的，为防止内圈和轴颈的配合面之间相对滑动而导致磨损，影响轴承的工作性能，因此要求配合具有一定的过盈，但由于内圈是薄壁件，其过盈量不能太大。

如果作为基准孔的轴承内圈内径仍采用基本偏差代号 H 的公差带布置，轴颈公差带从 GB/T1801—2009 中的优先、常用和一般公差带中选取，则这样的过渡配合的过盈量太小，而过盈配合的过盈量又太大，不能满足轴承工作的需要。若轴颈采用非标准的公差带，则违反了标准化和互换性原则。为此，滚动轴承国家标准规定：轴承内径为基准孔公差带，但位于以公称直径 d 为零线的下方，即上极限偏差为零，下极限偏差为负值，如图 8-2 所示。此时，当它与 GB/T1801—2009 中的过渡配合的轴相配合时，能保证获得一定大小的过盈量，从而满足轴承内孔与轴颈的配合要求。

滚动轴承的外圈安装在外壳孔中，通常不旋转。标准规定轴承外圈外径的公差带分布于以其公称直径 D 为零线的下方，即上极限偏差为零，下极限偏差为负值，如图 8-2 所示。它与 GB/T1801—2009 中基本偏差代号为 h 的公差带相类似，但公差值不同。

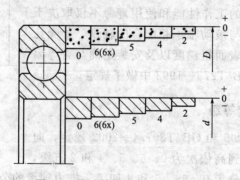

图 8-2　滚动轴承内外、径公差带

第三节　滚动轴承与轴和外壳孔的配合及其选择

一、轴颈和外壳孔的公差带

由于轴承内径和外径本身的公差带在轴承制造时已确定，因此轴承内圈和轴颈、外圈和外壳孔的配合面间需要的配合性质，要由轴颈和外壳孔的公差带决定。也就是说，轴承配合的选择就是确定轴颈和外壳孔的公差带。国家标准 GB/T275—1993《滚动轴承与轴和外壳孔的配合》对与 0 级和 6（6x）级轴承配合的轴颈规定了 17 种公差带，外壳孔规定了 16 种公差带，如图 8-3 所示，它们分别选自 GB/T1801—2009 中的轴、孔公差带。

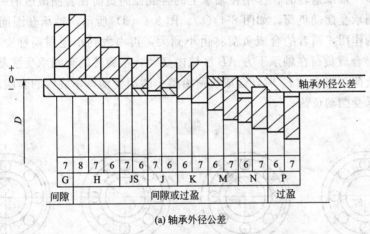

(a) 轴承外径公差

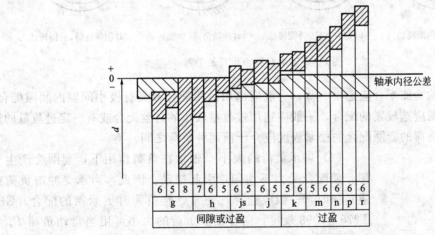

(b) 轴承内径公差

图 8-3　轴承与外壳孔和轴颈配合的常用公差带

二、滚动轴承配合的选择

1. 配合选择的主要依据

配合的选用，通常是根据滚动轴承套圈相对于负荷的状况、负荷的类型和大小、轴承的尺寸大小、轴承的游隙等因素来进行。

（1）轴承承受负荷的类型 作用在轴承上的径向负荷一般是由定向负荷和旋转负荷合成的。根据轴承所承受的负荷对于套圈作用的不同，可分为以下三类。

①固定负荷 轴承运转时，作用在轴承上的合成径向负荷相对静止，即合成径向负荷始终不变地作用在套圈滚道的某一局部区域上，则该套圈承受着固定负荷。如图 8-4（a）中的外圈和图 8-4（b）中的内圈，它们均受到一个定向的径向负荷 F_r 作用。其特点是只有套圈的局部滚道受到负荷的作用。

②旋转负荷 轴承运转时，作用在轴承上的合成径向负荷与套圈相对旋转。依次作用在套圈的整个滚道上，则该套圈承受旋转负荷。如图 8-4（a）中的内圈和图 8-4（b）中的外圈，都承受旋转负荷 F_c。其特点是套圈的整个圆周滚道顺次受到负荷的作用。

③摆动负荷 轴承运转时，作用在轴承上的合成径向负荷在套圈滚道的一定区域内相对摆动，则该套圈承受摆动负荷。如图 8-4（c）、图 8-4（d）所示，轴承套圈同时受到定向负荷和旋转负荷的作用，两者的合成负荷将由小到大，再由大到小地周期性变化。当 $F_r > F_c$ 时（见图 8-5），合成负荷在轴承下方 AB 区域内摆动，不旋转的套圈承受摆动负荷，旋转的套圈承受旋转负荷；当 $F_r < F_c$ 时，合成负荷沿整个圆周变动，不旋转的套圈承受旋转负荷，而旋转的套圈承受摆动负荷。

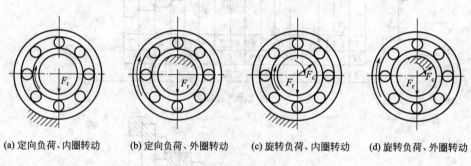

(a) 定向负荷、内圈转动　　(b) 定向负荷、外圈转动　　(c) 旋转负荷、内圈转动　　(d) 旋转负荷、外圈转动

图 8-4 轴承套圈与负荷的关系

受固定负荷的套圈配合应选松一些，一般应选用过渡配合或具有极小间隙的间隙配合。受旋转负荷的套圈应选较紧的配合，一般应选用过盈量较小的过盈配合或有一定过盈量的过渡配合。受摆动负荷的套圈配合的松紧程度应介于前两种负荷之间。

图 8-5 摆动负荷变化的区域

（2）轴承负荷的大小 轴承在负荷作用下，套圈会产生变形，使配合受力不均匀，引起松动。因此，当承受冲击负荷或重负荷时，一般应选择比正常、轻负荷时更紧密的配合。GB/T275—1993 规定，向心轴承负荷的大小可用当量动负荷 P_r 与额定动负荷 C_r 的比值区分：$P_r \leqslant 0.07C_r$ 时为轻负荷；$0.07C_r < P_r \leqslant 0.15C_r$ 时为正常负荷；$P_r > 0.15C_r$ 时为重负荷。负荷越大，配合过盈量应越大。

（3）轴承尺寸大小 随着轴承尺寸的增大，选择的过盈配合的过盈量越大，间隙配合的间隙值越大。

（4）轴承游隙 游隙过大，会引起转轴较大的径向跳动和轴向窜动，轴承产生较大的振动和噪声；游隙过小，尤其是轴承与轴颈或外壳孔采用过盈配合时，则会使轴承滚动体与套圈产生较大的接触应力，引起轴承的摩擦发热，以致降低寿命。因此轴承游隙的大小应适度。

（5）工作温度 轴承工作时，由于摩擦发热和其他热源的影响，使轴承套圈的温度经常高于与它配合的轴颈和外壳孔的温度。由此，内圈因热膨胀与轴颈的配合变松，外圈因热膨胀与外壳孔的配合变紧，所以轴承工作温度高于100℃时，应对选择的配合进行修正。

（6）旋转精度和旋转速度 对于承受较大负荷且旋转精度要求较高的轴承，为了消除弹性变形和振动的影响，应避免采用间隙配合，但也不宜太紧。轴承的旋转速度越高，应选用越紧的配合。

除了以上因素外，轴颈和外壳孔的结构与材料、安装与拆卸、轴承的轴向游动等对轴承的运转也有影响，应作全面的分析考虑。

2. 公差等级的选择

与滚动轴承相配合的轴、孔的公差等级和轴承的精度有关。

轴颈和外壳孔的公差等级应与轴承的公差等级相协调。当机器要求有较高的旋转精度时，要选择较高公差等级的轴承（如5级、4级轴承），与轴承配合的轴颈和外壳孔，也要选择较高的公差等级（轴颈可取IT5，外壳孔可取IT6）。以使两者协调。与0级、6级配合的轴颈一般为IT6，外壳孔一般为IT7。

3. 公差带的选择

向心轴承和轴的配合，轴公差带代号按表8-1选择；向心轴承与外壳孔的配合，孔公差带代号按表8-2选择；推力轴承和轴的配合，轴公差带代号按表8-3选择；推力轴承和外壳孔的配合，孔公差带代号按表8-4选择。

表 8-1 向心轴承和轴的配合 轴公差带代号（摘自 GB/T275—1993）

圆柱孔轴承

运转状态		负荷状态	深沟球轴承和角接触球轴承	圆柱滚子轴承和圆锥滚子轴承	调心滚子轴承	公差带
说明	应用举例		轴承公称内径/mm			
旋转的内圈负荷或摆动负荷	一般通用机械、电动机、机床主轴、泵、内燃机直齿轮传动装置、铁路机车车辆轴箱、破碎机等	轻负荷	≤18	—	—	h5
			>18～100	≤40	≤40	j6①
			>100～200	>40～140	>40～100	k6①
				>140～200	>100～200	m6①
		正常负荷	≤18			j5js5
			>18～100	≤40	≤40	k5②
			>100～140	>40～100	>40～65	m5②
			>140～200	>100～140	>65～100	m6
			>200～280	>140～200	>100～140	n6
				>200～400	>140～280	p6
					>280～500	r6
		重负荷		>50～140	>50～100	n6
				>140～200	>100～140	p6③
				>200	>140～200	r6
					>200	r7

圆柱孔轴承

运转状态		负荷状态	深沟球轴承和角接触球轴承	圆柱滚子轴承和圆锥滚子轴承	调心滚子轴承	公差带
说明	应用举例		轴承公称内径/mm			
固定的内圈负荷	静止轴上的各种轮子，张紧轮、绳轮、振动筛、惯性振动器	所有负荷	所有尺寸			f6 g6① h6 j6
仅有轴向负荷			所有尺寸			j6 或 js6

圆锥孔轴承

所有负荷	铁路机车车辆轴箱	装在退卸套上的，所有尺寸	h8(IT6)④⑤
	一般机械传动	装在紧定套上的，所有尺寸	h9(IT7)④⑤

① 凡对精度有较高要求的场合，应用 j5、k5、…代替 j6、k6、…。

② 圆锥滚子轴承、角接触球轴承配合对游隙的影响不大，可用 k6、m6 代替 k5、m5。

③ 重负荷下轴承游隙应选大于 0 组。

④ 凡有较高的精度或转速要求的场合，应选 h7(IT5)代替 h8(IT6)。

⑤ IT6、IT7 表示圆柱度公差数值。

表 8-2　向心轴承和外壳孔的配合　孔公差带代号（摘自 GB/T275—1993）

运转状态		负荷状态	其他情况	公差带①	
说明	举例			球轴承	滚子轴承
固定的外圈负荷	一般机械、铁路机车车辆轴箱、电动机、泵、曲轴主轴承	轻、正常、重	轴向易移动，可采用剖分式外壳	H7、G7②	
		冲击	轴向能移动，采用整体或剖分式外壳	J7、Js7	
摆动负荷		轻、正常			
		正常、重		K7	
		冲击		M7	
旋转的外圈负荷	张紧滑轮、轮毂轴承	轻	轴向不移动，采用整体式外壳	J7	K7
		正常		K7、M7	M7、N7
		重			N7、P7

① 并列公差带随尺寸的增大从左至右选择，对旋转精度有较高要求时，可相应提高一个公差等级。

② 不适用于剖分式外壳。

表 8-3　推力轴承和轴的配合　轴公差带代号(摘自 GB/T275—1993)

运转状态	负荷状态	推力球轴承和推力滚子轴承	推力调心滚针轴承	公差带
		轴承公称内径/mm		
仅有轴向负荷		所有尺寸		j6、js6
固定的轴圈负荷	径向和轴向联合负荷	—	≤250	j6
			>250	js6
旋转的轴圈负荷或摆动负荷	径向和轴向联合负荷	—	≤200	k6
			>200~400	m6
			>400	n6

表 8-4　推力轴承和外壳孔的配合　孔公差带代号(摘自 GB/T275—1993)

运转状态	负荷状态	轴承类型	公差带	备注
仅有轴向负荷		推力球轴承	H8	
		推力圆柱、圆锥滚子轴承	H7	
		推力调心滚子轴承		外壳孔与座圈间间隙为 0.001D(D 为轴承的公称外径)
固定的座圈负荷	径向和轴向联合负荷	推力角接触球轴承、推力圆锥滚子轴承、推力调心滚子轴承	H7	
旋转的座圈负荷或摆动负荷			K7	普通使用条件
			M7	有较大径向负荷时

三、配合表面及端面的形位公差和表面粗糙度

为保证轴承正常工作，除了正确选择轴承与轴颈及外壳孔的公差等级及配合外，还应对轴颈及外壳孔的形位公差及表面粗糙度提出要求。

1. 配合表面及端面的形位公差

因轴承套圈为薄壁件，装配后靠轴颈和外壳孔来矫正，故套圈工作时的形状与轴颈及外壳孔表面形状密切相关。为保证轴承正常工作，对轴颈和外壳孔表面应提出圆柱度公差要求。

为保证轴承工作时有较高的旋转精度，应限制与套圈端面接触的轴肩及壳体孔肩的倾斜，以免轴承装配后滚道位置不正而使旋转不平稳，因此规定了轴肩和壳体孔肩的端面圆跳动公差。

形位公差值见表 8-5。

2. 配合表面及端面的粗糙度要求

表面粗糙度的大小直接影响配合的性质和联接强度，因此，凡是与轴承内、外圈配合的表面通常都对粗糙度提出了较高的要求，按表 8-6 选择。

表 8-5 轴和外壳孔的形位公差值（摘自 GB/T275—1993）

公称尺寸/mm		圆柱度 t				端面圆跳动 t_1			
		轴颈		外壳孔		轴肩		外壳孔肩	
		轴承公差等级							
		0	6(6x)	0	6(6x)	0	6(6x)	0	6(6x)
超过	到	公差值/μm							
	6	2.5	1.5	4	2.5	5	3	8	5
6	10	2.5	1.5	4	2.5	6	4	10	6
10	18	3.0	2.0	5	3.0	8	5	12	8
18	30	4.0	2.5	6	4.0	10	6	15	10
30	50	4.0	2.5	7	4.0	12	8	20	12
50	80	5.0	3.0	8	5.0	15	10	25	15
80	120	6.0	4.0	10	6.0	15	10	25	15
120	180	8.0	5.0	12	8.0	20	12	30	20
180	250	10	7.0	14	10.0	20	12	30	20
250	315	12.0	8.0	16	12.0	25	15	40	25
315	400	13.0	9.0	18	13.0	25	15	40	25
400	500	15.0	10.0	20	15.0	25	15	40	25

表 8-6 配合面的表面粗糙度（摘自 GB/T275—1993）

轴或轴承座直径/mm		轴或外壳孔配合表面直径公差等级								
		IT7			IT6			IT5		
		表面粗糙度（符合 GB1031 第一系列）/μm								
超过	到	Rz	Ra		Rz	Ra		Rz	Ra	
			磨	车		磨	车		磨	车
一	80	10	1.6	3.2	6.3	0.8	1.6	4	0.4	0.8
80	500	16	1.6	3.2	10	1.6	3.2	6.3	0.8	1.6
端面		25	3.2	6.3	25	3.2	6.3	10	1.6	3.2

【例 8-1】 一圆柱齿轮减速器，小齿轮轴要求较高的旋转精度，装有 0 级单列深沟球轴承，轴承尺寸为 50mm×110mm×27mm，额定动负荷 $C_r = 32000$N，径向负荷 $P_r = 4000$N。试确定与轴承配合的轴颈和外壳孔的公差带代号、形位公差值和表面粗糙度。

解：按给定条件，$P_r/C_r = 4000/32000 = 0.125$，属于正常负荷。减速器的齿轮传递动力，内圈承受旋转负荷，外圈承受固定负荷。

按轴承类型和尺寸规格，查表 8-1，轴颈公差带为 k5；查表 8-2，外壳孔的公差带为 G7 或 H7，但由于该轴旋转精度要求较高，可相应提高一个公差等级，选 H6；查表 8-5，轴颈的圆柱度公差为 0.004mm，轴肩的圆跳动公差为 0.012mm；外壳孔的圆柱度公差为 0.010mm，孔肩的圆跳动公差为 0.025mm；查表 8-6，轴颈的表面粗糙度要求 $Ra = 0.4\mu m$，轴肩表面粗糙度 $Ra = 1.6\mu m$，外壳孔表面 $Ra = 1.6\mu m$，孔肩表面 $Ra = 3.2\mu m$。

轴颈和外壳孔的配合尺寸和技术要求,在图样上的标注见图 8-6。

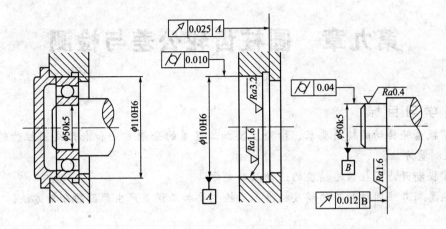

图 8-6　与轴承配合的轴颈和外壳孔技术要求的标注

习　题

8-1　滚动轴承的精度有哪几个等级? 各应用在什么场合?

8-2　滚动轴承与轴、外壳孔配合,采用何种基准制?

8-3　滚动轴承内、外径公差带布置有何特点?

8-4　选择轴承与轴、壳体孔配合时主要考虑哪些因素?

8-5　某机床转轴上安装 308P6 向心球轴承,其内径为 40mm,外径为 90mm,该轴承承受着一个 4000N 的定向径向负荷,轴承的额定动负荷为 31400N,内圈随轴一起转动,而外圈静止,试确定轴颈与外壳孔的极限偏差、形位公差值和表面粗糙度参数值,并把所选的公差带代号和技术要求仿照图 8-6 标注在图样上。

第九章　圆柱齿轮公差与检测

📖 学习目标

1. 掌握齿轮传动的使用要求、齿轮主要加工误差的分组方法和渐开线圆柱齿轮的公差项目以及测量方法。

2. 掌握渐开线圆柱齿轮精度的选择及确定方法。

3. 熟悉渐开线圆柱齿轮的精度标准和齿轮主要加工误差产生原因的分析方法。

第一节　齿轮的使用要求及加工误差分类

齿轮机构种类繁多，用于空间任意两轴间运动和动力的传递、精密分度等，具有传递功率范围大、传动效率高、使用寿命长、工作安全可靠等优点，是机械中应用极为广泛的传动形式。采用齿轮机构的机械，其工作性能、承载能力、使用寿命及工作精度等都与齿轮的制造精度、齿轮副的安装精度有密切的联系。因此研究齿轮的精度标准及检测对提高齿轮传动性能有重要意义。

在各种齿轮机构中，应用最广泛的是渐开线圆柱齿轮机构。目前我国推荐使用的渐开线圆柱齿轮标准有两项，分别是 GB/T 10095.1—2008《轮齿同侧齿面偏差的定义和允许值》和 GB/T 10095.2—2008《径向综合偏差与径向跳动的定义和允许值》；相应的圆柱齿轮精度检验实施规范的指导性文件有四项：分别是 GB/Z18620.1—2008《轮齿同侧齿面的检验》、GB/Z 18620.2—2008《径向综合偏差、径向跳动、齿厚和侧隙的检验》、GB/Z 18620.3—2008《齿轮坯、轴中心距和轴线平行度的检验》和 GB/Z 18620.4—2008《表面结构和轮齿接触斑点的检验》。

一、机械对齿轮传动的基本使用要求

为了保证整机性能可靠，对机械中的齿轮传动有一定的要求，且不同用途和不同工作条件的机械对齿轮传动的要求也有所侧重。

1. 要求传动准确

齿轮副中当主动轮转过一个角度 φ_1 时，从动轮应按转速比 i 准确地转相应的角度 φ_2 $=i\varphi_1$，但是由于齿轮副存在加工误差和安装误差，从动轮的实际转角 $\varphi_2{'}$ 偏离了理论转角而出现实际转角误差 $\Delta\varphi_2=\varphi_2{'}-\varphi_2$。因此在齿轮传动中，要求限制在齿轮一转范围内的最大转角误差，从而控制齿轮副的速比变化，以保证从动件与主动件协调一致、传递运动准确。

如控制系统和随动系统的分度传动机构，其特点是传递功率小，转速低，主要要求传递运动的准确性，以保证主、从动齿轮的运动协调。

2. 要求传动平稳

在齿轮一转范围内，从动轮多次重复出现在一齿范围内瞬时转角变化，这种齿轮副传动

的短周期速比变动是引起齿轮噪声和振动的主要因素。因此要求齿轮传动时，在一齿范围内瞬时传动比（瞬时转角）变化尽量小，以保证传动平稳，降低冲击、振动和减小噪声。

如汽轮机减速器、机床变速箱中的高速动力齿轮，其特点是圆周速度高，传递功率大，主要要求传动平稳以降低噪声。

3. 要求承载均匀

齿轮副中工作齿面接触良好，承载均匀，可避免应力集中、减少齿面磨损，提高齿面强度和寿命。因此要求齿轮传动时，轮齿的工作齿面沿齿高和齿宽方向上应有足够大的接触区域。

如轧钢机、矿山机械、起重机等重型机械上的低速重载齿轮，其特点是功率大，转速低，主要要求是载荷分布的均匀性，以保证承载能力。

4. 要求合理侧隙

齿轮副传动中工作面的摩擦力会降低传动效率，且易引起轮齿卡死或齿面烧蚀。因此要求齿轮传动时，齿轮副的非工作面间有一定的间隙，用以贮存润滑油减小齿面摩擦，并补偿齿轮受热膨胀及受力后的弹性变形等。但过大的侧隙也是引起空回及冲击的不利因素。因此要求齿轮传动时，应当保证齿轮的侧隙在一定的范围内。

涡轮机中高速重载齿轮传动对上述三项要求都很高，而且要求足够的齿侧间隙，以保证充分的润滑。其他各类齿轮也要求具有一定的传动侧隙。

二、影响齿轮制造精度的误差

1. 齿轮制造误差的来源

齿轮副传动的质量与组成齿轮传动装置的零、部件的制造和安装精度密切相关，齿轮本身的制造精度是最基本的影响因素。

齿轮的制造方法有多种，如切削法、铸造法、轧制法、冲压法、锻造法等。不同的制造方法所产生的误差以及主要工艺影响因素也不同。齿轮的切削加工方法按齿轮齿廓的形成原理主要有仿形法和展成法。仿形法是利用成形刀具加工齿轮，如利用铣刀在铣床上铣齿；展成法是根据渐开线齿廓互为包络线原理，利用专用的齿轮加工机床（滚齿机、插齿机、磨齿机）切制齿轮。由于齿轮加工工艺系统中的机床、刀具、齿坯的制造和安装等多种误差因素，致使实际加工后的齿轮存在各种形式的加工误差。

以在滚齿机上滚切齿轮为例，产生齿轮加工误差的主要因素如下。

（1）几何偏心（$e_几$）　由于齿坯定位基准面或夹具等原因使得齿坯的实际回转中心与滚齿机工作台回转中心不重合，滚齿加工时，滚刀和被切齿轮的相对位置发生了变化，即几何偏心（见图 9-1），在齿轮一转范围内，产生周期性的齿轮径向误差。

（2）运动偏心（$e_运$）　滚齿时，因滚齿机分齿传动链误差（主要是最终的分度蜗轮副的误差，或是机床分度盘和展成运动链中进给丝杠的误差），齿坯相对于滚刀的转速不均匀，滚刀和被切齿轮的相对运动发生变化，即运动偏心（见图 9-2），使齿轮产生切向周期性变化的切向误差。

（3）机床传动链周期误差　对于直齿轮的加工，主要受传动链中分度机构各元件误差的影响，尤其是传递分度蜗轮运动的分度蜗杆的径向跳动和轴向跳动的影响。对于斜齿轮的加工，除了分度机构各元件误差外，还受到差动链误差的影响。

（4）滚刀的制造误差与安装误差　滚刀本身的齿距、齿形等制造误差会在滚齿过程中被复映到被加工齿轮的每一齿上，使加工出来的齿轮产生齿距偏差或齿形误差。另外加工刀具安装位置偏差使加工的齿轮上各轮齿的形状和位置相对于旋转中心产生误差，也会造成在传动中产生转角误差。

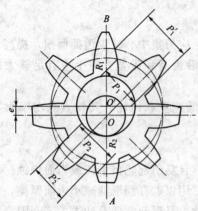 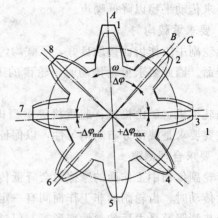

图 9-1　几何偏心引起的径向偏差　　　　图 9-2　运动偏心引起的切向偏差

2. 齿轮制造误差分类

由于切齿工艺误差因素很多，产生多种形式的齿轮误差。为了区别和分析齿轮的各种误差的性质、规律及其对齿轮传动质量的影响，从不同的角度将齿轮制造误差分类如下。

（1）按误差出现的周期（或频率）分，有长周期（低频）误差和短周期（高频）误差。

齿轮回转一周出现一次的周期误差为长周期（低频）误差，主要由几何偏心和运动偏心产生的。按展成法加工齿轮，齿廓的形成是刀具对齿坯周期性地连续滚切的结果，加工误差是齿轮转角的函数，以 2π 转角为周期，反映到齿轮传动中，将影响齿轮一转内传递运动的准确性。当转速较高时，也将影响齿轮传动的平稳性。

齿轮转动一个齿距中出现一次或多次的周期性误差称为短周期（高频）误差。短周期误差主要是由机床传动链和滚刀制造误差与安装误差产生的，在齿轮一转中多次重复出现。反映到齿轮传动中，主要影响齿轮传动的平稳性。

齿轮实际误差是既包含长周期误差，也包含短周期误差的一条复杂周期函数曲线。

（2）按误差产生的方向分，有径向误差、切向误差和轴向误差。

在切齿过程中，由于齿轮的几何偏心和滚刀的径向跳动的存在，将使切齿过程中被切齿坯相对于滚刀的径向距离产生变动，形成齿廓的径向误差。滚齿机分度蜗轮的几何偏心和安装偏心、分度蜗杆的径向跳动和轴向跳动，以及滚刀的轴向跳动等均使齿坯相对于滚刀回转不均匀，使齿廓沿齿轮回转的切线方向产生齿廓的切向误差。刀架导轨与机床工作台轴线不平行、齿坯安装倾斜等，切齿刀具沿齿轮轴线方向走刀运动产生的加工误差均使齿廓产生轴向误差为齿廓轴向误差。

（3）按对齿轮传动使用要求分，有影响传递运动准确性的误差、影响传动平稳性的误差、影响载荷分布均匀性的误差、影响侧隙的误差。

了解和区分齿轮误差的周期性和方向特征，分析齿轮各种不同性质的误差对齿轮传动性能的影响，以及采用相应的测量原理和方法来分析和控制这些误差，都具有十分重要的意义。

第二节　单个齿轮精度的评定指标及其检测

图样上设计的齿轮都是理想的齿轮，由于齿轮的齿廓形状比较复杂，参数较多，加工也很困难，加工好的齿轮相对于理想齿轮的齿形和几何参数都存在误差。

一、轮齿同侧齿面偏差

1. 齿距偏差

GB/T10095.1—2008 中齿距偏差包括单个齿距偏差 f_{pt}、k 个齿距累积偏差 F_{pk} 和齿距累积总偏差 F_p 三项。常用齿距仪、万能测齿仪、光学分度头等仪器进行测量。测量方法可分为绝对测量和相对测量，中等模数的齿轮多采用相对测量。相对测量是以齿轮上任意一齿距为基准，把仪器指示表调整为零，然后依次测出其余各齿距相对基准的偏差 $f_{pt相对}$，最后通过数据处理求出单个齿距偏差 f_{pt}、齿距累积偏差 F_{pk} 和齿距累积总偏差 F_p。按其定位基准的不同，相对测量又可分为以齿顶圆、以齿根圆和以孔为定位基准三种。

（1）单个齿距偏差 f_{pt}　在端平面上接近齿高中部的一个与齿轮轴线同心的圆上，实际齿距与理论齿距的代数差，称为单个齿距偏差 f_{pt}。采用相对法测量 f_{pt} 时，取所有实际齿距的平均值为公称齿距（理论齿距）。

如图 9-3 所示为使用万能测齿仪测量齿距的工作原理。测量时，将两个小球形侧头调到一定的距离，来测量被测齿轮的任意一个齿距。右侧测头起定位作用，然后使左侧测头与另一个齿的同名齿形接触，并将与左侧测头相连的比较仪示值调至零位。调整好的测量头逐个轮齿进行测量，每一个齿距相对于调整齿距的偏差，便可在比较仪上指示出来。每一齿距最少测量两次，取两测量值的算术平均值作为测量结果。根据上述测量方法所测到的齿距差，逐项记录下来，并根据需要进行数据处理。

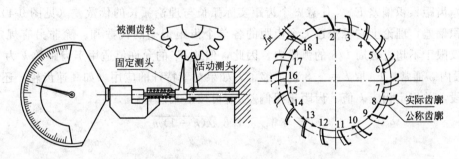

图 9-3　用万能测齿仪测量单个齿距偏差

单个齿距偏差 f_{pt} 可按下式计算：

$$f_{pt} = 0.3(m + 0.4\sqrt{d}) + 4 \tag{9-1}$$

式中　d——齿轮分度圆直径；

　　　m——模数（斜齿轮为法向模数）。

当齿轮存在齿距偏差时，会造成一对轮齿退出啮合而另一对轮齿进入啮合时，主动轮齿与从动轮齿发生冲撞，影响齿轮传动的平稳性精度。不同精度等级的齿轮允许的单个齿距偏差见表 9-1。

表 9-1　齿距偏差 $\pm f_{pt}$　　　　（μm）（摘自 GB/T 10095.1—2008）

分度圆直径 d/mm	模数 m/mm	精度等级						
		4	5	6	7	8	9	10
20<d≤50	0.5≤m≤2	3.5	5.0	7.0	10.0	14.0	20.0	28.0
	2<m≤3.5	3.9	5.5	7.5	11.0	15.0	22.0	31.0
	3.5<m≤6	4.3	6.0	8.5	12.0	17.0	24.0	34.0
	6<m≤10	4.9	7.0	10.0	14.0	21.0	28.0	40.0
50<d≤125	0.5≤m≤2	3.8	5.5	7.5	11.0	15.0	21.0	30.0
	2<m≤3.5	4.1	6.0	8.5	13.0	17.0	23.0	33.0
	3.5<m≤6	4.6	6.0	9.0	13.0	18.0	26.0	36.0
	6<m≤10	5.0	7.5	10.0	15.0	21.0	30.0	42.0
125<d≤280	0.5≤m≤2	4.2	6.0	8.5	12.0	17.0	24.0	34.0
	2<m≤3.5	4.6	6.5	9.0	13.0	18.0	26.0	36.0
	3.5<m≤6	5.0	7.0	10.0	14.0	20.0	28.0	40.0
	6<m≤10	5.5	8.0	11.0	16.0	23.0	32.0	45.0
280<d≤560	0.5≤m≤2	4.7	6.5	9.5	13.0	19.0	27.0	38.0
	2<m≤3.5	5.0	7.0	10.0	14.0	20.0	29.0	42.0
	3.5<m≤6	5.5	8.0	11.0	16.0	22.0	31.0	44.0
	6<m≤10	6.0	8.5	12.0	17.0	25.0	35.0	49.0

在滚齿中，由于机床传动链误差（主要是分度蜗杆跳动），齿轮在加工中不可避免地要发生几何偏心和运动偏心，从而使齿轮轮齿距不均匀，f_{pt} 可以用来揭示机床传动链的短周期误差或加工中的分度误差。

（2）齿距累积偏差 F_{pk}　任意 k 个齿距实际弧长与理论弧长的代数差（见图 9-4），称为齿距累积偏差，理论上它等于这 k 个齿距的各单个齿距偏差的代数和。除非另有规定，F_{pk} 的计值仅限于不超过圆周 1/8 的弧段内。因此，偏差 F_{pk} 的允许值适用于齿距数 k 为 2 到 $z/8$ 的弧段内。通常，F_{pk} 取 $k = z/8$ 就足够了，如果对于特殊的应用（如高速齿轮）还需检验较小弧段，并规定相应 k 值。齿距累积偏差 F_{pk} 可按下式计算：

$$F_{pk} = f_{pt} + 1.6 \sqrt{(k-1)m} \tag{9-2}$$

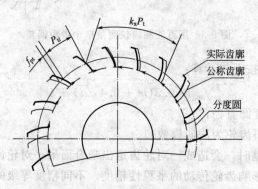

图 9-4　跨齿数为 3 测量齿距累积偏差

齿距累积偏差过大，对于高速齿轮工作时，将产生振动和噪声，影响平稳性精度。

（3）齿距累积总偏差 F_p　齿轮同侧齿面任意弧段（$k=1$ 到 $k=z$）内的最大齿距累积偏差，称为齿距累积总偏差 F_p。它表现为齿距累积偏差曲线的总幅值（见图 9-5）。

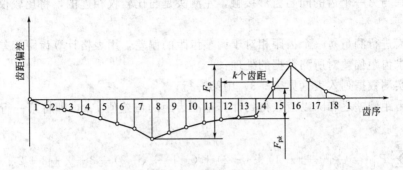

图 9-5　齿距累积偏差曲线图

齿距累积总偏差 F_p 可按下式计算：

$$F_p = 0.3m + 1.25\sqrt{d} + 7 \tag{9-3}$$

齿距累积总偏差可反映齿轮一转过程中传动比的变化，因此影响齿轮的运动精度。国家标准相应规定了齿距累积总偏差 F_p 的公差等级，见表 9-2。

表 9-2　齿距累积总偏差 F_p（摘自 GB/T 10095.1—2008）　　　　　　μm

分度圆直径 d/mm	模数 m/mm	精度等级						
		4	5	6	7	8	9	10
20<d≤50	0.5≤m≤2	10.0	14.0	20.0	29.0	41.0	57.0	81.0
	2<m≤3.5	10.0	15.0	21.0	30.0	42.0	59.0	84.0
	3.5<m≤6	11.0	15.0	22.0	31.0	44.0	62.0	87.0
	6<m≤10	12.0	16.0	23.0	33.0	46.0	65.0	93.0
50<d≤125	0.5≤m≤2	13.0	18.0	26.0	37.0	52.0	74.0	104.0
	2<m≤3.5	13.0	19.0	27.0	38.0	53.0	76.0	107.0
	3.5<m≤6	14.0	19.0	28.0	39.0	55.0	78.0	110.0
	6<m≤10	14.0	20.0	29.0	41.0	58.0	82.0	116.0
125<d≤280	0.5≤m≤2	17.0	24.0	35.0	49.0	69.0	98.0	138.0
	2<m≤3.5	18.0	25.0	35.0	50.0	70.0	100.0	141.0
	3.5<m≤6	18.0	25.0	36.0	51.0	72.0	102.0	144.0
	6<m≤10	19.0	26.0	37.0	53.0	75.0	106.0	149.0
280<d≤560	0.5≤m≤2	23.0	32.0	46.0	64.0	91.0	129.0	182.0
	2<m≤3.5	23.0	33.0	46.0	65.0	92.0	131.0	185.0
	3.5<m≤6	24.0	33.0	47.0	66.0	94.0	133.0	189.0
	6<m≤10	24.0	34.0	48.0	68.0	97.0	137.0	193.0

【例 9-1】　按图 9-3 所示的相对测量方法，测量齿数为 12 的齿轮的齿距偏差。测量步骤如下：

(1) 做好测量前的准备工作，将被测工件预放在检测室一段时间；

(2) 安装齿轮；

(3) 将两个小球形测头调到一定的距离，测量被测齿轮的任意一个齿距。右测头作定位用，使左测头与另一个齿的同名齿形接触，左测头是与比较仪相连的，将比较仪的示值调至零位；

(4) 逐齿进行测量每一个齿距相对于调整齿距的偏差，用表格计算齿距偏差。

下面为求齿距偏差对所测数据的处理：

(1) 将实测数据列入表（见表 9-3）中第一行；

(2) 各齿距偏差之和除以齿数得到计算基准齿距的偏差值 $P_平$，即将第一行中逐齿累加后除以齿数；

$$P_平 = \sum_{i=1}^{z} P_{i相} = \frac{1}{12}[0 + (-1) + (-2) + (-1) + (-2) + 3 + 2 + 3 + 2 + 4 + (-1) + (-1)] = 0.5 \mu m$$

(3) 将第一列各项齿距差减去 $P_平$，即为实际齿距差 $P_{i绝}$，列于第二行；

(4) 将 $P_{i绝}$ 值累积后得到齿距累积偏差 F_{pi}；

(5) 从 F_{pi} 中找到最大值、最小值，其差值即为齿距总偏差 F_p。

$$F_P = F_{Pimax} - F_{Pimin} = [+3.0 - (-8.5)] = 11.5 \mu m$$

表 9-3 齿距偏差数据处理

齿距序号 i	比较仪读数 $P_{i相}$	$P_{i绝} = P_{i相} - P_平$	$F_{pi} = \sum\limits_{i=1}^{z} P_{i绝}$	$F_{pk} = \sum\limits_{i=1}^{z+(k-1)} P_{i绝}$
1	0	−0.5	−0.5	−3.5
2	−1	−1.5	−2	−3.5
3	−2	−2.5	−4.5	−4.5
4	−1	−1.5	−6	−5.5
5	−2	−2.5	−8.5	−6.5
6	+3	+2.5	−6	−1.5
7	+2	+1.5	−4.5	+1.5
8	+3	+2.5	−2	+6.5
9	+2	+1.5	−0.5	+5.5
10	+4	+3.5	+3	+7.5
11	−1	−1.5	+1.5	+3.5
12	−1	−1.5	0	+0.5

2. 齿廓偏差

实际齿廓偏离设计齿廓的量，称为齿廓偏差，该量在齿轮端平面内且垂直于渐开线齿廓的方向计值。由共轭齿形的啮合状态可知，当实际齿形偏离设计齿廓时，会使齿轮在一齿啮合范围内的传动比不断变化，而引起振动和噪声，影响传动平稳性。

齿廓偏差是由刀具的制造误差（如刀具齿形角误差）和安装误差（如滚刀的安装偏心和倾斜）以及机床传动链误差等引起的。在 GB/T10095.1—2008 中，规定有齿廓总偏差 F_a，齿廓形状偏差 f_{fa} 和齿廓倾斜偏差 f_{Ha}。

（1）齿廓总偏差 F_a　凡符合设计规定的端面齿廓为设计齿廓，无其他限定时是指端面齿廓。在测量齿廓偏差时得到的记录图上的齿廓偏差曲线叫做齿廓迹线。在计值范围内，包容实际齿廓迹线的两条设计齿廓迹线间的距离，称为齿廓总偏差 F_a，如图9-6所示。

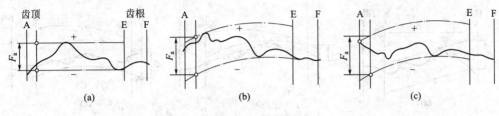

图9-6　齿廓总偏差

图9-6中，粗实线代表实际齿廓迹线，点划线代表设计齿廓迹线。设计齿形可以是修正的理论渐开线，包括修缘齿形、凸齿形等。在实际生产中，为了提高传动质量，常常需要按实际工作条件设计各种为实践所验证了修正齿形。图9-6（a）中，设计齿廓为未修形的渐开线，实际齿廓在减薄区偏向体内；图9-6（b）中设计齿廓为修形的渐开线；实际齿廓在减薄区偏向体内；图9-6（c）中设计齿廓为修形的渐开线；实际齿廓在减薄区偏向体外。

齿廓总偏差 F_a 可按下式计算：

$$F_a = 3.2m + 0.22\sqrt{d} + 0.7 \tag{9-4}$$

齿廓总偏差主要影响齿轮平稳性精度。国家标准相应规定了齿廓总偏差 F_a 的公差等级，见表9-4。

表9-4　齿廓总偏差 F_a（摘自 GB/T 10095.1—2008）　　　　　　　　　μm

分度圆直径 d/mm	模数 m/mm	精度等级						
		4	5	6	7	8	9	10
20<d≤50	0.5≤m≤2	3.6	5.0	7.5	10.0	15.0	21.0	29.0
	2<m≤3.5	5.0	7.0	10.0	14.0	20.0	29.0	40.0
	3.5<m≤6	6.0	9.0	12.0	18.0	25.0	35.0	50.0
	6<m≤10	7.5	11.0	15.0	22.0	31.0	43.0	61.0
50<d≤125	0.5≤m≤2	4.1	6.0	8.5	12.0	17.0	23.0	33.0
	2<m≤3.5	5.5	8.0	11.0	16.0	22.0	31.0	44.0
	3.5<m≤6	6.5	9.5	13.0	19.0	27.0	38.0	54.0
	6<m≤10	8.5	12.0	17.0	24.0	34.0	48.0	68.0
125<d≤280	0.5≤m≤2	4.9	7.0	10.0	14.0	20.0	28.0	39.0
	2<m≤3.5	6.5	9.0	13.0	18.0	25.0	36.0	50.0
	3.5<m≤6	7.5	11.0	15.0	21.0	30.0	42.0	60.0
	6<m≤10	9.0	13.0	18.0	25.0	36.0	50.0	71.0
280<d≤560	0.5≤m≤2	6.0	8.5	12.0	17.0	23.0	33.0	47.0
	2<m≤3.5	7.5	10.0	15.0	21.0	29.0	41.0	58.0
	3.5<m≤6	8.5	12.0	17.0	24.0	34.0	48.0	67.0
	6<m≤10	10.0	14.5	20.0	28.0	40.0	56.0	79.0

（2）**齿廓形状偏差 f_{fa}** 齿廓形状偏差 f_{fa} 是指在计值范围内，包容实际齿廓迹线的，与平均齿廓迹线（图中虚线）完全相同的两条迹线间的距离，且两条曲线与平均齿廓迹线的距离为常数，如图 9-7 所示。

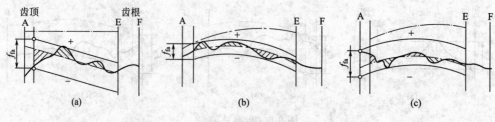

图 9-7　齿廓形状偏差

齿廓形状偏差 f_{fa} 的计算公式为

$$f_{fa} = 2.5\sqrt{m} + 0.17\sqrt{d} + 0.5 \tag{9-5}$$

式中　　d——齿轮分度圆直径；

　　　　m——法向模数。

国家标准相应规定了齿廓总偏差 f_{fa} 的公差等级，见表 9-5。

表 9-5　齿廓形状偏差 f_{fa}（摘自 GB/T 10095.1—2008）　　　　　　　　　μm

分度圆直径 d/mm	模数 m/mm	精度等级						
		4	5	6	7	8	9	10
20<d≤50	0.5≤m≤2	2.8	4.0	5.5	8.0	11.0	16.0	22.0
	2<m≤3.5	3.9	5.5	8.0	11.0	16.0	22.0	31.0
	3.5<m≤6	4.8	7.0	9.5	14.0	19.0	27.0	39.0
	6<m≤10	6.0	8.5	12.0	17.0	24.0	34.0	48.0
50<d≤125	0.5≤m≤2	3.2	4.6	6.5	9.0	13.0	18.0	26.0
	2<m≤3.5	4.3	6.0	8.5	12.0	17.0	24.0	34.0
	3.5<m≤6	5.0	7.5	1.0	15.0	21.0	29.0	42.0
	6<m≤10	6.5	9.0	13.0	18.0	25.0	36.0	51.0
125<d≤280	0.5≤m≤2	3.8	5.5	7.5	11.0	15.0	21.0	30.0
	2<m≤3.5	4.9	7.0	9.5	14.0	19.0	28.0	39.0
	3.5<m≤6	6.0	8.0	12.0	16.0	23.0	33.0	46.0
	6<m≤10	7.0	10.0	14.0	20.0	28.0	39.0	55.0
280<d≤560	0.5≤m≤2	4.5	6.5	9.0	13.0	18.0	26.0	36.0
	2<m≤3.5	5.5	8.0	11.0	16.0	22.0	32.0	45.0
	3.5<m≤6	6.5	9.0	13.0	18.0	36.0	37.0	52.0
	6<m≤10	7.5	11.0	15.0	23.0	31.0	43.0	61.0

（3）**齿廓倾斜偏差 f_{Ha}** 在计值范围内，两端与平均齿廓迹线相交的两条设计齿廓迹线间的距离，称为齿廓倾斜偏差 f_{Ha}，如图 9-8 所示。

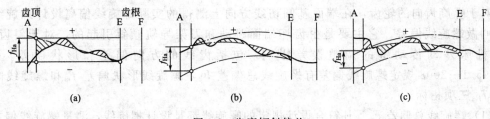

图 9-8 齿廓倾斜偏差

齿廓倾斜偏差 f_{Ha} 的计算公式为

$$f_{Ha} = 2\sqrt{m} + 0.14\sqrt{d} + 0.5 \tag{9-6}$$

国家标准相应规定了齿廓总偏差 f_{Ha} 的公差等级，见表 9-6。

表 9-6 齿廓倾斜偏差 f_{Ha}（摘自 GB/T 10095.1—2008）   μm

分度圆直径 d/mm	模数 m/mm	精度等级						
		4	5	6	7	8	9	10
20<d≤50	0.5≤m≤2	2.3	3.3	4.6	6.5	9.5	13.0	19.0
	2<m≤3.5	3.2	4.5	6.5	9.0	13.0	18.0	26.0
	3.5<m≤6	3.9	5.5	8.0	11.0	15.0	22.0	32.0
	6<m≤10	4.8	7.0	9.5	14.0	19.0	27.0	39.0
50<d≤125	0.5≤m≤2	2.6	3.7	5.0	7.5	11.0	15.0	21.0
	2<m≤3.5	3.5	5.0	7.0	10.0	14.0	20.0	28.0
	3.5<m≤6	4.3	6.0	8.5	12.0	27.0	24.0	34.0
	6<m≤10	5.0	7.5	10.0	15.0	21.0	29.0	41.0
125<d≤280	0.5≤m≤2	3.1	4.4	6.0	9.0	12.0	18.0	25.0
	2<m≤3.5	4.0	5.5	8.0	11.0	16.0	23.0	32.0
	3.5<m≤6	4.7	6.5	9.5	13.0	19.0	27.0	38.0
	6<m≤10	5.5	8.0	11.0	16.0	23.0	32.0	45.0
280<d≤560	0.5≤m≤2	3.7	5.5	7.5	11.0	15.0	21.0	30.0
	2<m≤3.5	4.6	6.5	9.0	13.0	18.0	26.0	37.0
	3.5<m≤6	5.5	7.5	11.0	15.0	21.0	30.0	43.0
	6<m≤10	6.5	9.0	13.0	18.0	25.0	35.0	50.0

　　齿廓偏差通常用渐开线检查仪进行测量，图 9-9 是单圆盘渐开线检查仪的结构简图。被测齿轮和直径与该齿轮基圆直径相等的基圆盘同轴，直尺向右移动且与基圆盘互作纯滚动时，根据渐开线的形成原理，固定在直尺上的千分尺测头相对于基圆盘的运动轨迹则是理想渐开线。若被测齿轮齿形没有误差，则千分尺的测头不动；若被测齿廓不是理想渐开线，测头摆动经杠杆从指示表上指示出来。在齿形的工作范围内，千分表读数的最大值和最小值之差就是齿形偏差值。

　　在实际测量中，还可以用基圆调节的万能式渐开线检查仪测量，它比单盘式渐开线检查仪测量方便。

3. 螺旋线偏差

对于螺旋齿向的轮齿，在端面基圆切线方向上测得的实际螺旋线偏离设计螺旋线的量，叫做螺旋线偏差。它主要是由齿坯端面跳动和刀架导轨倾斜引起的，对于斜齿轮，还受机床差动传动链的调整误差影响，包括齿线的方向偏差和形状误差。GB/T10095.1—2008 规定螺旋线偏差有螺旋线总偏差 F_β，螺旋线形状偏差 $f_{f\beta}$ 和螺旋线倾斜偏差 $f_{H\beta}$ 三项指标。

（1）螺旋线总偏差 F_β　凡符合设计规定的螺旋线都是设计螺旋线，测量螺旋线偏差时得到的记录图上的螺旋线偏差曲线叫做螺旋线迹线。在计值范围内（在齿宽上从轮齿两端处各扣除倒角或修圆部分），包容实际螺旋线迹线的两条设计螺旋线迹线间的距离，称为螺旋线总偏差 F_β，如图 9-10 所示。

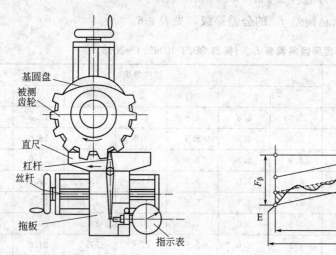

图 9-9　单圆盘渐开线检查仪的工作原理图

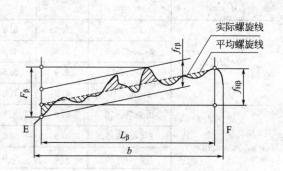

图 9-10　螺旋线偏差

螺旋线总偏差 F_β 的计算公式为

$$F_\beta = 0.1\sqrt{d} + 0.63\sqrt{b} + 4.2 \tag{9-7}$$

式中　d——齿轮分度圆直径；

　　　b——齿宽。

为了改善齿面接触，提高齿轮承载能力，设计齿线常采用修正的圆柱螺旋线，包括鼓形线、齿端修薄及其他修形曲线。直齿轮的轮齿螺旋角为 0°，其设计螺旋线为一条直线，平行于齿轮基准轴线。国家标准相应规定了螺旋线总偏差 F_β 的公差等级，见表 9-7。

表 9-7　螺旋线总偏差 F_β（摘自 GB/T 10095.1—2008）　　　　　　　　　μm

分度圆直径 d/mm	齿宽 b/mm	精度等级						
		4	5	6	7	8	9	10
20<d≤50	4≤b≤10	4.5	6.5	9.0	13.0	18.0	25.0	36.0
	10<b≤20	5.0	7.0	10.0	14.0	20.0	29.0	40.0
	20<b≤40	5.5	8.0	11.0	16.0	23.0	32.0	46.0
	40<b≤80	6.5	9.5	13.0	19.0	27.0	38.0	54.0
	80<b≤160	8.0	11.0	16.0	23.0	32.0	46.0	65.0

续表

分度圆直径 d/mm	齿宽 b/mm	精度等级						
		4	5	6	7	8	9	10
50<d≤125	4≤b≤10	4.7	6.5	9.5	13.0	19.0	27.0	38.0
	10<b≤20	5.5	7.5	11.0	15.0	21.0	30.0	42.0
	20<b≤40	6.0	5.5	12.0	17.0	24.0	34.0	48.0
	40<b≤80	7.0	10.0	14.0	20.0	28.0	39.0	56.0
	80<b≤160	8.5	12.0	17.0	24.0	33.0	47.0	67.0
125<d≤280	4≤b≤10	5.0	7.0	10.0	14.0	20.0	32.0	40.0
	10<b≤20	5.5	8.0	11.0	16.0	22.0	36.0	45.0
	20<b≤40	6.5	9.0	13.0	18.0	25.0	41.0	50.0
	40<b≤80	7.5	10.0	15.0	21.0	29.0	49.0	58.0
	80<b≤160	8.5	12.0	17.0	25.0	35.0	58.0	69.0
280<d≤560	4≤b≤10	6.0	8.5	12.0	17.0	24.0	34.0	48.0
	10<b≤20	6.5	9.5	13.0	19.0	27.0	38.0	54.0
	20<b≤40	7.5	11.0	15.0	22.0	31.0	44.0	62.0
	40<b≤80	9.0	13.0	18.0	26.0	36.0	52.0	73.0
	80<b≤160	11.0	15.0	21.0	30.0	43.0	60.0	85.0

　　螺旋线总偏差的测量主要是使用齿向检查仪和导程仪等，前者主要测量直齿轮，后者主要测量直齿和斜齿齿轮的螺旋线总偏差。直齿轮螺旋线总偏差的测量较简单，被测齿轮装在心轴上，心轴装在两顶针座或等高的 V 形块上，在齿槽内放入小圆柱，以检验平板作基面，用指示表分别测小圆柱的水平方向和垂直方向两端的高度差，此高度差乘上 b/l（b—齿宽；l—圆柱长）即近似为齿轮的 ΔF_β。为了避免安装误差的影响，应在前后两面（距180°的两个齿）测量，取其平均值作为测量结果（图9-11）。

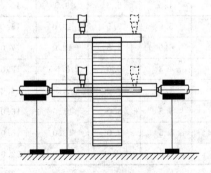

图 9-11　用小圆柱测量直齿轮的螺旋线总偏差

　　（2）螺旋线形状偏差 $f_{f\beta}$　螺旋线形状偏差 $f_{f\beta}$ 是指在计值范围内，包容实际螺旋线迹线的，与平均螺旋线计线完全相同的两条曲线间的距离，且两条曲线与平均螺旋线迹线的距离为常数，如图9-10所示。平均螺旋线迹线是在计值范围内，按最小二乘法确定的。

　　螺旋线形状偏差 $f_{f\beta}$ 的计算公式为：

$$f_{f\beta} = 0.07\sqrt{d} + 0.45\sqrt{b} + 3 \tag{9-8}$$

$f_{f\beta}$主要是由机床分度蜗杆副和进给丝杠的周期误差引起的，使齿侧面螺旋线上产生波浪形误差，因而使齿轮传动发生振动，是严重影响平稳性的主要因素。$f_{f\beta}$沿齿面法线方向计值，用于评定轴向重合度 $\varepsilon_\beta > 1.25$ 的 6 级及高于 6 级精度的宽斜齿轮及人字齿轮的传动平稳性。

（3）螺旋线倾斜偏差 $f_{H\beta}$　在计值范围内的两端与平均螺旋线迹线相交的两条设计螺旋线迹线间的距离，称为螺旋线倾斜偏差 $f_{H\beta}$，如图 9-10 所示。

螺旋线形状偏差 $f_{H\beta}$ 的计算公式为：

$$f_{H\beta} = 0.07\sqrt{d} + 0.45\sqrt{b} + 3 \tag{9-9}$$

国家标准相应规定了螺旋线形状偏差 $f_{f\beta}$ 和螺旋线倾斜偏差 $f_{H\beta}$ 的公差等级，见表 9-8。

表 9-8　螺旋线形状偏差 $f_{f\beta}$ 和螺旋线倾斜偏差 $f_{H\beta}$（摘自 GB/T 10095.1—2008）　　μm

分度圆直径 d/mm	齿宽 b/mm	精度等级						
		4	5	6	7	8	9	10
20<d≤50	4≤b≤10	3.2	4.5	6.5	9.0	13.0	18.0	26.0
	10<b≤20	3.6	5.0	7.0	10.0	14.0	20.0	29.0
	20<b≤40	4.1	6.0	8.0	12.0	16.0	23.0	33.0
	40<b≤80	4.8	7.5	9.5	14.0	19.0	27.0	38.0
	80<b≤160	6.0	9.0	12.0	16.0	23.0	33.0	46.0
50<d≤125	4≤b≤10	3.4	4.8	6.5	9.5	13.0	15.0	27.0
	10<b≤20	3.8	5.5	7.5	11.0	15.0	21.0	30.0
	20<b≤40	4.3	6.0	8.5	12.0	17.0	24.0	34.0
	40<b≤80	5.0	7.0	10.0	14.0	20.0	28.0	40.0
	80<b≤160	6.0	8.5	12.0	17.0	24.0	34.0	48.0
125<d≤280	4≤b≤10	3.6	5.0	7.0	10.0	14.0	20.0	29.0
	10<b≤20	4.0	5.5	8.0	11.0	16.0	23.0	32.0
	20<b≤40	4.5	6.5	9.0	13.0	18.0	25.0	36.0
	40<b≤80	5.0	7.5	10.0	15.0	21.0	29.0	42.0
	80<b≤160	6.0	8.5	12.0	17.0	25.0	35.0	49.0
280<d≤560	4≤b≤10	4.3	6.0	8.5	12.0	17.0	24.0	34.0
	10<b≤20	4.8	7.0	9.5	14.0	19.0	27.0	38.0
	20<b≤40	5.5	8.0	11.0	16.0	22.0	31.0	44.0
	40<b≤80	6.5	9.0	13.0	18.0	26.0	37.0	52.0
	80<b≤160	7.5	11.0	15.0	22.0	30.0	43.0	61.0

螺旋线偏差适用于评定传递功率大，速度高的高精度宽斜齿轮及人字齿轮。

4. 切向综合偏差

切向综合偏差包括一齿切向综合偏差 f_i' 和切向综合总偏差 F_i'，实际齿轮的切向综合偏差可用单啮仪进行检测。

（1）一齿切向综合偏差 f_i'　被测齿轮一转中对应一个齿距范围内的实际圆周位移与理论圆周位移的最大差值，称为一齿切向综合偏差 f_i'，它在齿轮一转中多次重复出现。f_i' 反映单个齿距偏差和齿廓偏差等单齿误差的综合结果，也能反映出刀具制造误差和安装误差及机床传动链短周期误差。

一齿切向综合误差 f_i' 的公差值可由表 9-9 中给出的 f_i'/K 乘以系数 K 求得，或用 5 级精度公差的公式计算。

$$f_i' = K(4.3 + f_{pt} + F_a)$$

即

$$f_i' = K(9 + 0.3m + 3.2\sqrt{m} + 0.34\sqrt{d}) \tag{9-10}$$

式中，当 $\varepsilon_r < 4$ 时，$K = 0.2\left(\dfrac{\varepsilon_r + 4}{\varepsilon_r}\right)$；当 $\varepsilon_r \geqslant 4$ 时，$K = 0.4$；d 为齿轮分度圆直径；m 为法向模数。

国家标准相应规定了 f_i'/K 的比值，见表 9-9。

表 9-9　f_i'/K 的比值（摘自 GB/T 10095.1—2008）　　　　　　　　　μm

分度圆直径 d/mm	模数 m/mm	精度等级						
		4	5	6	7	8	9	10
$20 < d \leqslant 50$	$0.5 \leqslant m \leqslant 2$	10.0	14.0	20.0	29.0	41.0	58.0	82.0
	$2 < m \leqslant 3.5$	12.0	17.0	24.0	34.0	48.0	68.0	96.0
	$3.5 < m \leqslant 6$	14.0	19.0	27.0	38.0	54.0	77.0	108.0
	$6 < m \leqslant 10$	16.0	22.0	31.0	44.0	63.0	89.0	125.0
$50 < d \leqslant 125$	$0.5 \leqslant m \leqslant 2$	11.0	16.0	22.0	31.0	44.0	62.0	88.0
	$2 < m \leqslant 3.5$	13.0	18.0	25.0	36.0	51.0	72.0	102.0
	$3.5 < m \leqslant 6$	14.0	20.0	29.0	40.0	57.0	81.0	115.0
	$6 < m \leqslant 10$	16.0	23.0	33.0	47.0	66.0	93.0	132.0
$125 < d \leqslant 280$	$0.5 \leqslant m \leqslant 2$	12.0	17.0	24.0	34.0	49.0	69.0	97.0
	$2 < m \leqslant 3.5$	14.0	20.0	28.0	39.0	56.0	79.0	111.0
	$3.5 < m \leqslant 6$	15.0	22.0	31.0	44.0	62.0	88.0	124.0
	$6 < m \leqslant 10$	18.0	25.0	35.0	50.0	70.0	100.0	141.0
$280 < d \leqslant 560$	$0.5 \leqslant m \leqslant 2$	14.0	19.0	27.0	39.0	54.0	77.0	109.0
	$2 < m \leqslant 3.5$	15.0	22.0	31.0	44.0	62.0	87.0	123.0
	$3.5 < m \leqslant 6$	17.0	24.0	34.0	48.0	68.0	96.0	136.0
	$6 < m \leqslant 10$	19.0	27.0	38.0	54.0	76.0	108.0	153.0

（2）切向综合总偏差 F_i'　被测齿轮与理想精确的测量齿轮单面啮合检验时，被测齿轮一转内，齿轮分度圆上实际圆周位移与理论圆周位移的最大差值，称为切向综合总偏差 F_i'，如图 9-12 所示。

切向综合总偏差 F_i' 的计算公式为：

$$F_i' = F_p + f_i' \tag{9-11}$$

F_i' 反映出齿圈与旋转中心偏心引起的齿距累积总偏差和单齿误差的综合结果。齿距累积偏差能反映齿轮一转中偏心误差引起的转角误差，故 F_p 可代替 F_i' 作为评定齿轮运动准确性的项目，但两者是有差别的，F_p 是沿着与基准孔同心的圆周上逐齿测得（每齿测一点）的折线状误差曲线，它是有限点的误差，而不能反映任意两点间传动比变化情况；F_i' 却是被测齿轮与测量齿轮在单面啮合传动连续运转中测得的一条连续记录误差曲线，它反映出齿

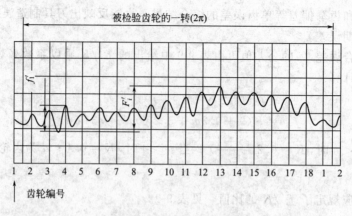

图 9-12 切向综合误差

轮每瞬间传动比变化,其测量时的运动情况与工作情况相近。

实际齿轮的切向综合总偏差 F_i' 可用单啮仪进行检测,测量切向综合总偏差 F_i' 时同时可测得 f_i'。单啮仪能实现或模拟均匀的运动传递,可采用机械传动、光栅、电子、磁分度。光栅式齿轮单啮仪的工作原理如图 9-13 所示,被测齿轮装在单啮仪的心轴上,在保持设计中心距的情况下,与高精度的测量齿轮作单面啮合传动。在测量齿轮和被测量齿轮的主轴上,分别装有刻线数相同的圆光栅,用以产生理想精确的传动比。当啮合的两齿轮齿数不等时,由两者的光电元件所输出的信号频率将不相等,为使两路信号具有相同的频率,以便进行相位比较,可将其中一路信号进行倍频(如将测量齿轮的信号频率 f_1 乘以 z_1)和分频(再将信号 $f_1 z_1$ 除以 z_2)处理。若被测齿轮无误差,则两路信号无相位差变化,记录器输出为一条直线;否则,所记录的图形为被测齿轮的切向综合误差曲线,测得的是全齿宽的单啮误差曲线。若仪器上安装的是一对齿轮副,则记录的图形是一条齿轮副切向综合误差曲线。国家标准也允许用齿条、蜗杆、测头等代替齿轮作为测量元件。但应注意:用蜗杆、测头等测得的是截面的单啮误差曲线,它不包括齿向误差的影响。

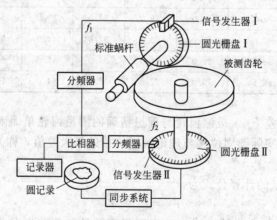

图 9-13 光栅式齿轮单啮仪的工作原理

由于测量切向综合偏差时被测齿轮与测量齿轮单面啮合(无载荷),接近于齿轮传动的工作状态,综合反映了几何偏心、运动偏心、长周期误差和短周期误差对齿轮转角误差综合影响的结果,所以切向综合偏差是评定齿轮运动准确性的较好参数,多用于评定高精度的齿轮。

二、径向综合偏差与径向跳动

1. 径向综合偏差

径向偏差包括径向综合总偏差和一齿径向综合偏差，一般用齿轮双啮仪测量，其测量值受到测量齿轮的精度和产品齿轮与测量齿轮的总重合度的影响，适用于大量生产的中等精度、小模数齿轮（模数 1～10mm，中心距 50～300mm）的检测。

（1）径向综合总偏差 F_i''　径向综合总偏差 F_i'' 是在径向（双面）综合检验时，产品齿轮（正在被测量或评定的齿轮）的左、右齿面同时与测量齿轮接触，并转过一整圈时出现的中心距最大值和最小值之差。若产品齿轮存在径向误差（如几何偏心）及短周期误差（如齿形误差等），则产品齿轮与测量齿轮双面啮合的中心距会产生变化。

径向综合总偏差 F_i'' 的计算公式为

$$F_i'' = F_r + f_i'' = 3.2m_n + 1.01\sqrt{d} + 6.4 \tag{9-12}$$

式中　m_n——齿轮法向模数；

　　　d——齿轮分度圆直径。

径向综合总偏差 F_i'' 采用齿轮双面啮合综合检查仪测量，其工作原理如图 9-14（a）所示。测量时，将产品齿轮与测量齿轮分别安装在双面啮合检测仪的两平行心轴上，并借助弹簧力的作用，使两轮保持双面紧密啮合，产品齿轮一转中自动记录装置记录双啮中心距的变动曲线如图9-14（b）所示，即为齿轮的径向综合偏差曲线，最大读数值（即双啮中心距的变动量）即为 F_i''。

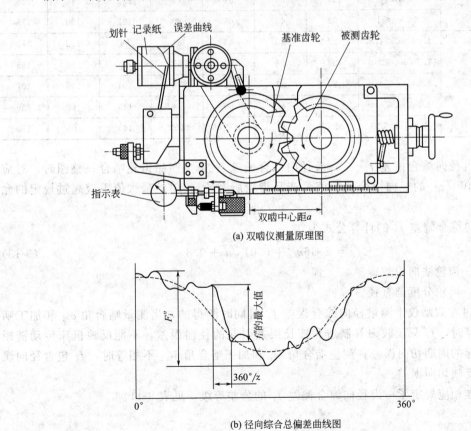

（a）双啮仪测量原理图

（b）径向综合总偏差曲线图

图 9-14　F_i'' 工作原理与变动曲线

国家标准相应规定了径向综合公差 F_i'' 的公差等级，见表 9-10。

表 9-10 径向综合总偏差 F_i'' （μm）（摘自 GB/T 10095.2—2008）

分度圆直径 d/mm	模数 m_n/mm	精度等级						
		4	5	6	7	8	9	10
20<d≤50	1.0≤m_n≤1.5	11	16	23	32	45	64	97
	1.5≤m_n≤2.5	13	18	26	37	52	73	108
	2.5≤m_n≤4.0	16	22	31	44	63	89	126
	4.0≤m_n≤6.0	20	28	39	56	79	111	157
	6.0≤m_n≤10	26	37	52	74	104	147	209
50<d≤125	1.0≤m_n≤1.5	14	19	27	39	55	77	109
	1.5≤m_n≤2.5	15	22	31	43	61	86	122
	2.5≤m_n≤4.0	18	25	36	51	72	102	144
	4.0≤m_n≤6.0	22	31	44	62	88	124	176
	6.0≤m_n≤10	28	40	57	80	114	161	227
125<d≤280	1.0≤m_n≤1.5	17	24	34	48	68	97	137
	1.5≤m_n≤2.5	19	26	37	53	75	106	149
	2.5≤m_n≤4.0	21	30	43	61	86	121	172
	4.0≤m_n≤6.0	25	36	51	72	102	144	208
	6.0≤m_n≤10	32	45	64	90	127	180	255
280<d≤560	1.0≤m_n≤1.5	22	30	43	61	86	122	172
	1.5≤m_n≤2.5	23	33	46	65	92	131	185
	2.5≤m_n≤4.0	26	37	52	73	104	146	207
	4.0≤m_n≤6.0	30	42	60	84	119	169	239
	6.0≤m_n≤10	36	51	73	103	145	205	270

（2）一齿径向综合偏差 f_i'' 一齿径向综合偏差 f_i'' 是当产品齿轮啮合一整圈时，对应一个齿距（$360/z$）的径向综合偏差值。产品齿轮所有轮齿 f_i'' 的最大值不应超过规定的允许值。

一齿径向综合偏差 f_i'' 的计算公式为

$$f_i'' = 2.96m_n + 0.01\sqrt{d} + 0.8 \tag{9-13}$$

式中 m_n——齿轮法向模数；

d——齿轮分度圆直径。

f_i'' 是通过在双啮仪上测量径向综合误差 f_i'' 时同时测得的，当测量啮合角 $\alpha_{测}$ 和加工啮合角 $\alpha_{加工}$ 相等时，f_i'' 只反映刀具制造和按长误差引起的径向误差，不能反映机床传动链短周期误差引起的周期切向误差；测量啮合角 $\alpha_{测}$ 和加工啮合角 $\alpha_{加工}$ 不相等时，f_i'' 包含径向误差，还部分反映切向误差。

国家标准相应规定了一齿径向综合偏差 f_i'' 的公差等级，见表 9-11。

表 9-11　一齿径向综合偏差 f_i''（摘自 GB/T 10095.2—2008）　　　μm

分度圆直径 d/mm	模数 m_n/mm	精度等级						
		4	5	6	7	8	9	10
20<d≤50	1.0≤m_n≤1.5	3.0	4.5	6.5	9.0	13	18	25
	1.5≤m_n≤2.5	4.5	6.5	9.5	13	19	26	37
	2.5≤m_n≤4.0	7.0	10	14	20	29	41	58
	4.0≤m_n≤6.0	11	15	22	31	43	61	87
	6.0≤m_n≤10	17	24	34	48	67	95	135
50<d≤125	1.0≤m_n≤1.5	3.0	4.5	6.5	9.0	13	18	26
	1.5≤m_n≤2.5	4.5	6.5	9.5	13	19	26	37
	2.5≤m_n≤4.0	7.0	10	14	20	29	41	58
	4.0≤m_n≤6.0	11	15	22	31	44	62	87
	6.0≤m_n≤10	17	24	34	48	67	95	135
125<d≤280	1.0≤m_n≤1.5	3.0	4.5	6.5	9.0	13	18	26
	1.5≤m_n≤2.5	4.5	6.5	9.5	13	19	27	38
	2.5≤m_n≤4.0	7.5	10	15	21	29	41	58
	4.0≤m_n≤6.0	11	15	22	31	44	62	87
	6.0≤m_n≤10	17	24	34	48	67	95	135
280<d≤560	1.0≤m_n≤1.5	3.0	4.5	6.5	9.0	13	18	26
	1.5≤m_n≤2.5	5.0	7.0	9.5	14	19	27	38
	2.5≤m_n≤4.0	7.5	10	15	21	30	42	60
	4.0≤m_n≤6.0	11	16	22	31	44	62	88
	6.0≤m_n≤10	17	24	34	48	68	95	136

2. 径向跳动 F_r

齿轮径向跳动为测头（球形、圆柱形、锥形）相继置于每个齿槽内时，从它到齿轮轴线的最大和最小径向距离之差，如图 9-15（a）所示。检查时，测头在近似齿高中部与左右齿面接触。在齿轮一转范围内，与测头连接的指示表的示值变动如图 9-15（b）所示，其中偏心量是径向跳动的一部分。

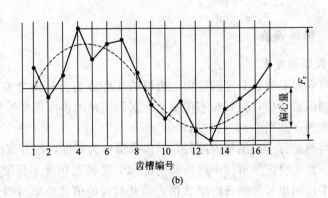

图 9-15　径向跳动

径向跳动 F_r 推荐公式为

$$F_r = 0.8F_p = 0.24m_n + 1.0\sqrt{d} + 5.6 \tag{9-14}$$

径向跳动 F_r 通常用径向跳动仪来测量，可用锥角为 40°的圆锥测头或球测头。球测头的直径 d_p 通常按测头在近似齿高中部与左、右齿面接触这个条件来选择，对于标准齿轮可取 $d_p = 1.68m$（m 为齿轮模数）。测量时以齿轮孔为基准，测头依次放入各齿槽内，在指示表上读出测头径向位置的最大变化量即为 F_r。F_r 主要是由几何偏心（$e_几$）引起的，以齿轮一转为周期，属长周期误差。齿轮的单齿误差（齿形误差、基圆齿距偏差）对径向跳动也有影响，但影响较小，若忽略其他误差影响，$F_r = 2e_几$。

国家标准相应规定了径向跳动 F_r 的精度等级，见表 9-12。

表 9-12 径向跳动 F_r（摘自 GB/T 10095.2—2008）　　　　　　　　　　　μm

分度圆直径 d/mm	模数 m_n/mm	精度等级						
		4	5	6	7	8	9	10
20<d≤50	0.5≤m_n≤2	8.0	11	16	23	32	46	65
	2<m_n≤3.5	8.5	12	17	24	34	47	67
	3.5<m_n≤6	8.5	12	17	25	35	49	70
	6<m_n≤10	9.5	13	19	26	37	52	74
50<d≤125	0.5≤m_n≤2	10	15	21	29	42	59	83
	2<m_n≤3.5	11	15	21	30	43	61	86
	3.5<m_n≤6	11	16	22	31	44	62	88
	6<m_n≤10	12	16	23	33	46	65	92
125<d≤280	0.5≤m_n≤2	14	20	28	39	55	78	110
	2<m_n≤3.5	14	20	28	40	56	80	113
	3.5<m_n≤6	14	20	29	41	58	82	115
	6<m_n≤10	15	21	30	42	60	85	120
280<d≤560	0.5≤m_n≤2	18	26	36	51	73	103	146
	2<m_n≤3.5	18	26	37	52	74	105	148
	3.5<m_n≤6	19	27	38	53	75	106	150
	6<m_n≤10	19	27	39	55	77	109	155

三、齿厚偏差

1. 齿厚偏差 E_{sn}

齿厚偏差是指在分度圆柱面上齿厚的实际值与公称值之差，如图 9-16（a）所示。齿厚以分度圆弧长计值，但弧长不便测量，实际齿轮的齿厚通常采用齿厚游标卡尺或光学测齿卡尺进行检测，如图 9-16（b）所示。

用齿厚游标卡尺测量齿厚时，以齿顶圆作为基准，按分度圆上的弦齿高定位来测量分度圆齿厚。首先将齿厚游标卡尺的高度游标卡尺调至相应于分度圆弦齿高 $\bar{h}_a$ 位置，然后用宽度游标卡尺测出分度圆弦齿厚 $\bar{S}$ 值，将其与理论值比较即可得到齿厚偏差 E_{sn}。正常齿制的标准圆柱齿轮的 $\bar{h}_a$ 与 $\bar{S}$ 按下式计算：

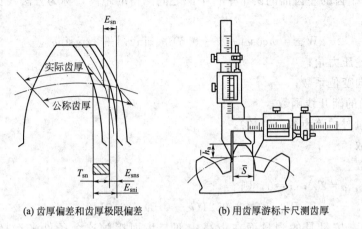

(a) 齿厚偏差和齿厚极限偏差 (b) 用齿厚游标卡尺测齿厚

图 9-16 齿厚偏差和测量

$$\bar{h}_a = m + \frac{zm}{2}\left[1 - \cos\left(\frac{90°}{z}\right)\right] \tag{9-15}$$

$$\bar{S} = zm\sin\frac{90°}{z} \tag{9-16}$$

对于正常齿制变位齿轮，$\bar{h}_a$ 与 $\bar{S}$ 按下式计算

$$\bar{h}_{a变} = m\left\{1 + \frac{z}{2}\left[1 - \cos\left(\frac{90° + 41.7°x}{z}\right)\right]\right\} \tag{9-17}$$

$$\bar{S} = zm\sin\left(\frac{90° + 41.7°x}{z}\right) \tag{9-18}$$

式中 m——被测齿轮模数；

z——被测齿轮齿数；

x——变位系数。

国家标准规定齿厚极限偏差如表 9-13 所示。齿厚极限偏差的上、下偏差分别用 E_{sns}、E_{sni} 表示，如：上偏差选用 F（等于 $-4f_{pt}$），下偏差选用 L（等于 $-16f_{pt}$），则齿厚极限偏差用代号 FL 表示。若所选用的齿厚极限偏差超出表 9-13 所列 14 个代号时，允许自行规定。

表 9-13 齿厚极限偏差

$C = +1f_{pt}$	$G = -6f_{pt}$	$L = -16f_{pt}$	$R = -40f_{pt}$
$D = 0$	$H = -8f_{pt}$	$M = -20f_{pt}$	$S = -50f_{pt}$
$E = -2f_{pt}$	$J = -10f_{pt}$	$N = -25f_{pt}$	
$F = -4f_{pt}$	$K = -12f_{pt}$	$P = -32f_{pt}$	

注：f_{pt} 按表 9-1 选取。

对于斜齿轮，应测量其法向齿厚，其计算公式与直齿轮相同，只是应以法向参数和当量齿数代入相应公式计算或查阅 GB/Z 18620.2—2008。

2. 公法线长度偏差 E_{bn}

公法线长度偏差 E_{bn} 是指公法线长度的实际值与理论值之差。齿轮齿廓的公法线即为基圆柱切平面上跨 k 个齿（对外齿轮）或 k 个齿槽（对内齿轮）在接触到一个齿的右齿面和另一个齿的左齿面的两个平行平面之间测得的距离，称为公法线长度，其公称值 W_n 按下式计算：

$$W_n = m\cos\alpha[\pi(k-0.5)+z\mathrm{inv}\alpha]+2xm\sin\alpha \tag{9-19}$$

式中　　α——齿轮压力角；

　　　　x——径向变位系数；

　　$\mathrm{inv}\alpha$——α 角的渐开线函数；

　　　　k——测量时的跨齿数（整数）；

　　　　m——模数；

　　　　z——齿数。

对标准齿轮，$\alpha=20°$，$x=0$，则

$$W_n = m[2.9521(k-0.5)+0.0149z] \tag{9-20}$$

跨齿数 k 通常按量具的测量面在齿高中部与齿面接触这个条件来选择，其计算公式如下：

对于标准齿轮　$k=z\alpha/180°+0.5=z/9+0.5$

对于变位齿轮　$k=z\alpha_m/180°+0.5$（$\alpha_m=[d_b/(d+2xm)]$，d_b 和 d 为被测齿轮的基圆直径和分度圆直径）

k 的计算结果通常不为整数，应用时应将其圆整为最接近计算值的整数。斜齿轮的公法线长度在法向测量。

实际齿轮公法线长度常用带指示表的公法线卡规或公法线千分尺来测量（图 9-17），测量所得的 E_{bn} 值只要在上、下极限偏差范围内，则认为合格。

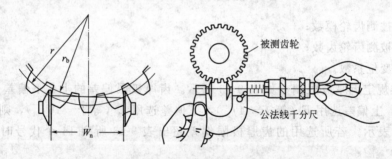

图 9-17　公法线长度测量

齿轮齿厚减薄时，公法线长度也相应减小，反之亦然，因此可用测量公法线长度来代替测量齿厚。

第三节　齿轮副精度的评定指标及其检测

上面所讨论的都是单个齿轮的误差项目，此外，齿轮副的安装误差同样影响齿轮传动的使用性能，所以对这类误差也应加以控制。齿轮副的精度指标主要有齿轮副侧隙、轴线的平行度偏差、中心距允许偏差、接触斑点。

一、齿轮副侧隙

单个齿轮只有齿厚，没有侧隙，侧隙是齿轮副装配后自然形成的。为保证齿轮润滑、补

偿齿轮的制造误差、安装误差以及热变形等造成的误差，必须在非工作面留有侧隙。具有理论齿厚的齿轮副在标准中心距下啮合是无侧隙的，相互啮合的轮齿的侧隙是由一对齿轮运行时的中心距以及每个齿轮的实际齿厚所控制。国家标准规定采用"基准中心距制"，即在中心距一定的情况下，用控制齿轮的齿厚的方法获得必要的侧隙。

1. 侧隙定义

侧隙是两个相配齿轮的两个工作齿面相接触时，在两个非工作齿面之间所形成的间隙。斜齿轮副的侧隙分圆周侧隙 j_{wt}、法向侧隙 j_{bn}（见图9-18）和径向侧隙 j_r。圆周侧隙 j_{wt} 是当固定两啮合齿轮中的一个，另一个齿轮所能转过的节圆弧长的最大值，即装配好的齿轮副中一个齿轮固定时，另一个齿轮的圆周晃动量。法向侧隙 j_{bn} 是当两个齿轮的工作齿面相互接触时，非工作面之间的最短距离。将两个相配齿轮的中心距缩小，直到左侧和右侧齿面都接触时，这个缩小的量称为径向侧隙 j_r。圆周侧隙可用指示表测量，法向侧隙可用塞尺测量或通过压铅丝方法在啮合线方向上测量。测量圆周侧隙和测量法向侧隙是等效的，法向侧隙、径向侧隙与圆周侧隙之间的关系如下：

$$j_{bn} = j_{wt}\cos\alpha_{wt} \times \cos\beta_b \tag{9-21}$$

$$j_r = \frac{j_{wt}}{2\tan\alpha_{wt}} \tag{9-22}$$

式中　α_{wt}——端面工作压力角；

β_b——基圆螺旋角。

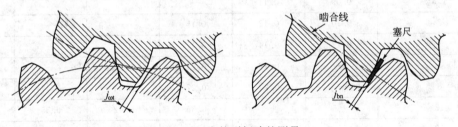

图9-18　齿轮副侧隙的测量

2. 最小侧隙的确定

齿轮副侧隙与齿轮工作条件有关，与精度等级无关。齿轮副的侧隙应根据工作条件用最小侧隙 j_{wtmin}（或 j_{bnmin}）与最大侧隙 j_{wtmax}（或 j_{bnmax}）来规定，最小侧隙 j_{wtmin} 是节圆上的最小圆周侧隙，即当具有最大允许实效齿厚的轮齿与也具有最大允许实效齿厚相配轮齿相啮合时，在静态条件下，在最紧允许中心距时的圆周侧隙；最大侧隙 j_{wtmax} 是节圆上的最大圆周侧隙，即当具有最小允许实效齿厚的轮齿与也具有最小允许实效齿厚相配轮齿相啮合时，在静态条件下，在最松允许中心距时的圆周侧隙。设计中选定的最小侧隙应足以补偿齿轮传动时温升引起的齿形，并保证正常的润滑。

（1）补偿温升引起变形所需的最小侧隙量（j_{bn1}）

$$j_{bn1} = a\left(\alpha_1\Delta t_1 - \alpha_2\Delta t_2\right) \times 2\sin\alpha_n \tag{9-23}$$

式中　a——传动中心距，mm；

α_1、α_2——齿轮和箱体材料的线膨胀系数；

α_n——齿轮的法向啮合角；

Δt_1、Δt_2——齿轮和箱体工作温度和标准温度之差：$\Delta t_1 = t_1 - 20°$，$\Delta t_2 = t_2 - 20°$。

（2）保证正常润滑所需的最小法向侧隙量（j_{bn2}），取决于润滑方式及齿轮的圆周速度，可参考表 9-14 取值。

表 9-14　保证正常润滑条件所需的法向侧隙 j_{bn2}

$j_{bn2}/\mu m$		圆周速度 v(m/s)			
		≤10	>10~25	>25~60	>60
润滑方式	喷油润滑	$10m_n$	$20m_n$	$30m_n$	$30~50m_n$
	油池润滑	$(5~10)m_n$			

注：m_n——法向模数，mm。

齿轮副最小侧隙：$j_{bnmin} = j_{bn1} + j_{bn2}$。对于黑色金属材料的齿轮和箱体，工作时节圆线速度小于 15 m/s，箱体、轴和轴承都采用常用的商业制造公差的齿轮传动，j_{bnmin} 可按下式计算：

$$j_{bnmin} = \frac{2}{3}(0.06 + 0.0005a + 0.03m_n) \tag{9-24}$$

按上式计算可以得出表 9-15 所示的推荐数据。

表 9-15　中、大模数齿轮最小侧隙 j_{bnmin} 的推荐数据（GB/Z 18620.2—2008）　　mm

模数 m_n	中心距 a					
	50	100	200	400	800	1600
1.5	0.09	0.11	—	—	—	—
2	0.10	0.12	0.15	—	—	—
3	0.12	0.14	0.17	0.24	—	—
5	—	0.18	0.21	0.28	—	—
8	—	0.24	0.27	0.34	0.47	—
12	—	—	0.35	0.42	0.55	—
18	—	—	—	0.54	0.67	0.94

3. 齿轮副侧隙检测

齿轮副侧隙检测可采用检测齿厚或公法线长度等方法获得。当相互啮合的两齿轮齿厚都加工成上偏差时，可获得最小侧隙，此时通过齿厚获得的最小侧隙两者关系如下：

$$j_{bmin} = 2\,|E_{sns}|\,\cos\alpha_n \tag{9-25}$$

或

$$E_{sns} = \frac{j_{bnmin}}{2\cos\alpha_n} \tag{9-26}$$

注意：按上式计算出的 E_{sns} 应取负值。当对齿轮副最大侧隙也有要求时，则齿厚公差要适当选择，而齿厚公差 T_{sn} 与切齿径向进刀公差 b_r（查表 9-16）及径向跳动 F_r 有关，计算公式如下：

$$T_{sn} = 2\tan\alpha_n \sqrt{F_r^2 + b_r^2} \tag{9-27}$$

表 9-16　切齿径向进刀公差 b_r 值

齿轮精度等级	4	5	6	7	8	9
b_r 值	1.26IT7	IT8	1.26IT8	IT9	1.26IT9	IT10

注意：以分度圆直径为主参数查表 9-16 中的 IT 值。

则
$$E_{sni} = E_{sns} - T_{sn} \tag{9-28}$$

齿厚偏差的变化必然引起公法线长度变化，测量公法线长度也可以控制齿侧间隙，公法线长度偏差与齿厚偏差满足：
$$E_{bns} = E_{sns}\cos\alpha_n \tag{9-29}$$
$$E_{bni} = E_{sni}\cos\alpha_n \tag{9-30}$$

二、轴线的平行度偏差

除了单个齿轮的误差项目，如 f_f、f_{pb}、F_β、F_b、F_{px} 等影响齿面的接触精度外，齿轮副轴线的平行度误差亦同样影响接触精度。齿轮副轴线的平行度误差有轴线平面、垂直平面两个相互垂直方向的误差。

轴线平面［H］是指包含基准轴线（两轴承跨距较长的那条轴线为基准轴线；两条轴承跨距相同时，取小齿轮轴线为基准轴线）并通过被测轴线与一个轴承中间平面的交点所确定的平面；垂直平面［V］是指通过上述交点确定的垂直于轴线平面且平行于基准轴线的平面。轴线平面内的平行度偏差为 $f_{\Sigma\delta}$；垂直平面上的平行度偏差为 $f_{\Sigma\beta}$（见图 9-19）。

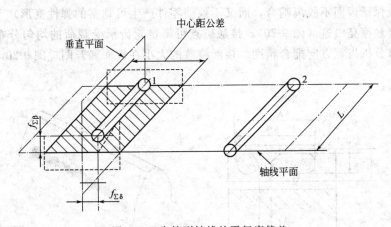

图 9-19　齿轮副轴线的平行度偏差

（1）垂直平面上偏差的推荐最大值为
$$f_{\Sigma\beta} = 0.5\,(L/b)\,F_\beta \tag{9-31}$$

（2）轴线平面上偏差的推荐最大值为
$$f_{\Sigma\delta} = 2f_{\Sigma\beta} \tag{9-32}$$

式中，L、b 和 F_β 分别为箱体上轴承跨距、齿轮宽度和齿轮螺旋线总偏差。

齿轮副轴线平行度误差影响齿轮副的接触斑点及侧隙。$f_{\Sigma\delta}$ 主要在齿高方向上影响，$f_{\Sigma\beta}$ 主要在齿宽方向上影响，都应在等于全齿宽的长度上测量。

三、中心距允许偏差

在齿轮副的齿宽中间平面内，实际中心距与标准中心距之差，称为中心距允许偏差 f_a，它影响齿轮副的侧隙。对传递运动的齿轮，需控制齿轮副的侧隙，此时中心距允许偏差应较小。在齿轮只是单向承载运转而不经常反转的情况下，中心距允许偏差主要考虑重合度的影响；当齿轮上的负载常反转时，中心距公差（设计者规定的允许偏差）需考虑轴、箱体和轴承的偏斜、安装误差、轴承跳动和温度影响等因素。

图样上应标注标准中心距及其上、下偏差。一般中心距极限偏差 $\pm f_a$ 按标准公差来确定，具体规定如表 9-17 所示。

表 9-17　中心距极限偏差 $\pm f_a$

齿轮精度等级	1~2	3~4	5~6	7~8	9~10	11~12
f_a	$\frac{1}{2}$ IT4	$\frac{1}{2}$ IT6	$\frac{1}{2}$ IT7	$\frac{1}{2}$ IT8	$\frac{1}{2}$ IT9	$\frac{1}{2}$ IT11

齿轮副的中心距允许偏差和齿轮副轴线的平行度偏差都是齿轮副的安装误差，两者的测量和评定比较复杂，目前还有许多实际问题需要研究解决。

四、接触斑点

接触斑点是齿面接触精度的综合评定指标，它是指装配好的齿轮副，在轻微制动（指所加制动扭矩应保证齿面不脱离啮合，而又不致使零件产生可觉察的弹性变形）下，运转后齿面上分布的接触擦亮痕迹（图 9-20）。接触斑点可衡量轮齿承受载荷的均匀分布程度，从定性和定量上可分析齿宽方向配合精度。接触痕迹的大小在齿面展开图 [图 9-20 (a)] 上用百分数计算。

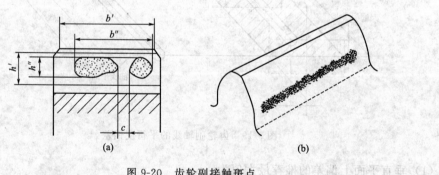

图 9-20　齿轮副接触斑点

沿齿宽方向：接触痕迹的长度 b''（扣除超过模数值的断开部分）与工作长度 b' 之比的百分数，即

$$b_c = \frac{b'' - c}{b'} \times 100\% \tag{9-33}$$

沿齿高方向：接触痕迹的平均高度 h'' 与工作高度 h' 之比的百分数，即

$$h_c = \frac{h''}{h'} \times 100\% \tag{9-34}$$

国家标准规定：采用设计齿形和设计齿数时，对接触斑点的分布位置及大小可自行规定，一般齿轮副接触斑点的分布位置及大小按表 9-18 规定，合格［见图 9-20（b）］条件为沿齿长和齿高方向接触痕迹的百分比不小于规定值。

表 9-18　接触斑点（摘自 GB/Z 18620.4—2008）　　　　　　　　　　%

精度等级		4 级及更高	5 和 6	7 和 8	9 至 12
b_{c1}	直齿轮	50	45	35	25
	斜齿轮				
h_{c1}	直齿轮	70		50	
	斜齿轮	50		40	
b_{c2}	直齿轮	40		35	25
	斜齿轮				
h_{c1}	直齿轮	50		30	
	斜齿轮	30		20	

用接触斑点作定量和定性控制齿轮的齿宽方向精度的方法经常用于大齿轮不能装在现成的检查仪上及工作现场没有检查仪的场合。必须指出，检验接触斑点应在机器装配后或出厂前，在轻微制动下使齿轮副运转后进行，以使齿面上呈现擦痕，并保证齿轮副中一个齿轮的某个齿与相配齿轮的许多个啮合过。观察接触斑点时，须对两个齿轮所有的轮齿都加以观察，按齿面上实际擦亮的痕迹为依据，并且以接触斑点面积最小的那个轮齿作为齿轮副的检查结果。接触斑点应该用"光泽法"检验，实际生产中则多采用规定的薄膜涂料，用涂色法检验。

第四节　渐开线圆柱齿轮精度设计及应用

圆柱齿轮精度设计一般包括确定齿坯精度；确定齿轮精度等级；确定齿轮和齿轮副各偏差允许值；确定齿面的表面粗糙度参数等。

一、齿轮坯的精度

齿轮加工前的齿坯基准表面的精度对齿轮的加工精度和安装精度的影响很大，齿轮在加工、检验和装配时，径向基准面和轴向辅助基准面应尽量一致（通常采用齿坯内孔或顶圆和端面作为基准）。因此，齿轮零件图上除了明确地表示齿轮的基准轴线和标注齿轮公差外，还需标注齿坯公差。齿坯公差包括轴或孔的尺寸、形状和位置公差以及基准面的跳动。表9-19、表 9-20、表 9-21 和表 9-22 为推荐公差要求。

表 9-19　基准面与安装面的形位公差

确定基准轴线方法	图　例	公差项目及公差值
两个"短的"圆柱或圆锥形基准面上设定的两个圆的圆心确定轴线上的两个点		圆度公差 t_1 取 0.04（L/b）F_β 或 0.1F_P 中的较小值（其中 L 为较大的轴承跨距；b 为齿宽）

确定基准轴线方法	图　例	公差项目及公差值
一个"长的"圆柱或圆锥形基准面来同时确定轴线的位置和方向		圆柱度公差 t 取 $0.04(L/b)F_\beta$ 或 $0.1F_P$ 中的较小值
轴线位置用"短的"圆柱形基准面上的一个圆的圆心确定,方向则用垂直于轴线的一个基准端面确定		端面的平面度公差 t_1 按 $0.06(D_d/b)F_\beta$ 选取,圆柱面圆度公差 t_2 按 $0.06F_P$ 选取

注意:所有基准面、工作安装面的形状公差不应大于表 9-19 中规定的数值。当基准轴线与工作轴线不重合时,工作安装面相对于基准轴线的跳动须在图样上加以控制,见表 9-20。

表 9-20　安装面的跳动公差

确定轴线的基准面	跳动量	
	径向	轴向
仅指圆柱或圆锥形基准面	$0.15(L/b)F_\beta$ 或 $0.3F_P$ 取两者之中大值	
一个圆柱基准面和一个端面基准面	$0.3F_P$	$0.2(D_d/b)F_\beta$

表 9-21　齿坯径向和端面圆跳动公差　　　　　　　　　　μm

分度圆直径 d/mm	齿轮精度等级			
	3、4	5、6	7、8	9～12
≤125	7	11	18	28
>125～400	9	14	22	36
>400～800	12	20	32	50
>800～1600	18	28	45	71

表 9-22　齿坯尺寸公差

齿轮精度等级		5	6	7	8	9	10	11	12
孔	尺寸公差	IT5	IT6	IT7		IT8		IT9	
轴		IT5		IT6		IT7		IT8	
顶圆直径		IT7		IT8		IT9		IT11	

二、齿轮精度设计

1. 齿轮和齿轮副的精度标准

圆柱齿轮的精度制包括两部分 GB/T 10095.1—2008 和 GB/T 10095.2—2008，对影响齿轮传动使用要求的各类误差分别给定了公差或极限偏差。标准对单个齿轮规定了 13 和 9（其中规定 F_i'' 和 f_i'' 为 4～12 共 9 个级）个精度等级，从高到低依次用 0、1、2、……、11、12 表示，其中 0 级精度最高，12 级精度最低。0～2 级齿轮要求非常高，受目前齿轮加工工艺水平和测量手段的限制，一般不用；3～5 级为高精度级；6～8 级为中等精度级；9 级为较低精度等级；10～12 级为低精度等级。

齿轮副中两个齿轮的精度等级一般取成相同，也允许取成不同，选择齿轮精度等级时，必须综合考虑齿轮传动的用途、使用条件及其他技术要求，如圆周速度、传动功率、润滑条件、传递运动的准确性和平稳性及承载均匀性、工作时间和使用寿命等各方面因素，同时应考虑工艺的可能性和经济性，可用计算和类比法参照表 9-23 和表 9-24 选取。

表 9-23 各种机械采用的齿轮精度等级

应用范围	精度等级	应用范围	精度等级
测量齿轮	3～5	拖拉机	6～10
汽轮机减速器	3～6	一般用途的减速器	6～9
金属切削机床	3～8	轧钢设备的小齿轮	6～10
内燃机车与电气机车	6～7	矿用绞车	8～10
轻型汽车	5～8	起重机机构	7～10
重型汽车	6～9	农业机械	8～11
航空发动机	4～7		

表 9-24 圆柱齿轮精度等级的适用范围

精度等级	工作条件与应用范围	圆周速度/(m/s)	
		直齿轮	斜齿轮
4	特精密分度机构的齿轮或在速度极高、要求最平稳及无噪声情况下工作的齿轮；高速汽轮机的齿轮；检验 6～7 级精度齿轮的测量齿轮	≤35	≤70
5	精密分度机构的齿轮或在极平稳性、无噪声情况下工作的高速齿轮；汽轮机的齿轮；检验 8～9 级精度齿轮的测量齿轮	≤20	≤40
6	用于分度机构或高速重载的齿轮，如机床、精密仪器、汽车、船舶、飞机中的重要齿轮	≤15	≤25
7	用于高、中速重载的齿轮，如机床、汽车、内燃机中较重要的齿轮，标准系列减速器中的齿轮	≤10	≤17
8	一般机器制造业中不要求特殊精度的齿轮，分度链以外的机床用齿轮；航空、汽车业中的不重要齿轮；农用机器中的重要齿轮；普通减速器的齿轮	≤5	≤10
9	不提出精度要求的粗糙工作齿轮	≤3	≤3.5

2. 齿轮和齿轮副的检验组（推荐）

GB/T 10095《圆柱齿轮精度制》给出了很多偏差项目，GB/Z 18620《圆柱齿轮检验实施规范》规定了检验项目。按照我国的生产实践及生产和检测水平，特推荐5个检验组，以便设计人员按齿轮精度等级、尺寸大小、生产批量和检验设备选取一个检验组来评定齿轮的精度，见表9-25。

表9-25　齿轮检验组

检验组	偏差项目	对传动性能主要影响	精度等级	备注
1	F_P、F_a、F_β、F_r、E_{sn} 或 E_{bn}	影响运动准确性	3～9	单件小批量
2	F_P、F_{Pk}、F_a、F_β、F_r、E_{sn} 或 E_{bn}	影响运动准确性、载荷分布均匀性和侧隙	3～9	单件小批量
3	F_i''、f_i''、E_{sn} 或 E_{bn}	影响运动准确性、传动平稳性和侧隙	6～9	大批量
4	f_{pt}、F_r、E_{sn} 或 E_{bn}	影响运动准确性、传动平稳性和侧隙	10～12	
5	F_i'、f_i'、F_β、E_{sn} 或 E_{bn}	影响运动准确性、传动平稳性、载荷分布均匀性和侧隙	3～6	大批量

公差组的精度等级不同时，按最高的精度等级确定公差值。

3. 齿轮的表面粗糙度

齿面表面粗糙度允许值和各表面的表面粗糙度推荐值见表9-26和表9-27。

表9-26　齿面表面粗糙度 Ra 的推荐极限值（摘自 GB/Z 18620.4—2008）

齿轮精度等级	算术平均偏差 $Ra/\mu m$		
	$m < 6$	$6 \leqslant m \leqslant 25$	$m > 25$
5	0.5	0.63	0.80
6	0.8	1.00	1.25
7	1.25	1.60	2.0
8	2.0	2.5	3.2
9	3.2	4.0	5.0
10	5.0	6.3	8.0
11	10.0	12.5	16
12	20	25	32

表9-27　齿轮各表面的表面粗糙度 Ra 推荐值　　　　　　　　　　　　　　　　　　　　μm

精度等级	6		7		8		9	
齿面	0.8～1.6		1.6		3.2	6.3(3.2)	6.3	12.5
齿面加工方法	磨或珩齿		剃或珩齿		滚或插	滚或插	滚	铣
基准孔	1.6			1.6～3.2			6.3	
基准轴径	0.8			1.6			3.2	
基准端面		3.2～6.3				6.3		
顶圆				6.3				

注：当三个公差组的精度等级不同时，按最高的精度等级确定 Ra 值。

三、齿轮精度标注

国家标准规定技术文件需叙述齿轮精度要求时，应标注齿轮的精度等级和偏差的字母代号，且注明国标代号。标注示例如下：

7 GB/T 10095.1—2008　该标注含义为齿轮各项偏差项目为 7 级精度，且符合 GB/T 10095.1—2008 要求。

7 F_P6（$F_a F_β$）GB/T 10095.1—2008　该标注含义为齿轮各项偏差项目均符合 GB/T 10095.1—2008 要求，F_P 为 7 级精度，F_a、$F_β$ 均为 6 级精度。

【例 9-2】　某通用减速器中一孔板式直齿圆柱齿轮图精度项目与标注。

已知：该齿轮精度等级代号为 7 GB10095—2008，支承齿轮轴的轴承跨距 $L = 105$mm，与其配对啮合的小齿轮齿数 $z_1 = 21$。

解：（1）最小侧隙及齿厚偏差的确定

中心距 $a = m(z_1 + z_2)/2 = 3 \times (21 + 79)/2 = 150$mm

根据式（9-24）有

$$j_{bnmin} = \frac{2}{3}(0.06 + 0.0005a + 0.03m_n) = \frac{2}{3}(0.06 + 0.0005 \times 150 + 0.03 \times 3) = 0.15 \text{ mm}$$

根据式（9-26）有 $E_{sns} = \dfrac{j_{bnmin}}{2\cos\alpha_n} = \dfrac{0.15}{2 \times \cos20°} \approx 0.0798$ mm

取负值后为

$$E_{sns} = -0.0798 \text{ mm}$$

根据分度圆直径 $d = mz = 3 \times 79 = 237$ mm 查表 9-12 得 $F_r = 40\mu m = 0.04$mm，查表 9-16 得 b_r 为 IT9，并确定 $b_r = 115\mu m = 0.115$mm

则　　　　　$T_{sn} = 2\tan\alpha_n \sqrt{F_r^2 + b_r^2} = 2 \times \tan20° \times \sqrt{0.04^2 + 0.015^2} \approx 0.0886$ mm

$$E_{sni} = E_{sns} - T_{sn} = -0.0798 - 0.0886 = 0.1684 \text{ mm}$$

根据式（9-16）有公称齿厚 $S = zm\sin\dfrac{90°}{z} = 79 \times 3 \times \sin\dfrac{90°}{79} \approx 4.712$ mm

故公称齿厚及偏差为 $4.712_{-0.168}^{-0.080}$ mm（保留三位小数）。

（2）公法线长度偏差代替齿厚偏差的计算

根据式（9-29）和（9-30）有

$$E_{bns} = E_{sns}\cos\alpha_n = -0.0798 \times \cos20° \approx -0.075 \text{ mm}$$

$$E_{bns} = E_{sns}\cos\alpha_n = -0.168 \times \cos20° \approx -0.158 \text{ mm}$$

跨测齿数 $k = \dfrac{z}{9} + 0.5 \approx 9.3$，取 $k = 9$

根据式（9-20）有公法线长度

$$W_n = m[2.9521(k - 0.5) + 0.0149z] = 3 \times [2.9521 \times (9 - 0.5) + 0.0149 \times 79] = 78.81 \text{ mm}$$

则用公法线长度极限偏差来代替齿厚偏差为 $W_n = 78.81_{-0.158}^{-0.075}$ mm

（3）检验项目确定

该齿轮中等精度，若小批量生产且无特殊要求，可选第一组检验，即 F_p、F_a、$F_β$、$F_γ$。

查表 9-2 齿距累积总偏差 $F_p = 50\mu m$

查表 9-4 齿廓总偏差 $F_a = 18\mu m$

查表 9-7 螺旋线总偏差 $F_β = 21\mu m$

查表 9-12 径向跳动 $F_γ = 40\mu m$

（4）齿轮副精度（图 9-21 不显示标注）

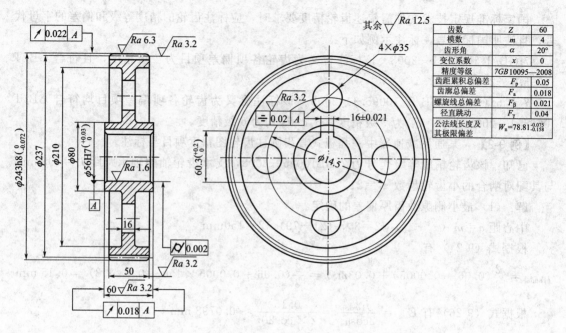

齿数	Z	60
模数	m	4
齿形角	α	20°
变位系数	x	0
精度等级	7GB10095—2008	
齿距累积总偏差	F_p	0.05
齿廓总偏差	F_a	0.018
螺旋线总偏差	F_β	0.021
径直跳动	F_γ	0.04
公法线长度及其极限偏差	$W_n=78.81^{-0.075}_{-0.158}$	

图 9-21　齿轮零件图

查表 9-17 中心距极限偏差 $\pm f_a$ 应为 ± 0.5IT8，即 $\pm f_a = \pm 0.5 \times 63 = \pm 31.5 \mu m$，故中心距为 $a=150\pm0.032$mm（保留三位小数）

轴线平行度偏差：

根据式（9-31）垂直平面上偏差的推荐最大值

$$f_{\Sigma\beta}=0.5\,(L/b)\,F_\beta=0.5\times\,(105/50)\,\times 0.021=0.022F_p$$

根据式（9-32）轴线平面上偏差的推荐最大值为

$$f_{\Sigma\delta}=2f_{\Sigma\beta}=0.044\text{mm}$$

（5）齿轮坯精度

查表 9-22 确定内孔尺寸公差为 IT7、齿顶圆公差为 IT8，故内孔尺寸为 $\phi56\text{H}7(^{+0.03}_{0})$、齿顶圆尺寸为 $\phi243\text{h}8(^{0}_{-0.072})$。

内孔圆柱度公差 $t_1 = \min\{0.04\,(L/b)\,F_\beta,\,0.1F_p\} = \min\{0.04\times\,(105/50)\,\times 0.021,\,0.1\times0.05\}=0.002\text{mm}$

根据轴向尺寸 60mm、齿顶圆直径 243mm 查表 9-22，取端面圆跳动公差 $t_1=0.018$mm、顶圆径向跳动公差 $t_1=0.022$mm

（6）表面粗糙度

查表 9-27，取齿面的表面粗糙度 Ra 的上限值为 $3.2\mu m$；基准孔的 Ra 上限值为 $1.6\mu m$；齿轮左右两基准端面的 Ra 上限值为 $3.2\mu m$；顶圆 Ra 上限值为 $6.3\mu m$；键槽采用铣削加工，令其工作面的 Ra 上限值为 $3.2\mu m$；其余表面 Ra 的上限值为 $12.5\mu m$。

综上，已知齿轮的图样（为节省空间省去图框和标题栏）如图 9-21 所示。

习　题

9-1　齿轮传动有哪些使用要求？

9-2 评定齿轮传动准确性的单个齿轮检测指标有哪些？

9-3 评定齿轮传动工作平稳性的检测指标有哪些？

9-4 评定传递运动准确性的齿轮副检测指标是什么？

9-5 齿轮精度等级分几级，常用的精度等级是什么？

9-6 某型号减速器中使用的一标准渐开线直齿圆柱齿轮，已知模数 $m=4$mm，$\alpha=20°$，齿数 $z=32$，齿宽 $b=40$mm，齿轮的精度等级代号为 7FH GB/T 10095—2008，中小批量生产，试选择其检验项目，并查表确定齿轮的各项公差与极限偏差的数值。

9-7 用相对法测量模数 $m=3$mm，齿数 $z=12$ 的直齿圆柱齿轮的齿距累积误差和齿距偏差，测得的数据如下：（μm）

齿序号	1	2	3	4	5	6	7	8	9	10	11	12
齿距相对偏差	0	+6	+9	-3	-9	+15	+9	+12	0	+9	+9	-3

若该齿轮的精度等级和齿厚偏差代号为 "7-6-6-GJ"，齿轮的上述两项评定指标是否合格？

9-8 某减速器中有一对标准渐开线直齿圆柱齿轮传动。已知模数 $m=4$mm，压力角 $\alpha=20°$，两轮齿数分别为 $z_1=19$，$z_2=61$，小轮为实心式结构齿宽 $B=60$mm，精度等级代号为 8FH GB/T 10095—2008，小批量生产，试选择其检验项目，并查表确定小齿轮的各项公差和极限偏差的数值。

实验一　尺寸测量

实验 1-1　用立式光学计测量塞规

一、实验目的

（1）了解立式光学计的测量原理。
（2）熟悉立式光学计测量外径的方法。
（3）加深理解计量器具与测量方法的常用术语。

二、实验内容

（1）用立式光学计测量塞规。
（2）由国家标准 GB/T 1957—2006《光滑极限量规》查出被测塞规的尺寸公差和形状公差，与测量结果进行比较，判断其适用性。

三、计量器具与测量原理

立式光学计是一种精度较高而结构简单的常用光学测量仪。其所用长度基准为量块，按比较测量法测量各种工件的外尺寸。

实验图 1 所示为立式光学计的外形图。它由底座 1、立柱 5、支臂 3、直角光管 6 和工作台 11 等几部分组成。光学计是利用光学杠杆放大原理进行测量的仪器，其光学系统如实验图 2（b）所示。照明光线经反射镜 1 照射到刻度尺 8 上，再经直角棱镜 2、物镜 3，照射到反射镜 4 上。由于刻度尺 8 位于物镜 3 的焦平面上，故从刻度尺 8 上发出的光线经物镜 3 后成为平行光束。若反射镜 4 与物镜 3 之间相互平行，则反射光线折回到焦平面，刻度尺的像 7 与刻度尺 8 对称。若被测尺寸变动使测杆 5 推动反射镜 4 绕支点转动某一角度 α [实验图 2 (a)]，则反射光线相对于入射光线偏转 2α 角度，从而使刻度尺的像 7 产生位移 t [实验图 2 (c)]，它代表被测尺寸的变动量。物镜至刻度尺 8 间的距离为物镜焦距 f，设 b 为测杆中心至反射镜支点间

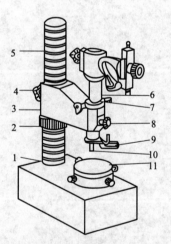

实验图 1　立式光学计外形图

1—底座；2—调节螺母；3—支臂；4，8—紧固螺钉；
5—立柱；6—直角光管；7—调节凸轮；
9—提升杠杆；10—球形测头；11——工作台

的距离，s 为测杆 5 移动的距离，则仪器的放大比 K 为

$$K = \frac{t}{s} = \frac{f\tan 2\alpha}{b\tan\alpha}$$

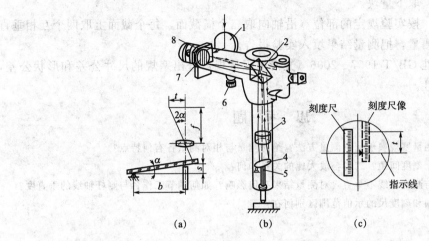

实验图 2 立式光学计测量原理图

1—反射镜；2—直角棱镜；3—物镜；4—平面反射镜；5—测杆；6—微调螺钉；7—分划板；8—刻度尺

当 α 很小时，$\tan 2\alpha \approx 2\alpha$，$\tan\alpha \approx \alpha$，因此

$$K = \frac{2f}{b}$$

光学计的目镜放大倍数为 12，$f = 200\text{mm}$，$b = 5\text{mm}$，故仪器的总放大倍数 n 为

$$n = 12K = 12\frac{2f}{b} = 12 \times \frac{2 \times 200}{5} = 960$$

由此说明，当测杆移动 0.001mm 时，在目镜中可见到 0.96mm 的位移量。

四、测量步骤

(1) 按被测塞规的基本尺寸组合量块；

(2) 选择测头。测头有球形、平面形和刀口形三种，根据被测零件表面的几何形状来选择，使测头与被测表面尽量满足点接触。所以，测量平面或圆柱形工件时，选用球形测头；测量球面工件时，选用平面形测头；测量小于 10mm 的圆柱形工件时，选用刀口形测头。

(3) 调整仪器零位

①参看实验图 1，将所选好的量块组的下测量面置于工作台 11 的中央，并使测头 10 对准上测量面中央；

②粗调节。松开支臂紧固螺钉 4，转动调节螺母 2，使支臂 3 缓慢下降，直到测头与量块上测量面轻微接触，并能在视场中看到刻度尺像时，将螺钉 4 锁紧；

③细调节。松开紧固螺钉 8，转动调节凸轮 7，直至在目镜中观察到刻度尺像与 μ 指示线接近

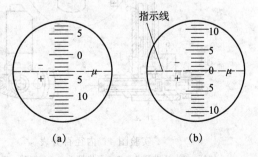

实验图 3 立式光学计的目镜刻度尺

为止 [实验图 3（a）]。然后拧紧螺钉 8；

④微调节。转动刻度尺微调螺钉 6 [实验图 2（b）]，使刻度尺的零线影像与 μ 指示线重合 [实验图 3（b）]，然后压下测头提升按杆 9 数次，使零位稳定；

⑤将测头抬起，取下量块。

（4）测量塞规。按实验规定的部位（沿轴向取三个横截面，每个截面上取两个互相垂直的径向位置）进行测量，把测量结果填入实验报告。

（5）从国家标准 GB/T 1957—2006《光滑极限量规》查出塞规的尺寸公差和形状公差，并判断塞规的适用性。

思　考　题

1. 用立式光学计测量塞规属于何种测量方法？绝对测量与相对测量各有何特点？
2. 什么是分度值、刻度间距？二者与放大比的关系如何？
3. 若仪器工作台与测杆轴线不垂直，对测量结果有何影响？如何调节工作台与测杆轴线的垂直度？
4. 仪器的测量范围和刻度尺的示值范围区别何在？

实验 1-2　用内径百分表或卧式测长仪测量内径

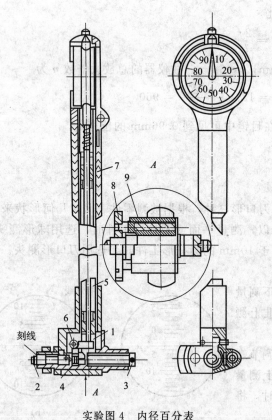

实验图 4　内径百分表
1—杠杆；2—活动测头；3—可换测头；4—钢球；5—长接杆；
6—支轴；7—隔热手柄；8—定位板；9—弹簧

一、实验目的

（1）了解测量内径常用计量器具、测量原理及使用方法。

（2）加深对内尺寸测量特点的了解。

二、实验内容

（1）用内径百分表测量内径。

（2）用卧式测长仪测量内径。

三、计量器具及其测量原理

内径可用内径千分尺直接测量。但对深孔或公差等级较高的孔，则常用内径百分表或卧式测长仪作比较测量。

1. 内径百分表

国产的内径百分表，常由活动测头工作行程不同的七种规格组成一套，用以测量 10～450mm 的内径，特别适用于测量深孔，其典型结构如实验图 4 所示。

内径百分表是用它的可换测头 3（测量中固定不动）和活动测头 2 与被测孔壁接触进行测量的。仪器盒内有几个长短不同的可换测头，使用时可按被测尺寸的大小来选择。测量时，活动测头 2 受到一定的压力，向内推动镶在等臂直角杠杆 1 上的钢球 4，使杠杆 1 绕支轴 6 回转，并通过长接杆 5 推动百分表的测杆而进行读数。

在活动测头的两侧，有对称的定位板 8，装上测头 2 后，即与定位板连成一个整体。定位板在弹簧 9 的作用下，对称地压靠在被测孔壁上，以保证测头的轴线处于被测孔的直径截面内。

2. 卧式测长仪

卧式测长仪是以精密刻度尺为基准，利用平面螺旋线式读数装置的精密长度计量器具。该仪器带有多种专用附件，可用于测量外尺寸、内尺寸和内、外螺纹中径。根据测量需要，既可用于绝对测量，又可用于相对（比较）测量，故常称为万能测长仪。卧式测长仪的外观如实验图 5 所示。

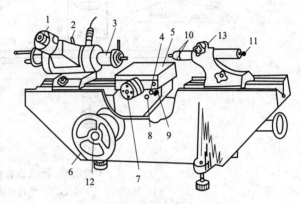

实验图 5 卧式测长仪

1—测微目镜；2—夹架；3—测量轴；4—手柄；5—工作台；
6—手轮；7—横向移动手轮；8—手柄；9—手柄；
10—尾架；11—微调螺钉；12，13—紧固螺钉

在测量过程中，镶有一条精密毫米刻度尺［实验图 6（a）的 5］的测量轴 3 随着被测尺寸的大小在测量轴承座内作相应的滑动。当测头接触被测部分后，测量轴就停止滑动。测微目镜 1 的光学系统如实验图 6（a）所示。在目镜 1 中可以观察到毫米数值，但还需细分读数，以满足精密测量的要求。测微目镜中有一个固定分划板 4，它的上面刻有 10 个相等的刻度间距，毫米刻度尺的一个间距成像在它上面时恰与这 10 个间距总长相等，故其分度值为 0.1mm。在它的附近，还有一块通过手轮 3 可以旋转的平面螺旋线分划板 2，其上刻有十圈平面螺旋双刻线。螺旋双刻线的螺距恰与固定分划板上的刻度间距相等，其分度值也为 0.1mm。在分划板 2 的中央，有一圈等分为 100 格的圆周刻度。当分划板 2 转动一格圆周分度时，其分度值为 $1 \times 0.1/100 = 0.001$ mm，这样就可达到细分读数的目的。这种仪器的读数方法如下：从目镜中观察，可同时看到三种刻线［实验图 6（b）］，先读毫米数（7mm），然后按毫米刻线在固定分划板 4 上的位置读出零点几毫米数（0.4mm）。在转动手轮 3，使靠近零点几毫米刻度值的一圈平面螺旋双刻线夹住毫米刻线，再从指示线对准的圆周刻度上读得微米数（0.051mm）。所以从实验图 6（b）中读得的数是 7.451mm。

四、测量步骤

1. 用内径百分表测量内径

（1）按被测孔的基本尺寸组合量块。选取相应的可换测头并拧入仪器的相应螺孔内；

（2）将选用的量块组和专用侧块（实验图 7 中 1 和 2）一起放入量块夹内夹紧（实验图 7），以便仪器对零位。在大批量生产中，也常按照与被测孔径基本尺寸相同的标准环的实际尺寸对准仪器的零位；

（3）将仪器对好零位。一手握着隔热手柄（实验图 4 中 7），另一只手的食指和中指轻轻压按定位板，将活动测头压靠在侧块上（或标准环内）使活动测头内缩，以保证放入可换测头时不与侧块（或标准环内壁）摩擦而避免磨损。然后，松开定位板和活动测头，使可换测头与侧块接触，就可在垂直和水平两个方向上摆动内径百分表找最小值。反复摆动几次，

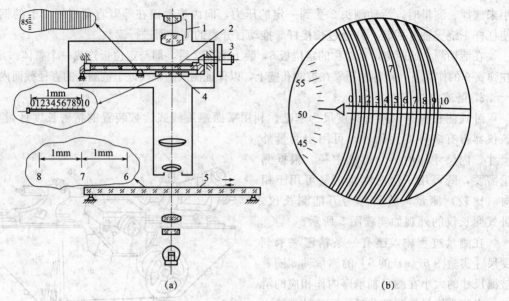

实验图 6　卧式测长仪测量原理图

1—目镜；2—分划板；3—手轮；4—固定分划板；5—刻度尺

并相应地旋转表盘，使百分表的零刻度正好对准示值变化的最小值。零位对好后，用手轻压定位板使活动测头内缩，当可换测头脱离接触时，缓慢地将内径百分表从侧块（或标准环）内取出；

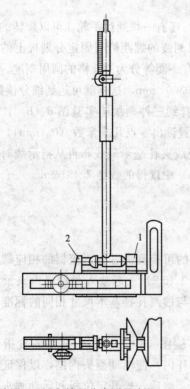

实验图 7　用内径百分表测量内径（一）

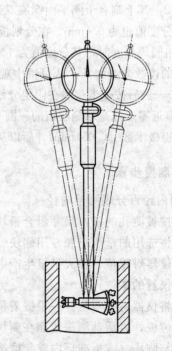

实验图 8　用内径百分表测量内径（二）

（4）进行测量。将内径百分表插入被测孔中，沿被测孔的轴线方向测几个截面，每个截面要在相互垂直的两个部位上各测一次。测量时轻轻摆动百分表，如实验图 8 所示，记下示值变化的最小值。将测量结果与被测孔的要求公差进行比较，判断被测孔是否合格。

2. 用卧式测长仪测量内径

（1）接通电源，转动测微目镜的调节环以调节视度；

（2）参看实验图 5，松开紧固螺钉 12，转动手轮 6，使工作台 5 下降到较低的位置。然后在工作台上安好标准环或装有量块组的量块夹子，如实验图 9 所示；

（3）将一对测钩分别装在测量轴和尾管上，如实验图 9 所示，测钩方向垂直向下，沿轴向移动测量轴和尾管，使两侧钩头部的楔槽对齐，然后旋紧测钩上的螺钉，将测钩固定；

（4）上升工作台，使两侧钩伸入标准环内或量块组两侧块之间，再将手轮 6 的紧固螺钉 12 拧紧；

（5）移动尾管 10（11 是尾管的微调螺钉），同时转动工作台横向移动手轮 7，使测钩的内测头在标准环端面上刻有标线的直线方向或量块组的侧块上接触，用紧固螺钉 13 锁紧尾管，然后用手扶稳测量轴 3，挂上重锤，并使测量轴上的测钩内测头缓慢地与标准环或侧块接触；

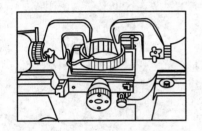

实验图 9　用卧式测长仪测量内径

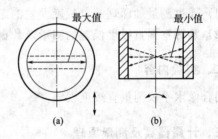

实验图 10　仪器对零

（6）找准仪器对零的正确位置（第一次读数）。如为标准环，则需转动手轮 7，同时应从目镜中找准转折点〔实验图 10（a）中的最大值〕，在此位置上，扳动手柄 8，再找转折点〔实验图 10（b）中的最小值〕，此处即为直径的正确位置，然后将手柄 9 压下固紧。

如为量块组，则需转动手柄 4，找准转折点（最小值）。在此位置上扳动手柄 8 仍找最小值的转折点，此处即为正确对零位置。要特别注意，在扳动手柄 4 和 8 时，其摆动幅度要适当。以防测头滑出侧块，从而使测量轴在重锤的作用下急剧后退产生冲击，损坏毫米刻度尺。为避免这一事故的发生，通过重锤挂绳长度对测量轴的行程加以控制。当零位找准后，便可按前述读数方法读数；

（7）用手扶稳测量轴 3，使测量轴右移一个距离，固紧螺钉 2（尾管是定位基准，不能移动），取下标准环或量块组，然后安装被测工件，松开螺钉 2，使测头与工件接触，按前述的方法进行调整和读数，即可读出被测尺寸与标准环或量块组尺寸之差；

（8）沿被测内径的轴线方向测几个截面，每个截面要在相互垂直的两个部位上各测一次。将测量结果与被测内径的要求公差进行比较，判断被测内径是否合格。

思　考　题

1. 用内径千分尺与内径百分表测量孔的直径时，测量方法是否相同？

2. 卧式测长仪上有手柄 4（见实验图 5），能使万能工作台作水平转动，测量哪些形状的工件需要用它来操作？

实验二　形位误差的测量

形状和位置误差简称为形位误差。形位误差是指被测要素对理想要素或基准的变动量。制造没有形状和位置误差的零件既不可能也没必要，只要其误差在所允许的变动范围内，就可以满足使用要求。因此，对于完工零件应测量其形状和位置误差，以判断其是否在图样规定的形状和位置公差之内。

实验 2-1　直线度误差的测量

一、实验目的

(1) 通过测量加深理解直线度误差的定义；
(2) 熟练掌握直线度误差的测量及数据处理。

二、实验内容

用合像水平仪测量直线度误差。

三、计量器具及测量原理

为了控制机床、仪器导轨或其他窄而长平面的直线度误差，常在给定平面（垂直平面、水平平面）内进行检测。常用的计量器具有框式水平仪、合像水平仪、电子水平仪和自准直仪等。使用这类器具的共同特点是测定微小角度的变化。由于被测表面存在直线度误差，当计量器具置于不同的被测部位时，其倾斜角度就要发生相应的变化。如果节距（相邻两测点的距离）一经确定，这个变化的微小角度与被测相邻两点的高低差就有确切的对应关系。通过对逐个节距的测量，得出变化的角度，用作图或计算，即可求出被测表面的直线度误差值。由于合像水平仪具有测量准确度高、测量范围大（±10mm/m）、测量效率高、价格便宜、携带方便等优点。因此在检测工作中得到广泛的应用。

合像水平仪的结构如实验图 11（a）、（d）所示，它由底板 1 和壳体 4 组成外壳基体，其内部由杠杆 2、水准器 8、两个棱镜 7、测量系统 9、10、11 以及放大镜 6 所组成。测量时将合像水平仪放于桥板（实验图 12）上相对不动，再将桥板置于被测表面上。若被测表面无直线度误差，并与自然水平面基准平行，此时水准器的气泡位于两棱镜的中间位置，气泡边缘通过合像棱镜 7 所产生的影像，在放大镜 6 中观察将出现如实验图 11（b）所示的情况。但在实际测量中，由于被测表面安放位置不理想和被测表面本身不直，致使气泡移动。其视场情况将如实验图 11（c）所示。此时可转动测微螺杆 10，使水准器转动一角度，从而使气泡返回棱镜组 7 的中间位置，则实验图 11（c）中两影像的错移量 Δ 将消失而恢复成一个光滑的半圆头［实验图 11（b）］。测微螺杆移动量 s 导致水准器的转角 α［实验图 11（d）］与被测表面相邻两点的高低差 h（μm）有确切的对应关系，即

$$h = 0.01L\alpha$$

式中 0.01——合像水平仪的分度值，mm/m；

     L——桥板节距，mm；

     α——角度读数值（用格数来计算）。

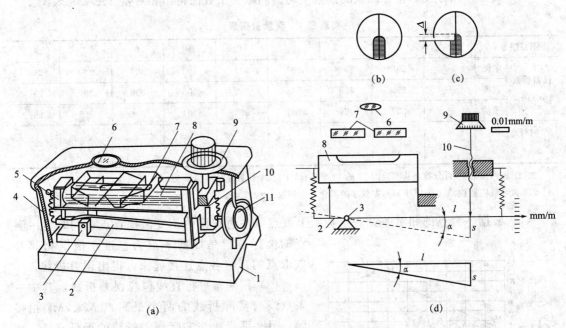

实验图 11 用合像水平仪测量直线度误差

1—底板；2—杠杆；3—支轴；4—壳体；5—弹性支架；6—放大镜；

7—棱镜；8—水准器；9—微分筒；10—测微螺杆；11—放大镜

如此逐点测量，就可得到相应的 α_i 值。后面将用实例来阐述直线度误差的评定方法。

四、实验步骤

（1）首先量出被测表面总长，继而确定相邻两点之间的距离（节距），按节距 L 调整桥板两圆柱中心距，如实验图 12 所示。

（2）置合像水平仪于桥板之上，然后将桥板依次放在各节距的位置。每放一个节距后，要旋转微分筒 9 合像，使放大镜中出现如实验图 11（b）所示的情况，此时即可进行读数。先在放大镜 11 处读数，它反映的是螺杆 10 的旋转圈数；微分筒 9（标有＋、－旋转方向）的读数则是螺杆 10 旋转一圈（100 格）的细分读数；如此顺测（从首点到终点）、回测（由终点到首点）各一次。回测时注意桥板不能调头，各测点两次读数的平均值作为该点的测量数据，将所测数据记入表中。必须注意，假如某一测点两次读数相差较大，说明测量情况不正常，应仔细查找原因并加以消除后重测。

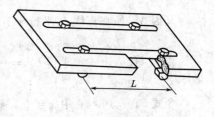

实验图 12 调整中心距

五、数据处理

用合像水平仪测量一窄长平面的直线度误差，仪器的分度值为 0.01mm/m，选用的桥

板节距 $L=200mm$，测量直线度记录数据见实验表1。若被测表面直线度的公差等级为5级，试判断该平面的直线度误差是否合格？

1. 作图法求误差值

（1）为了作图方便，将各测点的读数平均值同减一个数而得出相对差（见实验表1）。

实验表 1　测量数据表

测点序号 i		0	1	2	3	4	5	6	7	8
仪器读数 a_i/格	顺测	—	298	300	290	301	302	306	299	296
	回测	—	296	298	288	299	300	306	297	296
	平均	—	297	299	289	300	301	306	298	296
相对差/格 $\Delta a_i = a_i - a$		0	0	+2	-8	+3	+4	+9	+1	-1

注：1. 表列读数中，百分数是从实验图11的11处读得，十位、个位数是从实验图11的9处读得。

2. a 值可取任意数，但要有利于相对差数字的简化。本例取 $a=297$ 格。

（2）根据各测点的相对差，在坐标纸上取点（注意作图时不要漏掉首点，同时后一测点的坐标位置是以前一点为基准，根据相邻差数取点的）将各点连接起来，得出误差折线。

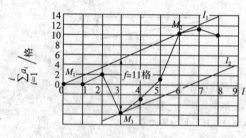

实验图 13　作图法求直线度误差

（3）用两条平行直线包容误差折线，其中一条直线与实际折线的两个最高点 M_1、M_2 相接触，另一平行线与实际误差折线的最低点 M_3 相接触，且该最低点 M_3 在第一条平行线上的投影应位于 M_1、M_2 两点之间，如实验图13所示。

从平行于纵坐标方向画出这两条平行直线间的距离，此距离就是被测表面的直线度误差值 $f=11$（格），按公式 $f(\mu m) = 0.01Lf$（格），将 f（格）换算为 $f(\mu m)$

$$f = 0.01 \times 200 \times 11 = 22\mu m$$

2. 计算法求直线度误差值

如实验图13中 $M_1(0, 0)$、$M_2(6, 10)$、$M_3(3, -6)$ 设包容线的理想方程为 $Ax+By+C=0$，因包容理想直线 l_1 通过 M_1、M_2，因此通过两点法求得 l_1 的方程为 $5x-3y=0$。

又因 M_3 所在直线 l_2 平行于 l_1，其方向为

$$5x-3y+C_2=0$$

将 M_3 代入上式，求得 $C_2=-33$，故 l_2 的方程为

$$5x-3y-33=0$$

令式 $5x-3y=0$ 中 $x=0$，则 $y=0$；令式 $5x-3y-33=0$ 中 $x=0$，则 $y=-11$。所以，l_1、l_2 在 y 轴上的截距之差为11格，即 l_1、l_2 在平行于纵轴方向上的距离为11格。由公式 $f(\mu m) = 0.01Lf$（格），求得 $f = 0.01 \times 200 \times 11 = 22\mu m$。

按国家标准 GB/T 1184—1996 直线度5级公差值为 $25\mu m$，误差值小于公差值，所以被测工件直线度误差合格。

思 考 题

1. 目前部分工厂用作图法求解直线度误差时，仍沿用以往的两端点连线法，即把误差折线的首点和终点连成一直线作为评定标准，然后再作平行于评定标准的两条包容直线，从平行于纵坐标来计量两条包容直线之间的距离作为直线度误差值。

(1) 以例题作图为例，试比较按两端点连线和最小条件评定的误差值何者准确？为什么？

(2) 假若误差折线只偏向两端点连线的一侧（单凹、单凸），上述两种评定误差值的方法情况又如何？

(3) 同样是最小条件评定误差值，那么直接读取法与计算法比较哪个更准确？

2. 用作图法求解直线度误差值时，如前所述，总是按平行于纵坐标计量，而不是垂直于两条平行包容直线之间的距离，原因何在？

实验 2-2 平行度与垂直度误差的测量

一、实验目的

(1) 了解平行度与垂直度误差的测量原理及方法；

(2) 熟悉通用量具的使用；

(3) 加深对位置公差的理解。

二、实验内容

(1) 工件——角座（实验图 14）。图样上提出四个位置公差要求：

①顶面对底面的平行度公差 0.15mm；

②两孔轴线对底面的平行度公差为 0.05mm；

③两孔轴线之间的平行度公差为 0.35mm；

④侧面对底面的垂直度公差为 0.20mm。

(2) 量具——测量平板、心轴、精密 90°角尺、塞尺、百分表、表架、外径游标卡尺等。

三、实验步骤

(1) 按检测原则 1（与联想要素比较原则）测量顶面对底面的平行度误差（实验图 15）。

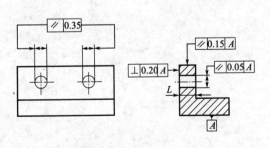

实验图 14 角座零件图

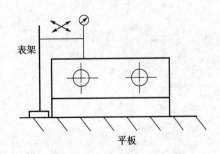

实验图 15 测量顶面对底面的平行度误差

将被测件放在测量平板上，以平板面作模拟基准；调整百分表在支架上的高度，将百分表测量头与被测面接触，使百分表指针倒转 1～2 圈，固定百分表，然后在整个被测表面上

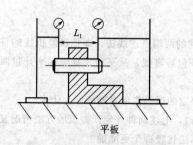

实验图 16 测量两孔轴线对底面的平行度误差

沿规定的各测量线移动百分表支架，取百分表的最大与最小读数作为被测表面的平行度误差。

（2）按检测原则 1 测量两孔轴线对底面的平行度误差。用心轴模拟被测孔的轴线（实验图 16），以平板模拟基准，按心轴上的素线调整百分表的高度，并固定之（调整方法同上）。在距离为 L_1 的两个位置上测得两个读数 M_1 和 M_2，被测轴线的平行度误差应为

$$f = \frac{L}{L_1} |M_1 - M_2|$$

式中　L——被测轴线的长度。

（3）按检测原则 1 测量两孔轴线之间的平行度误差（实验图 17）。用心轴模拟两孔轴线，用游标卡尺在靠近孔口端面处测量尺寸 a_1 及 a_2，差值（$a_1 - a_2$)J 即为所求平行度误差。

（4）按检测原则 3（测量特征参数原则）测量侧面对底面的垂直度误差（实验图 18）。

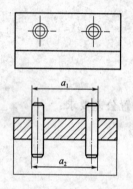

实验图 17 测量两孔轴线之间的平行度误差

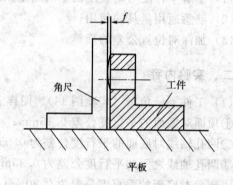

实验图 18 测量侧面对底面的垂直度误差

用平板模拟基准，将精密 90°角尺的短边置于平板上，长边靠在被测侧面上，此时长边即为理想要素。用塞尺测量 90°角尺长边与被测侧面之间的最大间隙，测得值即为该位置的垂直度误差。移动 90°角尺，在不同位置重复上述测量，取最大误差值为该被测面的垂直度误差。

实验三 表面粗糙度测量

实验 3-1 用双管显微镜测量表面粗糙度

一、实验目的

(1) 了解双管显微镜（又名光切显微镜）测量表面粗糙度的测量原理和方法；

(2) 加深对微观不平度十点高度 Rz 和单峰平均间距 s 的理解。

二、实验内容

用双管显微镜测量表面粗糙度评定参数 Rz 和 s 值。

三、计量器具及测量原理

微观不平度十点高度 Rz 是在取样长度 l 内，从平行于轮廓中线 m 的任意一条线算起，到被测轮廓的五个最高点（峰）和五个最低点（谷）之间的平均距离（实验图 19）。即

$$Rz = \frac{(h_2 + h_4 + \cdots + h_{10}) - (h_1 + h_3 + \cdots + h_9)}{5}$$

双管显微镜的外形如实验图 20 所示。它由底座 1、工作台 2、观察光管 3、投射光管 11、支臂 7 和立柱 8 等几部分组成。

双管显微镜能测量 $1\sim80\mu m$ 的表面粗糙度的 Rz 值。

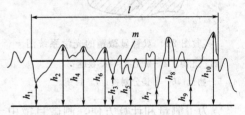

实验图 19 微观不平度十点高度

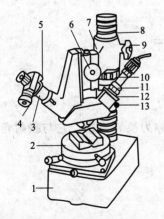

实验图 20 双管显微镜外形图

1—底座；2—工作台；3—观察光管；4—目镜测微器；

5—锁紧螺钉；6—微调螺母；7—支臂；8—立柱；

9—紧固螺钉；10—调节螺母；11—照明管；

12—调焦环；13—调节螺钉

实验图 21 双管显微镜测量表面粗糙度原理图

双管显微镜是利用光切原理来测量表面粗糙度的，如实验图 21 所示。被测表面 P_1、P_2 为阶梯表面，当一平行光束从 45°方向投射到阶梯表面上时，就被折成 S_1 和 S_2 两段，从垂直于光束的方向上就可在显微镜内看到 S_1 和 S_2 两段光带的放大像 S_1' 和 S_2'。同样 S_1 和 S_2 之间的距离 h 也被放大为 S_1' 和 S_2' 之间的距离 h_1'。通过测量和计算，可求得被测表面的不平度高度 h。

双管显微镜的光学系统图如实验图 22 所示。双管显微镜有两个光管，一为照明管，另一个为观察管，二管互成 90°。由光源 1 发出的一束光线经过聚光镜 2、狭缝 3、物镜 4，以 45°方向投射到被测工件表面上。调整仪器使反射光束进入与投射光管垂直的观察管内，经物镜 5 成像在目镜分划板上，通过目镜可观察到凹凸不平的光带 [见实验图 23 (b)]，光带边缘即工件表面上被照亮了 h_1 的放大轮廓像 h_1'，测量亮带边缘的宽度 h_1'，可求出被测表面的不平度高度 h 为

$$h = h_1\cos45° = \frac{h_1'}{N}\cos45°$$

式中　N——物镜放大倍率。

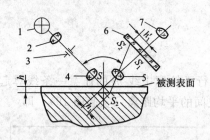

实验图 22　双管显微镜的光学系统图
1—光源；2—聚光镜；3—狭缝；
4，5—物镜；6—目镜分划板；7—目镜

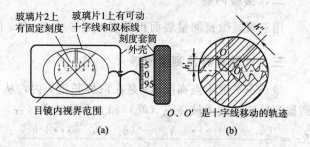

实验图 23　双管显微镜的读数目镜

为了测量和计算方便，测微目镜中十字线的移动方向 [见实验图 23 (a)] 和被测量光带边缘宽度 h_1' 成 45°斜角 [见实验图 23 (b)]，故目镜测微器刻度套筒上的读数值 h_1'' 与不平度高度的关系为

$$h_1'' = \frac{h_1'}{\cos45°} = \frac{Nh}{\cos^2 45°}$$

所以

$$h = \frac{h_1''\cos^2 45°}{N} = \frac{h_1''}{2N}$$

令式中 $1/(2N) = C$，C 为刻度套筒的分度值或称为换算系数，它与投射角 α、目镜测微器的结构和物镜放大倍数有关。

四、测量步骤

1. 微观不平度十点高度 Rz 的测量

(1) 根据被测工件表面粗糙度的要求，按实验表 2 选择合适的物镜组，分别安装在投射光管和观察光管的下端；

(2) 接通电源；

(3) 擦净被测工件，把它安放在工作台上，并使被测表面的切削痕迹的方向与光带垂

直。当测量圆柱形工件时，应将工件置于 V 形块上；

实验表 2 选择物镜组

物镜放大倍数 N	总放大倍数	视场直径/mm	物镜工作距离/mm	测量范围 $Rz/\mu m$	物镜放大倍数 N	总放大倍数	视场直径/mm	物镜工作距离/mm	测量范围 $Rz/\mu m$
7X	60X	2.5	17.8	10～80	30X	260X	0.6	1.6	1.6～6.3
14X	120X	1.3	6.8	3.2～10	60X	520X	0.3	0.65	0.8～3.2

(4) 粗调节。参见实验图 20，用手托住支臂 7，松开锁紧螺钉 9，缓慢旋转支臂调节螺母 10，使支臂 7 上下移动，直到目镜中观察到绿色光带和表面轮廓不平度的影像［实验图 23 (b)］。然后，将螺钉 9 固紧。要注意防止物镜与工件表面相碰，以免损坏物镜组；

(5) 细调节。缓慢而往复转动调节手轮 6，调焦环 12 和调节螺钉 13，使目镜中光带最狭窄、轮廓影像最清晰，并位于视场的中央；

(6) 松开螺钉 5，转动目镜测微器 4，使目镜中十字线的一根线与光带轮廓中心线大致平行（此线代替平行于轮廓中线的直线）。然后，将螺钉固紧；

(7) 根据被测表面粗糙度 Rz 的数值，按国家标准 GB/T 1031—1995 的规定选取取样长度和评定长度；

(8) 旋转目镜测微器的刻度套筒，使目镜中十字线的一根线与光带轮廓一边的峰（或谷）相切，如实验图 23 (b) 实线所示，并从测微器读出被测表面的峰（或谷）的数值。依次类推，在取样长度范围内分别测出五个最高点（峰）和五个最低点（谷）的数值，然后计算出 Rz 的数值；

(9) 纵向移动工作台，按上述第 8 项测量步骤在评定长度范围内测出几个取样长度上的 Rz 值，取它们的平均值作为被测表面的微观不平度十点高度。其计算式为

$$Rz_{(平均)} = \frac{\sum\limits_{1}^{n} Rz}{n}$$

2. 单峰平均间距 S 的测量

用测微目镜［见实验图 23 (b)］中的垂直线，对准光带轮廓的第一个峰，从工作台的纵向移动千分尺上，读取第一个读数 S_1。纵向移动工作台，在取样长度范围内，用垂直线对准光带轮廓的第 n 个峰，从纵向千分尺上，读出第 n 个单峰的读数 S_n。单峰平均间距用 S 按下式计算

$$S = \frac{S_n - S_1}{n - 1}$$

根据上述计算结果，判断被测表面粗糙度 Rz 值和 S 值的适用性。

附：目镜测微器分度值 C 的确定

由前述可知，目镜测微器套筒上每一格刻度间距所代表的实际表面不平度高度的数值（分度值）与物镜放大倍率有关。由于仪器生产过程中的加工和装配误差，以及仪器在使用过程中可能产生的误差，会使物镜的实际倍率与实验表 2 所列的公差值之间有某些差异。因此，仪器在投入使用时以及经过较长时间的使用之后，或者在调修重新安装之后，要用玻璃标准刻度尺来确定分度值 C，即确定每一格刻度间距所代表的不平度高度的实际值。确定方法如下：

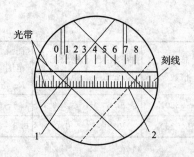

实验图 24　目镜测微器分度值 C 的确定

（1）将玻璃标准刻度尺置于工作台上，调节显微镜的焦距，并移动标准刻度尺，使在目镜视场内能看到清晰的刻度尺刻线（实验图 24）；

（2）参看实验图 20，松开螺钉 5，转动目镜测微器 4，使十字线交点移动方向与刻度尺像平行，然后固紧螺钉 5；

（3）按实验表 3 选定标准刻度尺刻线格数 Z，将十字线交点移至与某条刻线重合（实验图 24 中实线位置），读出第一次读数 n_1，然后，将十字线交点移动 Z 格（实验图 24 中虚线位置），读出第二次读数 n_2，

两次读数差为

$$A = |n_2 - n_1|$$

实验表 3　选择标准刻度尺刻线格数 Z

物镜标称倍率 N	7X	14X	30X	60X
标准刻度尺刻线格数 Z	100	50	30	20

（4）计算测微器刻度套筒上一格刻度间距所代表的实际被测值（即分度值）C

$$C = TZ/2A$$

式中　T——标准刻度尺的刻度间距（10 μm）。

把从目镜测微器测得的十点读数的平均值 h_1'' 乘上 C 值，即可求得 Rz 值。

$$Rz = Ch_1''$$

思　考　题

1. 为什么只测量光带一边的最高点（峰）和最低点（谷）？
2. 测量表面粗糙度还有哪些方法？其应用范围如何？
3. 用双管显微镜测量表面粗糙度为什么要确定分度值 C？如何确定？

实验 3-2　用干涉显微镜测量表面粗糙度

一、实验目的

1. 熟悉用干涉显微镜测量表面粗糙度的原理和方法；
2. 加深对微观不平度十点高度 Rz 和轮廓最大高度 Ry 的理解。

二、实验内容

用 6JA 型干涉显微镜测量表面粗糙度的 Rz 值和 Ry 值。

三、计量器具及测量原理

干涉显微镜是干涉仪和显微镜的组合，用光波干涉原理来反映出被测工件的粗糙度。由于表面粗糙度是微观不平度，所以用显微镜进行高倍放大后以便观察和测量。干涉显微镜一

般用于测量 $1\sim0.03\mu m$ 表面粗糙度的 Rz 值和 Ry 值。

6JA 型干涉显微镜的外形图如实验图 25 所示。该仪器的光学系统图如实验图 26 所示，由光源 1 发出放入光束，通过聚光镜 2、4、8（3 是滤色片），经分光镜 9 分成两束。其中一束经补偿板 10、物镜 11 至被测表面 18，再经原光路返回至分光镜 9，反射至目镜 19。另一光束由分光镜 9 反射（遮光板 20 移出），经物镜 12 射至参考镜 13 上，再由原光路返回，并透过分光镜 9，也射向目镜 19。两路光束相遇叠加产生干涉，通过目镜 19 来观察。由于被测表面有微小的峰、谷存在，峰、谷处的光程不一样，造成干涉条纹的弯曲。相应部位峰、谷的高度差 h 与干涉条纹弯曲量 a 和干涉条纹间距 b 有关［如实验图 29（b）所示］，其关系式为

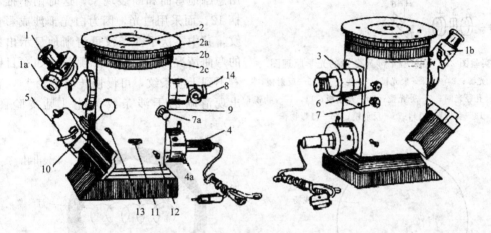

实验图 25 6JA 型干涉显微镜的外形图

1—目镜；2—工作台；3—调节螺母；4—光源；5—照相机；6，7—手轮；
8，14—干涉条纹调节机构；9，10，11—手轮；12，13—手柄

$$h = \frac{a}{b}\frac{\lambda}{2}$$

式中 λ——测量中的光波波长。

本实验就是利用测量干涉条纹弯曲量 a 和干涉条纹间距 b 来确定 Rz 值和 Ry 值的。

四、测量步骤

1. 调整仪器

测量时调整仪器的方法如下：

（1）开亮灯泡，转动手轮 10 和 6（见实验图 25），使实验图 26 中的遮光板 14 从光路中转出。如果视场亮度不均匀，可转动调节螺钉 4a，使视场亮度均匀；

（2）转动手轮 8，使目镜视场中弓形直边清晰，如实验图 27 所示；

（3）在工作台上放置好洗净的被测工件。被测表面向下，朝向物镜。转动手轮 6，遮去实验图 26 中的参考镜 13 的一路光束。转动实验图 25 中滚花轮 2c，使工作台升降直到目镜视场中观察到清晰的工件表面像为止，再转动手轮 6，使实验图 26 中的遮光板从光路中转出；

（4）松开实验图 25 中螺母 1b，取下测微目镜 1，直接从目镜管中观察，可以看到两个灯丝像。转动手轮 11，使实验图 26 中的孔径光阑 6 开至最大，转动手轮 7 和 9，使两

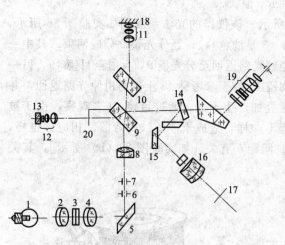

实验图 26　6JA 型干涉显微镜的光学原理图

1—光源；2，4，8—聚光镜；3—滤色片；5—反射镜；
6，7—孔径光阑；9—分光镜；10—补偿板；11，12—物镜
13—参考镜；14，15—反射镜；16—摄影物镜

个灯丝像完全重合，同时调节实验图 25 中螺母 4a，使灯丝像位于孔径光阑中央，如实验图 28 所示。然后装上测微目镜，旋紧螺母 1b；

（5）在精密测量中，通常采用光波波长稳定的单色光（本仪器用的是绿光）。此时应将手柄 12 推到底，使实验图 26 中的滤色片 3 插入光路。当被测表面粗糙度数值较大而加工痕迹又不很规则时，干涉条纹将呈现出急剧地弯曲和断裂现象。这时则不推动手柄 12，而采用白光，因为白光干涉成彩色条纹，其中零次干涉条纹可清晰地显示出条纹的弯曲情况，便于观察和测量。如在目镜中看不到干涉条纹，可慢慢转动手轮 14，直到出现清晰的干涉条纹为止〔见实验图 29 (a)〕；

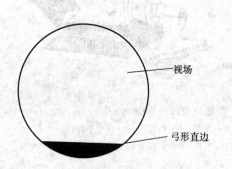

实验图 27　弓形直边图

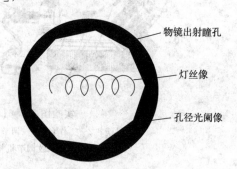

实验图 28　弓形直边图

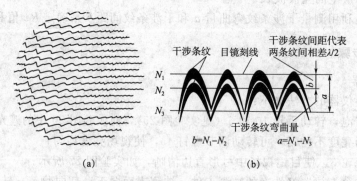

实验图 29　干涉条纹图

（6）转动手轮 7 和 9 以及手轮 8 和 14，可以得到所需的干涉条纹亮度和宽度；

（7）转动实验图 25 中工作台 2b，使加工痕迹的方向与干涉条纹垂直；

（8）松开实验图 25 中螺母 1b，转动测微目镜 1，使视场中十字线之一与干涉条纹平行，然后拧紧螺母 1b，此时即可进行具体的测量工作。

2. 测量方法

在此仪器上，表面粗糙度可以用两种方法测量。

(1) 用测微目镜测量

① 转动实验图 25 中测微目镜的测微器 1a，使视场中与干涉条纹平行的十字线中的一条线对准一条干涉条纹峰顶中心［见实验图 29（b）］，这时在测微器上的读数为 N_1。然后再对准相邻的另一条干涉条纹峰顶中心，读数为 N_2。（N_1-N_2）即为干涉条纹间距 b；

② 对准一条干涉条纹峰顶中心读数 N_1 后，移动十字线，对准同一条干涉条纹谷底中心，读数为 N_3。（N_1-N_3）即为干涉条纹弯曲量 a。按微观不平度十点高度 Rz 的定义，在取样长度范围内测量同一条干涉条纹的 5 个最高峰和 5 个最低谷，这个干涉条纹弯曲量的平均值 $a_{平均}$ 为

$$a_{平均} = \frac{\sum_{i=1}^{5} N_{1i} - \sum_{i=1}^{5} N_{3i}}{5}$$

被测表面的微观不平度十点高度 Rz 为

$$Rz = \frac{a_{pj}}{b} \frac{\lambda}{2}$$

式中 a_{pj} 即为 $a_{平均}$。采用白光时，$\lambda = 0.55 \mu m$；采用单色光时，则按仪器所附滤色片检定书载明的波长取值。

按评定长度要求，各取样长度的 Rz 值还需平均后才能作为评定表面粗糙度的可靠数据。

上述测量中，在各个取样长度范围内的最大峰值读数和最小谷值读数之差，为各个取样长度的轮廓最大高度 $R'y_i$ 值，选取其中最大的 $R'y_{max}$ 值，按下式计算轮廓最大高度 Ry 值。

$$Ry = \frac{R'y_{max}}{b} \frac{\lambda}{2}$$

(2) 用目视估计判定

用肉眼观察视场，直接估读出弯曲量 a 为干涉条纹间距 b 的多少倍或几分之一，用目视估读的 a/b 值来代替测微目镜的读数。在取样长度范围内，对同一条干涉条纹估读 5 个这样的比值，取其平均值，然后再计算 Rz 值。同样，根据求得的各取样长度的 Rz 值再平均后作为最后的评定数据。

目视估读法效率高、方法简便，但不够准确，因此只能作为一种近似地测量方法。

思 考 题

仪器使用说明书上写着：用光波干涉原理测量表面粗糙度，就是以光波为尺子来计量被测表面上微观峰谷的高度差。这把尺子的刻度间距和分度值如何体现。

实验四　锥度测量

实验 4-1　用正弦尺测量圆锥角偏差

一、实验目的

了解正弦尺测量外圆锥度的原理和方法。

二、实验内容

用正弦尺测量圆锥塞规的圆锥角偏差。

三、计量器具及测量原理

正弦尺是间接测量角度的常用计量器具之一，它需要和量块、指示表等配合使用，正弦尺的结构如实验图 30 所示。它由主体和两个圆柱等组成，分窄型和宽型两种。

正弦尺测量角度的原理是以利用直角三角形的正弦函数为基础，如实验图 31 所示。

测量时，先根据被测圆锥塞规的公称圆锥角 α，按下式计算出量块组的高度 h

$$h = L\sin\alpha$$

式中　L——正弦尺两圆柱间的中心距（100mm 或 200mm）。

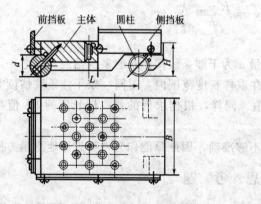

实验图 30　正弦尺的结构图

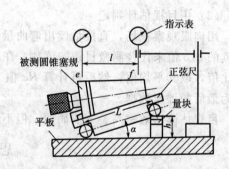

实验图 31　正弦尺测量角度原理图

根据计算的 h 值组合量块，垫在正弦尺的下面，如实验图 31 所示，因此正弦尺的工作面与平板的夹角为 α。然后，将圆锥塞规放在正弦尺的工作面上，如果被测圆锥角恰好等于公称圆锥角，则指示表在 e、f 两点的示值相同，即圆锥塞规的素线与平板平行。反之，e、f 两点的示值必有一差值 n，这表明存在圆锥角偏差。若实际被测圆锥角 $\alpha' > \alpha$，则 $e - f = +n$［见实验图 32 (a)］；若 $\alpha' < \alpha$，则 $e - f = -n$［见实验图 32 (b)］。

由实验图 32 可知，圆锥角偏差 $\Delta\alpha$ 按下式计算

$$\Delta\alpha = \tan(\Delta\alpha) = \frac{n}{l}$$

式中　l —— e、f 两点间的距离；

　　　n —— 指示表在 e、f 两点的读数差。$\Delta\alpha$ 的单位为弧度，1 弧度（rad）＝ 2×10^5 秒。

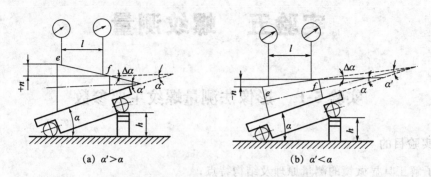

(a) $\alpha'>\alpha$　　　　　　　　　　　(b) $\alpha'<\alpha$

实验图 32　用正弦尺测量圆锥角偏差

四、测量步骤

（1）根据被测锥度塞规的公称圆锥角 α 及正弦尺圆柱中心距 L，按公式 $h = L\sin\alpha$ 计算量块组的尺寸，并组合好量块；

（2）将组合好的量块组放在正弦尺一端的圆柱下面，然后将圆锥塞规稳放在正弦尺的工作面上（应使圆锥塞规轴线垂直于正弦尺的圆柱轴线）；

（3）用带架的指示表，在被测圆锥塞规素线上距离两端分别不小于2mm 的 e、f 两点进行测量和读数。测量前指示表的测头应先压缩 1～2mm；

（4）如实验图 32 所示，将指示表在 e 点处前后推移，记下最大读数。再在 f 点处前后推移，记下最大读数。在 e、f 两点各重复测量三次，取平均值后，求出 e、f 两点的高度差 n，然后测量 e、f 两点间的距离 l。圆锥角偏差按下式计算

$$\Delta\alpha = \frac{n}{l}（弧度）= \frac{n}{l} \times 2 \times 10^5（秒）$$

（5）将测量结果记入实验报告，查出圆锥角极限偏差，并判断被测塞规的适用性。

思　考　题

1.用正弦尺、量块和指示表测量圆锥角偏差时（如实验图 32 所示），e、f 两点距离 l 的偏差对测量结果有何影响？

2.用正弦尺测量锥度时，有哪些测量误差？

3.为什么用正弦尺测量锥度属于间接测量？

实验五　螺纹测量

实验 5-1　影像法测量螺纹主要参数

一、实验目的

（1）了解工具显微镜的测量原理及结构特点；

（2）熟悉用大型（或小型）工具显微镜测量外螺纹主要参数的方法。

二、实验内容

用大型（或小型）工具显微镜测量螺纹塞规的中径、牙型半角和螺距。

三、计量器具及测量原理

工具显微镜用于测量螺纹量规、螺纹刀具、齿轮滚刀以及轮廓样板等，它分为小型、大型、万能和重型四种形式。它们的测量精度和测量范围虽各不相同，但基本原理是相似的。下面以大型工具显微镜为例，阐述用影像法测量中径、牙型半角和螺距。

大型工具显微镜的外形如实验图 33 所示，它主要由目镜 1、工作台 5、底座 7、支座 12、立柱 13、悬臂 14 和千分尺 6、10 等部分组成。转动手轮 11，可使立柱绕支座左右摆动，转动千分尺 6 和 10，可使工作台纵、横向移动，转动手轮 8，可使工作台绕轴心线旋转。

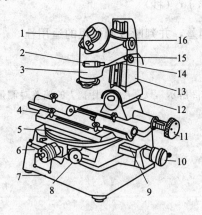

实验图 33　大型工具显微镜外形图

1—目镜；2—光源；3—测头；4，5—工作台；6，10—千分尺；

7—底座；8—手轮；9—导轨；11—手轮；12—支座；

13—立柱；14—悬臂；15—紧固螺钉；16—手轮

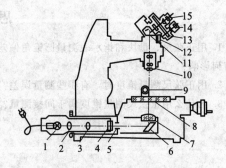

实验图 34　工具显微镜的光学系统图

1—光源；2—聚光镜；3—滤色片；4—透镜；

5—光阑；6—反射镜；7—透镜；8—玻璃工作台；

9—被测工件；10—物镜；11—反射棱镜；

12—反射镜；13—焦平面；14，15—目镜

仪器的光学系统如实验图 34 所示。由主光源 1 发出的光经聚光镜 2、滤色片 3、透镜 4、

光阑 5、反射镜 6、透镜 7 和玻璃工作台 8，将被测工件 9 的轮廓经物镜 10、反射棱镜 11 投射到目镜的焦平面 13 上，从而在目镜 15 中观察到放大的轮廓影像。另外，也可用反射光源照亮被测工件，以工件表面上的反射光线，经物镜 10、反射棱镜 11 投射到目镜的焦平面 13 上，同样在目镜 15 中可观察到放大的轮廓影像。

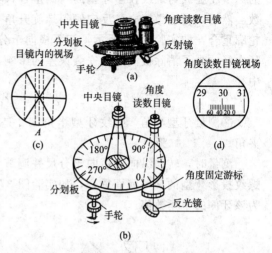

实验图 35　工具显微镜的目镜

仪器的目镜外形如实验图 35（a）所示。它由玻璃分划板、中央目镜、角度读数目镜、反射镜和手轮等组成。目镜的结构原理如实验图 35（b）所示，从中央目镜可观察到被测工件的轮廓影像和分划板的米字刻线，如实验图 35（c）所示。从角度读数目镜中，可以观察到分划板上 $0°\sim360°$ 的度值刻线和固定游标分划板上 $0'\sim60'$ 的分值刻线〔见实验图 35（d）〕。转动手轮，可使刻有米字刻线的度值刻线的分划板转动，它转过的角度，可从角度读数目镜中读出。当该目镜中固定游标的零刻线与度值刻线的零位对准时，则米字刻线中间虚线 $A—A$ 正好垂直于仪器工作台的纵向移动方向。

四、测量步骤

（1）擦净仪器及被测螺纹，将工件小心地安装在两顶尖之间，拧紧顶尖的固紧螺钉（要当心工件掉下砸坏玻璃工作台）。同时，检查工作台圆周刻度是否对准零位；

（2）接通电源；

（3）用调焦筒（仪器专用附件）调节主光源 1（见实验图 34），旋转主光源外罩上的三个调节螺钉，直至灯丝位于光轴中央成像清晰，则表示灯丝已位于光轴上并在聚光镜 2 的焦点上；

（4）根据被测螺纹尺寸，从仪器说明书中查出适宜的光阑直径，然后调整光阑的大小；

（5）旋转手轮 11（见实验图 33），按被测螺纹的螺旋升角 ψ，调整立柱 13 的倾斜度；

（6）调整目镜 14、15 上的调节环（见实验图 34），使米字刻线和度值、分值刻线清晰。松开螺钉 15（见实验图 33），旋转手柄 16，调整仪器的焦距，使被测轮廓影像清晰（若要求严格，可用专用的调焦棒在两顶尖中心线的水平内调焦）。然后，旋紧螺钉 15。

（7）测量螺纹主要参数。

①测量中径　螺纹中径 d_2 是指螺纹截成牙凸和牙凹宽度相等并和螺纹轴线同心的假想圆柱面直径。对于单线螺纹，它的中径也等于在轴截面内沿着与轴线垂直的方向量得的两个相对牙型侧面间的距离。

为了使轮廓影像清晰，需将立柱顺着螺旋线方向倾斜一个螺旋升角 ψ，其值按下式计算

$$\tan\psi = \frac{nP}{\pi d_2}$$

式中　P——螺纹螺距，mm；

$\quad\quad d_2$——螺纹中径公称值，mm；

$\quad\quad n$——螺纹线数。

测量时，转动纵向千分尺 10 和横向千分尺 6（见实验图 33），并移动工作台，使目镜中的 $A—A$ 虚线与螺纹投影牙型的一侧重合，如实验图 36 所示，记下横向千分尺的第一次读数。然后，将显微镜立柱反向倾斜螺旋升角 ϕ，转动横向千分尺，使 $A—A$ 虚线与对面牙型轮廓重合，如实验图 36 所示，记下横向千分尺第二次读数。两次读数之差，即为螺纹的实际中径。为了消除被测螺纹安装误差的影响，需测出 $d_{2左}$ 和 $d_{2右}$，取两者的平均值作为实际中径

$$d_{2实际} = (d_{2左} + d_{2右})/2$$

②测量牙型半角　螺纹牙型半角 $\alpha/2$ 是指在螺纹牙型上，牙侧与螺纹轴线的垂线间的夹角。

测量时，转动纵向和横向千分尺并调节手轮（见实验图 35），使目镜中的 $A—A$ 虚线与螺纹投影牙型某一侧面重合，如实验图 37 所示。此时，角度读数目镜中显示的读数，即为该牙侧的半角数值。

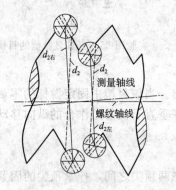

实验图 36　测量中径

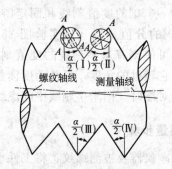

实验图 37　测量牙型半角（一）

在角度读数目镜中，当角度读数为 $0°0'$ 时，则表示 $A—A$ 虚线垂直于工作台纵向轴线，如实验图 38（a）所示。当 $A—A$ 虚线与被测螺纹牙型边对准时，如实验图 38（b）所示，得该半角的数值为

$$\frac{\alpha}{2}(右) = 360° - 330°4' = 29°56'$$

同理，当 $A—A$ 虚线与被测螺纹牙型另一边对准时，如实验图 38（c）所示，则得另一半角的数值为

$$\frac{\alpha}{2}(左) = 30°8'$$

为了消除被测螺纹的安装误差的影响，需分别测出 $\frac{\alpha}{2}(I)$、$\frac{\alpha}{2}(II)$、$\frac{\alpha}{2}(III)$、$\frac{\alpha}{2}(IV)$。并按下述方式处理

$$\frac{\alpha}{2}(左) = \frac{\frac{\alpha}{2}(II) + \frac{\alpha}{2}(IV)}{2}$$

$$\frac{\alpha}{2}(右) = \frac{\frac{\alpha}{2}(I) + \frac{\alpha}{2}(III)}{2}$$

将它们与牙型半角公称值（$\frac{\alpha}{2}$）比较，则得牙型半角偏差为

$$\Delta \frac{\alpha}{2}(左) = \frac{\alpha}{2}(左) - \frac{\alpha}{2}$$

$$\Delta \frac{\alpha}{2}(右) = \frac{\alpha}{2}(右) - \frac{\alpha}{2}$$

$$\Delta \frac{\alpha}{2} = \frac{\left| \Delta \frac{\alpha}{2}(左) \right| + \left| \Delta \frac{\alpha}{2}(右) \right|}{2}$$

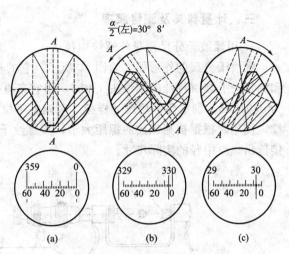

实验图 38　测量牙型半角（二）

为了使轮廓影像清晰，测量牙型半角时，同样要使立柱倾斜一个螺旋升角 ψ。

③测量螺距　螺距 P 是指相邻两牙在中径线上对应两点间的轴向距离。

测量时，转动纵向和横向千分尺，且移动工作台，利用目镜中的 $A—A$ 虚线与螺纹投影牙型的一侧重合，记下纵向千分尺第一次读数。然后，移动纵向工作台，使牙型纵向移动几个螺距的长度，以同侧牙型与目镜中的 $A—A$ 虚线重合，记下纵向千分尺的第二次读数，两次读数之差，即为 n 个螺距的实际长度（如实验图 39 所示）。

为了消除被测螺纹安装误差的影响，同样要测量出 $nP_{左(实)}$ 和 $nP_{右(实)}$。然后取它们的平均值作为螺纹 n 个螺距的实际尺寸

$$nP_实 = (nP_{左(实)} + nP_{右(实)}) / 2$$

n 个螺距的累积偏差为

$$\Delta P = nP_实 - nP$$

（8）按图样给定的技术要求，判断被测螺纹塞规的适用性。

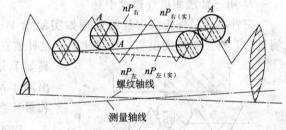

实验图 39　测量螺距 P

思 考 题

1. 用影像法测量螺纹时，立柱为什么要倾斜一个螺旋升角？
2. 用工具显微镜测量外螺纹的主要参数时，为什么测量结果要取平均值？
3. 测量平面样板时，如何安置被测样板？立柱是否需要倾斜？

实验 5-2　外螺纹中径的测量

一、实验目的

熟悉测量外螺纹中径的原理和方法。

二、实验内容

（1）用螺纹千分尺测量外螺纹中径；
（2）用三针测量外螺纹中径。

三、计量器具及测量原理

1. 用螺纹千分尺测量外螺纹中径

螺纹千分尺的外形如实验图 40 所示。它的构造与外径千分尺基本相同，只是在测量砧和测量头上装有特殊的测量头 1 和 2，用它来直接测量外螺纹的中径。螺纹千分尺的分度值为 0.01mm。测量前，用尺寸样板 3 来调整零位。每对测量头只能测量一定螺距范围内的螺纹，使用时根据被测螺纹的螺距大小，按螺纹千分尺附表来选择。测量时可由螺纹千分尺直接读出螺纹中径的实际尺寸。

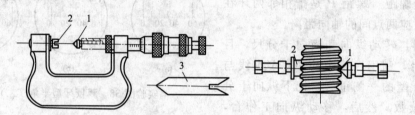

实验图 40　螺纹千分尺外形图
1，2—测量头；3—尺寸样板

2. 用三针法测量外螺纹中径

三针法测量外螺纹中径的原理如实验图 41 所示，这是一种间接测量螺纹中径的方法。测量时，将三根精度很高、直径相同的量针放在被测螺纹的牙凹中，用测量外尺寸的计量器具如千分尺、机械比较仪、光较仪、测长仪等测量出尺寸 M，再根据被测螺纹的螺距 P、牙型半角 $\alpha/2$ 和量针直径 d_m，计算出螺纹中径 d_2。

由实验图 41 可知

$$d_2 = M - 2AC = M - 2(AD - CD)$$

而

$$AD = AB + BD = \frac{d_m}{2} + \frac{d_m}{2\sin\frac{\alpha}{2}} = \frac{d_m}{2}\left(1 + \frac{1}{\sin\frac{\alpha}{2}}\right)$$

$$CD = \frac{P\cot\frac{\alpha}{2}}{4}$$

将 AD 和 CD 值代入上式，得

$$d_2 = M - d_m\left(1 + \frac{1}{\sin\frac{\alpha}{2}}\right) + \frac{P}{2}\cot\frac{\alpha}{2}$$

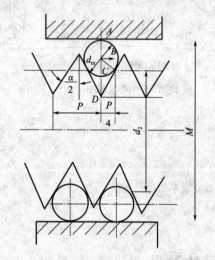

实验图 41　三针法测外螺纹中径的原理图

对于公制螺纹，$\alpha = 60°$，则

$$d_2 = M - 3d_m + 0.866P$$

为了减少螺纹牙型半角偏差对测量结果的影响，应选择合适的量针直径，使该量针与螺纹牙型的切点恰好位于螺纹中径处，此时所选择的量针直径 d_m 为最佳量针直径。由实验图 42 可知

$$d_{\mathrm{m}} = \frac{P}{2\cos\dfrac{\alpha}{2}}$$

对于公制螺纹，$\alpha = 60°$，则

$$d_{\mathrm{m}} = 0.577P$$

在实际工作中，如果成套的三针中没有所需的最佳量针直径时，可选择与最佳量针直径相近的三针来测量。

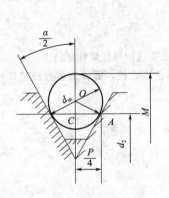

实验图 42　选择合适的量针直径

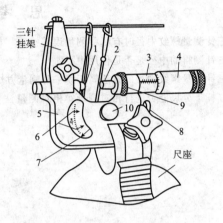

实验图 43　杠杆千分尺

1—活动量砧；2—顶尖；3—刻度套筒；4—微分筒；5—尺体；
6—指针；7—指示表；8—按钮；9—微调螺母；10—按钮

量针的精度分成 0 级和 1 级两种：0 级用于测量中径公差为 4～8μm 的螺纹塞规；1 级用于测量中径公差大于 8μm 的螺纹塞规或螺纹工件。

测量 M 值所用的计量器具的种类很多，通常根据工件的精度要求来选择。本实验采用杠杆千分尺来测量，如实验图 43 所示。

杠杆千分尺的测量范围有 0～25mm、25～50mm、50～75mm、75～100mm 四种，分度值为 0.002mm。它有一个活动量砧 1，其移动量由指示表 7 读出。测量前将尺体 5 装在尺座上，然后校对千分尺的零位，使刻度套管 3、微分筒 4 和指示表 7 的示值都分别对准零位。测量时，当被测螺纹放入或退出两个量砧之间时，必须按下右侧的按钮 8 使量砧离开，以减少量砧的磨损。在指示表 7 上装有两个指针 6，用来确定被测螺纹中径上、下偏差的位置，以提高测量效率。

四、测量步骤

1. 用螺纹千分尺测量外螺纹中径

（1）根据被测螺纹的螺距选取一对测量头；

（2）擦净仪器和被测螺纹，校正螺纹千分尺零位；

（3）将被测螺纹放入两测量头之间，找正中径部位；

（4）分别在同一截面相互垂直的两个方向上测量螺纹中径，取它们的平均值作为螺纹的实际中径，然后判断被测螺纹中径的适用性。

2. 用三针测量外螺纹中径

（1）根据被测螺纹的螺距，计算并选择最佳量针直径 d_{m}；

（2）在尺座上安装好杠杆千分尺和三针；

（3）擦净仪器和被测螺纹，校正仪器零位；

（4）将三针放入螺纹牙凹中，旋转杠杆千分尺的微分筒 4，使两端测量头 1、2 与三针接触，然后读出尺寸 M 的数值；

（5）在同一截面相互垂直的两个方向上测出尺寸 M，并按平均值用公式计算螺纹中径，然后判断螺纹中径的适用性。

思 考 题

1. 用三针测量螺纹中径时有哪些测量误差？

2. 用三针测得的中径是否是作用中径？

3. 用三针测量螺纹中径的方法属于哪一种测量方法？为什么要选用最佳量针直径？

4. 用杠杆千分尺能否进行相对测量？相对测量法和绝对测量法比较，哪种测量方法精确度较高？为什么？

实验六 齿轮测量

实验 6-1 齿轮径向圆跳动测量

一、实验目的

（1）熟悉测量齿轮径向圆跳动误差的方法；

（2）加深理解齿轮径向圆跳动误差的定义。

二、实验内容

用齿轮径向圆跳动检查仪，测量齿轮的径向圆跳动。

三、计量器具及测量原理

齿轮径向圆跳动误差 ΔF_r 是指在齿轮一转范围内，测头在齿槽内或在轮齿上，与齿高中部双面接触，测头相对于齿轮轴线的最大变动量，如实验图 44 所示。

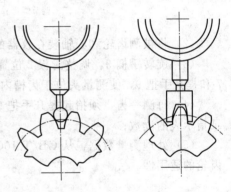

实验图 44 齿轮径向圆跳动误差

齿轮径向圆跳动误差可用齿轮径向圆跳动检查仪、万能测齿仪或普通的偏摆检查仪等仪器测量。本实验采用齿轮径向圆跳动检查仪来测量，该仪器的外形如实验图 45 所示。它主要由底座 1、滑板 2、顶尖座 6、调节螺母 7、回转盘 8 和指示表 10 等组成，指示表的分度值为 0.001mm。该仪器可测量模数为 0.3～5mm 的齿轮。

为了测量各种不同模数的齿轮，仪器备有不同直径的球形测量头。

按 GB/Z 18620.2—2002 规定，测量齿轮径向圆跳动误差应在分度圆附近与齿面接触，故测量球或圆柱的直径 d 应按下述尺寸制造或选取

$$d = 1.68m$$

式中 m——齿轮模数，mm。

此外，齿轮径向圆跳动检查仪还备有内接触杠杆和外接触杠杆。前者成直线形，用于测量内齿轮的齿轮径向圆跳动和孔的径向圆跳动；后者成直角三角形，用于测量锥齿轮的径向圆跳动和端面圆跳动。本实验测量圆柱齿轮的径向圆跳动。测量时，将需要的球形测量头装入指示表测量杆的下端进行测量。

四、测量步骤

（1）根据被测齿轮的模数，选择合适的球形测量头，装入指示表 10 测量杆的下端（见实验图 45）；

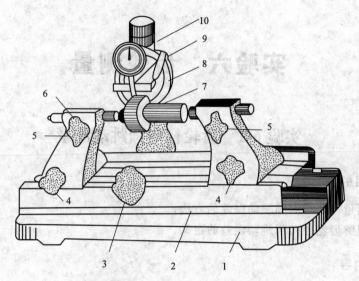

实验图 45 齿轮径向圆跳动检测仪
1—底座；2—滑板；3—手柄；4，5—紧固紧螺钉；6—顶尖座；
7—调节螺母；8—回转盘；9—提升手柄；10—按钮

（2）将被测齿轮和心轴装在仪器的两顶尖上，拧紧固紧螺钉 4 和 5；

（3）旋转手柄 3，调整滑板 2 位置，使指示表测量头位于齿宽的中部。借升降调节螺母 7 和提升手把 9，使测量头位于齿槽内。调整指示表 10 的零位，并使其指针压缩 1～2 圈；

（4）每测一齿，须抬起提升手把 9，使指示表的测量头离开齿面。逐齿测量一圈，并记录指示表的读数；

（5）处理测量数据，从 GB/T 10095—2001 查出齿轮的径向圆跳动公差 F_r，判断被测齿轮的适用性。

思　考　题

1. 齿轮径向圆跳动误差产生的主要原因是什么？它对齿轮传动有什么影响？
2. 为什么测量齿轮的径向圆跳动时要根据齿轮的模数不同选用不同直径的球形测头？

实验 6-2　齿轮径向综合误差测量

一、实验目的

（1）了解双面啮合综合检查仪的测量原理和测量方法；
（2）加深理解齿轮径向综合误差与径向一齿综合误差的定义。

二、实验内容

用双面啮合综合检查仪测量齿轮径向综合误差和径向一齿综合误差。

三、计量器具及测量原理

径向综合误差 $\Delta F_i''$ 是指被测齿轮与理想精确的测量齿轮双面啮合时，在被测齿轮一转内，双啮中心距的最大值与最小值之差。径向一齿综合误差 $\Delta f_i''$ 是指被测齿轮与理想精确的测量齿轮双面啮合时，在被测齿轮一齿距角内，双啮中心距变动的最大值。

双面啮合综合检查仪的外形如实验图 46 所示。它能测量圆柱齿轮、锥齿轮和蜗轮副。其测量范围：模数为 1～10mm，中心距为 50～300mm。仪器的底座 1 上安放着浮动滑板 2 和固定滑板 3。浮动滑板 2 与刻度尺 4 连接，它受压缩弹簧作用，使两齿轮紧密啮合（双面啮合）。浮动滑板 2 的位置用凸轮 10 控制。固定滑板 3 与游标卡尺 5 连接，它用手轮 6 调整位置。仪器的读数与记录装置由指示表 11、记录器 12、记录笔 13、记录滚轮 14 和摩擦盘 15 组成。

理想精确的测量齿轮安装在固定滑板 3 的心轴上，被测齿轮安装在浮动滑板 2 的心轴上，由于被测齿轮存在各种误差（如基节偏差、齿距偏差、齿圈径向圆跳动和齿形误差等），这两个齿轮转动时，双啮中心距发生变动，变动量通过浮动滑板 2 的移动传递到指示表 11 读出数值，或者由仪器附带的机械式记录器绘出连续曲线。

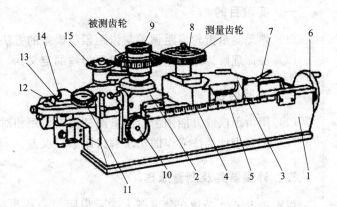

实验图 46　双面啮合综合检查仪

1—底座；2—浮动滑板；3—固定滑板；4—刻度尺；5—游标尺；
6—手轮；7—锁紧装置；8，9—心轴；10—凸轮；11—指示表；
12—记录器；13—记录笔；14—记录滚轮；15—摩擦盘

四、测量步骤

（1）旋转凸轮 10，将浮动滑板 2 大约调整在浮动范围的中间；

（2）在浮动滑板 2 和固定滑板 3 的心轴上分别装上被测齿轮和理想精确的测量齿轮。旋转手轮 6，使两齿轮双面啮合。然后，锁紧固定滑板 3；

（3）调节指示表 11 的位置，使指针压缩 1～2 圈并对准零位；

（4）在记录滚轮 14 上包扎坐标纸；

（5）调整记录笔的位置，将记录笔尖调到记录纸的中间，并使笔尖与记录纸接触；

（6）放松凸轮 10，由弹簧力作用使两齿轮双面啮合；

（7）进行测量。缓慢转动测量齿轮，由于被测齿轮的加工误差，双啮中心距就产生变动，其变动情况从指示表或记录曲线图中反映出来；

在被测齿轮转一转时，由指示表读出双啮中心距的最大值与最小值，两读数之差就是齿轮径向综合误差 $\Delta F_i''$。

在被测齿轮转一齿距角时，从指示表读出双啮中心距的最大变动量，即为径向一齿综合误差 $\Delta f_i''$。

（8）处理测量数据。从 GB/T 10095—2001 查出齿轮的径向综合总误差 F_i'' 和齿轮-齿径向综合误差 f_i''，将测量结果与其比较，判断被测齿轮的适用性。

思　考　题

1. 双啮中心距与安装中心距的区别何在？

2. 测量径向综合误差 $\Delta F_i''$ 与径向一齿综合误差 $\Delta f_i''$ 的目的是什么？

3. 若无理性精确的测量齿轮，能否进行双面啮合测量？为什么？

实验 6-3　齿轮齿距偏差与齿距累积误差的测量

一、实验目的

（1）熟悉测量齿轮齿距偏差与齿距累积误差的方法；

（2）加深理解齿距偏差与齿距累积误差的定义。

二、实验内容

（1）用齿距仪或万能测齿仪测量圆柱齿轮齿距相对偏差；

（2）用列表计算法或作图法求解齿距累积误差。

三、计量器具及测量原理

齿距偏差 Δf_{pt} 是指在分度圆上实际齿距与公称齿距之差（用相对法测量时，公称齿距是指所有实际齿距的平均值）。齿距累积误差 ΔF_p 是指在分度圆上，任意两个同侧齿面间的实际弧长与公称弧长之差的最大绝对值。

在实际测量中，通常采用某一齿距作为基准齿距，测量其余的齿距对基准齿距的偏差。然后，通过数据处理来求解齿距偏差 Δf_{pt} 和齿距累积误差 ΔF_p。测量应在齿高中部同一圆周上进行，因此，测量时必须保证测量基准的精度。对于齿轮来说，其测量基准可选用内孔、齿顶圆和齿根圆。为了使测量基准与装配基准统一，以内孔定位最好。当用齿顶定位时，必须控制齿顶圆对内孔轴线的径向圆跳动。实际生产中，通常根据所用量具的结构来确定测量基准。

用相对法测量齿距相对偏差的仪器有齿距仪和万能测齿仪。

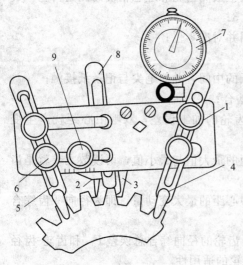

实验图 47　手持式齿距仪
1—基体；2，3—测量头；4，5，8—定位脚；
6—螺钉；7—指示表；9—螺钉

1. 手持式齿距仪的构成及测量原理

手持式齿距仪的外形如实验图 47 所示，它以齿顶圆作为测量基准，指示表的分度值为 0.005mm，测量范围为模数 3～15mm。

齿距仪有 4、5 和 8 三个定位脚，用以支承仪器。测量前，调整定位脚的相对位置，使测量头 2 和 3 在分度圆附近与齿面接触，按被测齿轮模数来调整固定测量头 2 的位置，将活动测量头 3 与指示表 7 连接。测量时，将两个定位脚 4、5 前端的定位爪紧靠齿轮端面，并使它们与齿顶圆接触，再用螺钉 6 固紧，然后将辅助定位脚 8 也与齿顶圆接触，同样用螺钉紧固。以被测齿轮的任一齿距作为基准齿距，调整指示表 7 的零位，并且将指针压缩 1～2 圈。然后，逐齿测量其余的齿距，指示表读数即为这些齿距与基准齿距之差，将测量的数据记入表中。

2. 万能测齿仪的构成及测量原理

万能测齿仪是应用比较广泛的齿轮测量仪器，除测量圆柱齿轮的齿距、基节、齿轮径向圆跳动和齿厚外，还可以测量锥齿轮和蜗轮。其测量基准为齿轮的内孔。

万能测齿仪的外形如实验图 48 所示。仪器的弧形支架 7 可绕基座 1 的垂直轴心线旋转，安装被测齿轮心轴的顶尖装在弧形架上。支架 2 可以在水平面内作纵向和横向移动，工作台装在支架 2 上，工作台上装有能够作径向移动的滑板 4，借锁紧装置 3 可将滑板 4 固定在任意位置上。当松开锁紧装置 3，靠弹簧的作用，滑板 4 能匀速地移到测量位置，这样就能进行逐齿测量。测量装置 5 上有指示表 6，其分度值为 0.001mm。用这种仪器测量齿轮齿距时，其测量力是靠装在齿轮心轴上的重锤来保证，如实验图 49 所示。

测量前，将齿轮安装在两顶尖之间，调整测量装置 5，使球形测量爪位于齿轮分度圆附近，并与相邻两个同侧齿面接触。选定任一齿距作为基准齿距，将指示表 6 调零，然后逐齿测量出其余齿距对基准齿距之差。

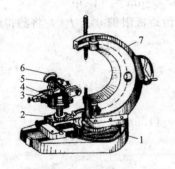

实验图 48　万能测齿仪

1—基座；2—支架；3—锁紧装置；4—滑板；
5—测量装置；6—指示表；7—弧形支架

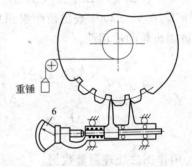

实验图 49　用万能测齿仪测量齿轮齿距

四、测量步骤

1. 用手持式齿距仪测量的步骤（参看实验图 47）

(1) 调整测量爪的位置。将固定测量爪 2 按被测齿轮的模数调整到模数标尺的相应刻线上，然后用螺钉 9 固紧；

(2) 调整定位脚的相对位置。调整定位脚 4 和 5 的位置，使测量爪 2 和 3 在齿轮分度圆附近与两相邻同侧齿面接触，并使两接触点分别与两齿顶距离接近相等。然后用螺钉 6 固紧。最后调整辅助定位脚 8，并用螺钉固紧；

(3) 调节指示表零位。以任一齿距作为基准齿距（注上标记），将指示表 7 对准零位，然后将仪器测量爪稍微移开轮齿，再重新使它们接触，以检查指示表示值的稳定性。这样重复三次，待指示表稳定后，再调节指示表 7 对准零位；

(4) 逐齿测量各齿距的相对偏差，并将测量结果记入表中；

(5) 测量数据的处理。

以下用实例说明齿距累积误差用计算法和作图法的求解过程。

例 1　用计算法处理测量数据

为了计算方便，可以将测量数据列成表格形式（见实验表 4）。将测得的齿距相对偏差

（$\Delta f_{\text{pt相对}}$）记入表中第二行，根据测得的 $\Delta f_{\text{pt相对}}$ 逐齿累积，计算出相对齿距累积误差（$\sum_{1}^{n} \Delta f_{\text{pt相对}}$），记入第三行。

计算基准齿距对公称齿距的偏差。因为第一个齿距是任意选定的，假设它对公称齿距的偏差为 k，以后每测一齿都引入了该偏差 k，k 值为各个齿距相对偏差的平均值，按下式计算

$$k = \sum_{1}^{n} \Delta f_{\text{pt 相对}} / z = 6 / 12 = 0.5 \mu m$$

式中　z——齿轮的齿数。

各齿距相对偏差分别减去 k 值，得各齿距偏差，记入表中第四行。其中绝对值最大者，即为被测齿轮的齿距偏差 $\Delta f_{\text{pt}} = 3.5 \mu m$。

根据各齿距偏差逐齿累积，求得各齿的齿距累积误差，记入表中第五行，该行中的最大值与最小值之差，即为被测齿轮的齿距累积误差 ΔF_{p}，其值按下式计算

$$\Delta F_{\text{p}} = \Delta F_{\text{pmax}} - \Delta F_{\text{pmin}} = [3 - (-8.5)] \mu m = 11.5 \mu m$$

从 GB/T 10095—2001 查出齿距累积总公差 F_{p} 和齿距极限偏差 $\pm f_{\text{pt}}$，将测得值与之比较，判断被测齿轮的适用性。

$$k = \sum_{1}^{n} \Delta f_{\text{pt 相对}} / z = 6 / 12 = 0.5 \mu m$$
$$\Delta f_{\text{pt}} = 3.5 \mu m$$
$$\Delta F_{\text{p}} = [3 - (-8.5)] \mu m = 11.5 \mu m$$

例 2　用作图法处理测量数据

以横坐标代表齿序，纵坐标代表实验表 4 中第三行内的相对齿距累积误差，绘出如实验图 50 所示的折线。连接折线首末两点的直线作为相对齿距累积误差的坐标线，然后，从折线的最高点与最低点分别作平行于上述坐标线的直线。这两条平行直线间在纵坐标上的距离即为齿距累积误差 ΔF_{p}。

实验表 4　测量数据表

一	二	三	四	五	一	二	三	四	五
齿序	齿距相对偏差	相对齿距累积误差	齿距偏差	齿距累积误差	齿序	齿距相对偏差	相对齿距累积误差	齿距偏差	齿距累积误差
n	$\Delta f_{\text{pt 相对}}$	$\sum_{1}^{n} \Delta f_{\text{pt相对}}$	Δf_{pt}	ΔF_{p}	n	$\Delta f_{\text{pt相对}}$	$\sum_{1}^{n} \Delta f_{\text{pt相对}}$	Δf_{pt}	ΔF_{p}
1	0	0	−0.5	−0.5	7	+2	−1	+1.5	−4.5
2	−1	−1	−1.5	−2.0	8	+3	+2	+2.5	−2.0
3	−2	−3	−2.5	−4.5	9	+2	+4	+1.5	−0.5
4	−1	−4	−1.5	−6.0	10	+4	+8	+3.5	+3.0
5	−2	−6	−2.5	−8.5	11	−1	+7	−1.5	+1.5
6	+3	−3	+2.5	−6.0	12	−1	+6	−1.5	0

2. 用万能测齿仪测量的步骤

（1）擦净被测齿轮，然后把它安装在仪器的两个顶尖间；

（2）调整仪器，使测量装置上的两个测量爪进入齿间，在分度圆附近与相邻两个同侧齿面接触；

（3）在齿轮心轴上挂上重锤，使齿轮紧靠在定位爪上；

（4）测量时，先以任一齿距为基准齿距，调整指示表的零位，然后将测量爪反复退出与进入被测齿面，以检查指示表值的稳定性；

（5）退出测量爪，将齿轮转动一齿，使两个测量爪与另一对齿面接触。逐齿测量各齿距，从指示表读出齿距相对偏差（$\Delta f_{pt相对}$）；

（6）处理测量数据（方法同前）；

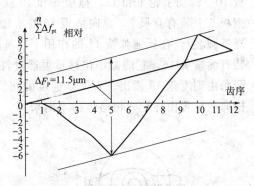

实验图 50　用作图法处理测量数据

（7）从 GB/T 10095—2001 查出齿轮齿距累积总公差 F_p 和齿距极限偏差 $\pm f_{pt}$，与测得的误差值相比较，判断被测齿轮的适用性。

思　考　题

1. 用齿距仪和万能测齿仪测量齿轮齿距时，各选用齿轮的什么表面作为测量基准？哪一种较好？
2. 测量齿轮齿距累积误差 ΔF_p 和齿距偏差 Δf_{pt} 的目的是什么？
3. 若因检验条件的限制不能测量齿距累积误差 ΔF_p，可测量哪些误差来代替？

实验 6-4　齿轮齿廓误差的测量

一、实验目的

（1）了解测量渐开线齿廓误差的原理和方法；
（2）加深对齿廓误差定义的理解。

二、实验内容

用单盘式渐开线检查仪测量渐开线齿廓误差。

三、测量原理及计量器具

齿廓误差 ΔF_a 是指在齿形的工作部分内，包容实际齿形的两条设计齿形间的法向距离。

单盘式渐开线检查仪的测量原理如实验图 51 所示。被测齿轮 1 和可换的摩擦基圆盘 2 装在同一心轴上，且要求基圆盘直径要精确等于被测齿轮的基圆直径。直尺 3 和基圆盘 2 以一定的压力相接触，这时，转动手轮 6 令滑板 8 移动，直尺 3 便与基圆盘 2 作纯滚动。杠杆 5 装在滑板 8 上，其一端有测量头 4，使测量头与被测齿面接触，将它们的接触点刚好调整在基圆盘 2 与直尺 3 相接触的平面上，杠杆 5 的另一端与指示表 7 接触。当基圆盘 2 与直尺 3 作无滑动的纯滚动时，测量头 4 相对于基圆盘 2 展示了理论的渐开线。如果被测齿廓与理论齿廓不符合，测量头 4 相对于直尺 3 就产生偏移。这一微小的位移，通过杠杆 5 由指示表 7 读出数值或由记录器 9 绘出相应的曲线。

单盘式渐开线检查仪外形如实验图 52 所示。在仪器底座 2 上装有横向拖板 6 和纵向拖板 10。转动手轮 1 和 12，拖板 6 和 10 就分别在仪器底座 2 的横向和纵向导轨上移动。横向拖板 6 上装有直尺 8，纵向拖板 10 的心轴上装有被测齿轮 14 和基圆盘 9（即被测齿轮的标准基圆盘）。在压缩弹簧 11 的作用下，基圆盘 9 和直尺 8 紧密接触。横向移动的拖板 6 上还装有测量头 16，它的微小位移量可通过杠杆 4 由指示表 5 或 17 指示出来。测量齿廓时的展开角由刻度盘 13 读出。直尺 8 还可借调节螺钉 7 作相对于拖板 6 的微小移动。测量头 16 在横向的位置由标记 3 粗略地指示出来。

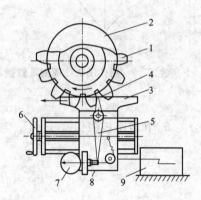 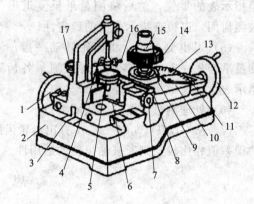

实验图 51　单盘式渐开线检查仪的测量原理图
1—被测齿轮；2—摩擦基圆盘；3—直尺；4—测量头；
5—杠杆；6—手轮；7—指示表；8—滑板；9—记录器

实验图 52　单盘式渐开线检查仪的外形图
1，12—手轮；2—底座；3—导轨；4—杠杆；5—指示表；
6，10—托板；7—调节螺钉；8—直尺；9—基圆盘
11—压缩弹簧；13—刻度盘；14—被测齿轮；
15—心轴；16—测量头；17—指示表

四、测量步骤

（1）旋转手轮 1 来移动拖板 6，使杠杆 4 的摆动中心对准底座背面的标记 3；

（2）调整测量头 16 的端点，使其恰好位于直尺和基圆盘相切的平面上。调整时，在仪器的直尺和基圆盘之间夹紧一平面样板或长量块，调节测量头的端点使它正好与平面样板接触，并使刀口侧面大致处于垂直方向，然后拧紧锁紧螺母，如实验图 53（a）所示；

（3）调整测量头的端点，使它正好位于直尺的工作面与垂直于直尺工作面并通过基圆盘中心的法平面的交线上。调整时，如实验图 53（b）所示。将仪器上的展开角指针用夹子 7 固定在刻度盘的零位上。将缺口样板装在仪器心轴上，使测量头的端点与缺口样板的缺口表面接触。旋转手轮 12（参见实验图 52），纵向移动缺口样板，若指示表的示值不变，即表示测量头位于要求的位置。如果指示表的示值有变动，则旋转手轮 12，使基圆盘与直尺相接触，并保持一定压力。松开夹子，调节螺钉 7，使直尺带动缺口样板作微小回转，直到纵向移动缺口样板而指示表的指针不动为止。再用夹子夹紧，记下刻度盘的读数，然后将指示表调至零位；

（4）取下缺口样板，旋转手轮 12，使直尺与基圆盘压紧。松开夹子，转动手轮 1，调整测量起始点的展开角 φ_b，并记下刻度盘读数（参见实验图 52）；

（5）装上被测齿轮，使测量头与被测齿面接触，用手微动齿轮，并使指示表上的示值再回到零位，然后，用滚花螺母 15 固紧被测齿轮（参见实验图 52）；

（6）进行测量。旋转手轮 1，指示表 5 或 17 上的读数即为与刻度盘 13 所指示的展开角

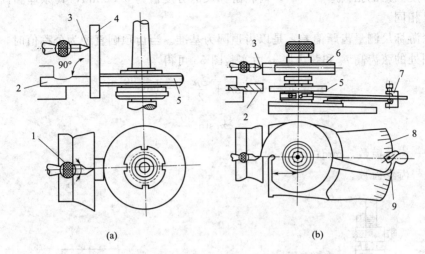

实验图 53 用单盘式渐开线检测仪测量渐开线齿廓误差

1—锁紧螺母；2—直尺；3—测量头；4—平面样板；

5—基圆盘；6—缺口样板；7—夹子；8—刻度盘；9—指针

相对应的局部齿廓误差。当展开角达到测量终止点 φ_e 时，测量即算结束；

测量时在被测齿轮圆周上，每隔大约 $90°$ 位置选测一齿，每齿都测左、右齿廓，取其中的最大值作为该齿轮的齿廓误差 ΔF_a。

（7）从 GB/T10095—2001 查出齿廓总公差 F_a，处理测量数据，判断被测齿轮的适用性。

思 考 题

1. 齿廓误差对齿轮传动有何影响？
2. 测量齿廓误差时，为什么要调整测量头端点的位置？如何调整？

实验 6-5 齿轮齿厚偏差的测量

一、实验目的

（1）熟练掌握测量齿轮齿厚的方法；
（2）加深对齿轮齿厚偏差定义的理解。

二、实验内容

用齿轮游标卡尺测量齿轮的齿厚偏差。

三、计量器具及测量原理

齿厚偏差 ΔE_{sn} 是指在分度圆柱面上法向齿厚的实际值与公称值之差。

测量齿厚偏差的齿轮游标尺如实验图 54 所示，它是由两套相互垂直的游标尺组成。其中垂直游标尺用于控制测量部位（分度圆至齿顶圆）的弦齿高 h_f，水平游标尺用于测量所测部位（分度圆）的弦齿厚 $s_{f\,(实际)}$。齿轮游标尺的分度值为 0.02mm，其原理和读数方法与普通游标尺相同。

用齿轮游标尺测量齿厚偏差，是以齿顶圆为基准。当齿顶圆直径为公称值时，直齿圆柱齿轮分度圆处的弦齿高 h_f 和弦齿厚 s_f 由实验图 55 可得

$$h_f = h' + x = m + \frac{zm}{2}\left[1 - \cos\frac{90°}{z}\right]$$

$$s_f = zm\sin\frac{90°}{z}$$

式中　m——齿轮模数，mm；

　　　z——齿轮齿数。

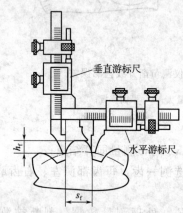

实验图 54　测量齿厚偏差的齿轮游标尺

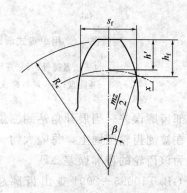

实验图 55　测量齿厚偏差

当齿轮为变位齿轮且齿顶圆直径有误差时，分度圆处的弦齿高 h_f 和弦齿厚 s_f 应按下式计算

$$h_f = m + \frac{zm}{2}\left[1 - \cos\left(\frac{\pi + 4\xi\tan\alpha_f}{2z}\right)\right] - (R_e - R_e')$$

$$s_f = zm\sin\left[\frac{\pi + 4\xi\sin\alpha_f}{2z}\right]$$

式中　ξ——移距系数；

　　　α_f——齿形角；

　　　R_e——齿顶圆半径的公称值；

　　　R_e'——齿顶圆半径的实际值。

四、测量步骤

（1）用外径千分尺测量齿顶圆的实际直径；

（2）计算分度圆处弦齿高 h_f 和弦齿厚 s_f（可从实验表 5 查出）；

（3）按 h_f 值调整齿轮游标尺的垂直游标尺；

（4）将齿轮游标尺置于被测齿轮上，使垂直游标尺的高度尺与齿顶相接触。然后，移动水平游标尺的卡脚，使卡脚靠近齿廓。从水平游标尺上读出弦齿厚的实际尺寸（用透光法判断接触情况）；

（5）分别在圆周上相隔相同的几个轮齿上进行测量；

（6）按齿轮图样上标注的技术要求，确定齿厚上偏差 E_{sns} 和下偏差 E_{sni}，判断被测齿厚的适用性。

实验表5 $m=1$ 时分度圆弦齿高和弦齿厚的数值

z	$z\sin\frac{90°}{z}$	$1+\frac{z}{2}\left(1-\cos\frac{90°}{z}\right)$	z	$z\sin\frac{90°}{z}$	$1+\frac{z}{2}\left(1-\cos\frac{90°}{z}\right)$	z	$z\sin\frac{90°}{z}$	$1+\frac{z}{2}\left(1-\cos\frac{90°}{z}\right)$
11	1.5655	1.0560	29	1.5700	1.0213	47	1.5705	1.0131
12	1.5663	1.0513	30	1.5701	1.0205	48	1.5705	1.0128
13	1.5669	1.0474	31	1.5701	1.0199	49	1.5705	1.0126
14	1.5673	1.0440	32	1.5702	1.0196	50	1.5705	1.0124
15	1.5679	1.0411	33	1.5702	1.0187	51	1.5705	1.0121
16	1.5683	1.0385	34	1.5702	1.0181	52	1.5706	1.0119
17	1.5686	1.0363	35	1.5703	1.0176	53	1.5706	1.0116
18	1.5688	1.0342	36	1.5703	1.0171	54	1.5706	1.0114
19	1.5690	1.0324	37	1.5703	1.0167	55	1.5706	1.0112
20	1.5692	1.0308	38	1.5703	1.0162	56	1.5706	1.0110
21	1.5693	1.0294	39	1.5704	1.0158	57	1.5706	1.0108
22	1.5694	1.0280	40	1.5704	1.0154	58	1.5706	1.0106
23	1.5695	1.0268	41	1.5704	1.0150	59	1.5706	1.0104
24	1.5696	1.0257	42	1.5704	1.0146	60	1.5706	1.0103
25	1.5697	1.0247	43	1.5705	1.0143	61	1.5706	1.0101
26	1.5698	1.0237	44	1.5705	1.0140	62	1.5706	1.0100
27	1.5698	1.0228	45	1.5705	1.0137	63	1.5706	1.0098
28	1.5699	1.0220	46	1.5705	1.0134	64	1.5706	1.0096

思 考 题

1. 测量齿轮齿厚偏差的目的是什么？
2. 齿厚极限偏差（E_{sns}，E_{sni}）和公法线平均长度极限偏差（E_{ws}，E_{wi}）有何关系？
3. 齿厚的测量精度与哪些因素有关？

实验6-6 齿轮公法线平均长度偏差及公法线长度变动的测量

一、实验目的

（1）掌握测量齿轮公法线长度的方法；
（2）加深对齿轮公法线平均长度偏差和齿轮公法线长度变动定义的理解。

二、实验内容

用公法线指示卡规测量齿轮公法线平均长度偏差和齿轮公法线长度变动。

三、计量器具及测量原理

公法线平均长度偏差 ΔE_w 是指在齿轮一周范围内公法线实际长度的平均值与公称值之差。公法线长度变动 ΔF_w 是指实际公法线的最大长度与最小长度之差。

公法线长度可用公法线指示卡规（实验图56）、公法线千分尺（实验图57）或万能测齿仪（实验图58、实验图48）测量。

公法线指示卡规适用于测量6～7级精度的齿轮。其结构如实验图56所示。在卡规的圆管1上装有切口套筒2，靠自身的弹力夹紧。用扳手9（可从圆管尾部取下）上的凸头插入切口套筒的空槽后再转90°，就可使切口套筒移动，以便按公法线长度的公称值量块组和调整固定卡脚3到活动卡脚6之间的距离，然后调整指示表8的零位。活动卡脚6是通过杠杆7与指示表8的测头相连的。测量齿轮时，公法线长度的偏差可从指示表8（分度值为

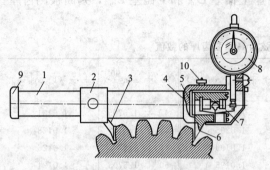

实验图56　用公法线指示卡规测量公法线长度

1—圆管；2—切口套筒；3—固定卡脚；4，5—活动装置；

6—活动卡脚；7—杠杆；8—指示表；

9—测量头；10—锁紧螺母

0.005mm）读出。

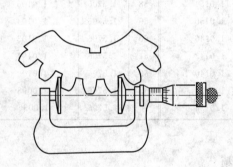

实验图57　用公法线千分尺测量公法线长度

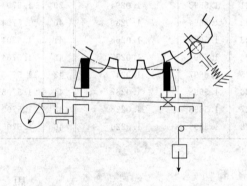

实验图58　用万能测齿仪测量公法线长度

四、测量步骤

（1）按公式计算直齿圆柱齿轮公法线公称长度 W。

$$W = m\cos\alpha_f \left[\pi(n - 0.5) + z\mathrm{inv}\alpha_f\right] + 2\xi m\sin\alpha_f$$

式中　m——被测齿轮的模数，mm；

$\quad\ \alpha_f$——齿形角；

$\quad\ z$——被测齿轮的齿数；

$\quad\ n$——跨齿数（$n \approx \dfrac{\alpha_f}{\pi}z + 0.5$，取成整数）。

当 $\alpha_f = 20°$，变位系数 $\xi = 0$ 时，则

$$W = m[1.476(2n - 1) + 0.014z]$$

$$n = 0.111z + 0.5$$

W 和 n 值也可直接从实验表6查出。

（2）按公法线长度的公称尺寸组合量块。

（3）用组合好的量块组调节固定卡脚3与活动卡脚6之间的距离，使指示表8的指针压缩一圈后再对零。然后压紧按钮10，使活动卡脚退开，取下量块组。

（4）在公法线卡规的两个卡脚中卡入齿轮，沿齿圈的不同方位测量 4～5 个以上的值（最好测量全齿圈值）。测量时应轻轻摆动卡规，按指针移动的转折点（最小值）进行读数。读数的值即为公法线长度偏差。

实验表 6　$m=1$、$\alpha_f=20°$的标准直齿圆柱齿轮的公法线公称长度　　　　mm

齿轮齿数 z	跨齿数 n	公法线公称长度 W	齿轮齿数 z	跨齿数 n	公法线公称长度 W	齿轮齿数 z	跨齿数 n	公法线公称长度 W
15	2	4.6383	27	4	10.7106	39	5	13.8308
16	2	4.6523	28	4	10.7246	40	5	13.8448
17	2	4.6663	29	4	10.7386	41	5	13.8588
18	3	7.6324	30	4	10.7526	42	5	13.8728
19	3	7.6464	31	4	10.7666	43	5	13.8868
20	3	7.6604	32	4	10.7806	44	5	13.9008
21	3	7.6744	33	4	10.7946	45	6	16.8670
22	3	7.6884	34	4	10.8086	46	6	16.8881
23	3	7.7024	35	4	10.8226	47	6	16.8950
24	3	7.7165	36	4	13.7888	48	6	16.9090
25	3	7.7305	37	5	13.8028	49	6	16.9230
26	3	7.7445	38	5	13.8168	50	6	16.9370

（5）将所有的读数值平均，它们的平均值即为公法线平均长度偏差 ΔE_w。所有读数中最大值与最小值之差即为公法线长度变动 ΔF_w。按齿轮图样的技术要求，确定公法线长度上偏差 E_{ws} 和下偏差 E_{wi}，以及公法线长度变动公差 F_w，并判断被测齿轮的适用性。

思　考　题

1. 测量公法线长度变动是否需要先用量块组将公法线卡规的指示表调整零位？
2. 测量公法线长度偏差时取平均值的原因何在？
3. 有一个齿轮经测量后，公法线平均长度偏差合格而公法线变动不合格，试分析其原因？

参 考 文 献

[1] 邓子祥. 公差配合与测量技术. 武汉：华中师范大学出版社，2009.

[2] 黄云清. 公差配合与测量技术. 北京：机械工业出版社，2010.

[3] 万书亭. 互换性与技术测量. 北京：电子工业出版社，2007.

[4] 甘永立. 几何量公差与检查. 上海：上海科学技术出版社，2001.

[5] 杨好学. 互换性与技术测量. 西安：西安电子科技大学出版社，2004.

[6] 赵月望. 机械制造技术实践. 北京：机械工业出版社，2000.

[7] 机械工业职工技能鉴定指导中心编. 车工技术. 北京：机械工业出版社，2001.

[8] 李维荣. 五金手册. 北京：机械工业出版社，2003.

[9] 徐鸿本. 实用五金大全，武汉：湖北科学技术出版社，2004.

[10] 王泊平. 互换性与技术测量. 北京：机械工业出版社，2008.

[11] GB/T 1800.1—2009《产品几何技术规范（GPS）极限与配合 第 1 部分：公差、偏差和配合的基础》.

[12] GB/T 1800.2—2009《产品几何技术规范（GPS）极限与配合 第 2 部分：标准公差等级和孔、轴极限偏差表》.